Klassische Texte der Wissenschaft

Founding Editors

Olaf Breidbach, Universität Jena, Inst für Geschichte der Medizin, Jena, Deutschland
Jürgen Jost, Max-Planck-Institut für Mathematik in den Naturwissenschaften, Leipzig, Deutschland

Reihe herausgegeben von

Jürgen Jost, Max-Planck-Institut für Mathematik in den Naturwissenschaften, Leipzig, Deutschland
Armin Stock, Universität Würzburg, Zentrum für Geschichte der Psychologie, Würzburg, Deutschland

Die Reihe bietet zentrale Publikationen der Wissenschaftsentwicklung der Mathematik, Naturwissenschaften, Psychologie und Medizin in sorgfältig edierten, detailliert kommentierten und kompetent interpretierten Neuausgaben. In informativer und leicht lesbarer Form erschließen die von renommierten WissenschaftlerInnen stammenden Kommentare den historischen und wissenschaftlichen Hintergrund der Werke und schaffen so eine verlässliche Grundlage für Seminare an Universitäten, Fachhochschulen und Schulen wie auch zu einer ersten Orientierung für am Thema Interessierte.

Weitere Bände in der Reihe http://www.springer.com/series/11468

Georg Schwedt

Wilhelm Ostwald

Die wissenschaftlichen Grundlagen der
analytischen Chemie

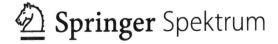 Springer Spektrum

Georg Schwedt
Bonn, Deutschland

ISSN 2522-865X   ISSN 2522-8668   (electronic)
Klassische Texte der Wissenschaft
ISBN 978-3-662-61610-9   ISBN 978-3-662-61611-6   (eBook)
https://doi.org/10.1007/978-3-662-61611-6

Die Deutsche Nationalbibliothek verzeichnet diese Publikation in der Deutschen Nationalbibliografie; detaillierte bibliografische Daten sind im Internet über http://dnb.d-nb.de abrufbar.

Planung: Stefanie Wolf
Springer Spektrum ist ein Imprint der eingetragenen Gesellschaft Springer-Verlag GmbH, DE und ist ein Teil von Springer Nature.
Die Anschrift der Gesellschaft ist: Heidelberger Platz 3, 14197 Berlin, Germany

Inhaltsverzeichnis

Kommentar von Georg Schwedt

1.1   Sein Lebensweg

Friedrich Wilhelm Ostwald wurde am 2. September 1853 als Sohn des Böttchermeisters Wilhelm Gottfried Ostwald und dessen Ehefrau Elisabeth (geb. Leuckel) in Riga geboren – damals zum Russischen Kaiserreich gehörend (heute Lettland). Die Vorfahren der Familie stammten aus Hessen und Berlin. Er besuchte von 1864 bis 1871 das Realgymnasium in Riga und begann dort sich für die Chemie zu interessieren und selbst zu experimentieren. Seine Mutter vermittelte ihm das Interesse an Literatur, Theater und Malerei. Sein Vater hatte für ihn eine technische Ausbildung zum Ingenieur vorgesehen, stimmte aber einem Chemiestudium zu. Ostwald begann 1872 sein Studium an der Universität Dorpat (heute Tartu, Estland – älteste Universität Estlands, gegründet 1632 unter König Gustav Adolf II. von Schweden). Nach Abschluss des Studiums 1875 mit einer Kandidatenarbeit (nach russischen Vorschriften – dem heutigen Bachelor ungefähr entsprechend) „Über die chemische Massenwirkung des Wassers" (darin u. a. über die Hydrolyse von Bismuttrichlorid) wurde er Assistent – zunächst im physikalischen Institut bei Arthur von Oettingen (1836–1920), dann im chemischen Institut bei Carl Schmitt (1822–1894; deutsch-baltischer Arzt und Chemiker, Schüler von Liebig). 1877 legte er seine Magisterarbeit zum Thema „Volumchemische Studien über Affinität" und 1878 seine Dissertation über „Volumchemische und optisch-chemische Studien"[2] vor. 1880 wurde er Privatdozent für physikalische Chemie an der Universität Dorpat und war zugleich als Lehrer für Physik, Mathematik und Chemie an einer Mittelschule tätig. Mit einer Empfehlung seines Lehrers Carl Schmidt erhielt er 1881 eine Professur am Polytechnikum (gegründet 1862, heute Technische Universität) zu Riga. Die Empfehlung lautete:

Ostwald ist mein mehrjähriger Assistent, vorher der des physikalischen Instituts; er wird ein Stern erster Größe, auf dem Grenzgebiete zwischen Chemie und Physik,

© Der/die Autor(en), exklusiv lizenziert durch Springer-Verlag GmbH, DE, ein Teil von   1
Springer Nature 2021
G. Schwedt, *Wilhelm Ostwald*, Klassische Texte der Wissenschaft,
https://doi.org/10.1007/978-3-662-61611-6_1

dessen Bearbeitung beiderseitige gleichgründliche Durchbildung zur unerläßlichen Bedingung tüchtiger Erfolge macht. Ostwald ist außerdem ein sehr geschickter und gewandter Experimentator, Mechaniker und Glasbläser etc., der sich seine Apparate in ingeniösester Weise, trotz dem besten Mechanikus zusammenbläst und arrangiert, eine unermüdliche Arbeitskraft, besitzt eine treffliche mündliche und schriftliche Darstellungsgabe, klar, concis, streng logisch, auch für weitere Kreise geeignet...[1]

Ab 1882 wirkte Ostwald als Professor der Chemie und Ordinarius am Polytechnikum. Das Polytechnikum Riga wurde von Rigaer Kaufleuten und deutschbaltischen Körperschaften initiiert; Zar Alexander I. gab zur der Einrichtung 1861 die Erlaubnis. Es wurde nach dem Vorbild mitteleuropäischer Technischer Hochschulen von 1862 bis 1896 von der Gemeinschaft der Deutsch-Balten als private Deutsche Technische Hochschule mit vier technischen Fakultäten (Architektur, Ingenieurwesen, Maschinenbau und Chemie) unterhalten. Die Unterrichtssprache war Deutsch. Das Studium in Chemie erfolgte wie ein Schulunterricht und mit dem Ziel Industriechemiker auszubilden.

Ostwald war der erste Professor mit einem Chemiestudium, der eigene Forschungen aufzuweisen hatte und auch weiter verfolgte. Schwerpunkte sind Untersuchungen zur chemischen Affinitätslehre und zur Dynamik chemischer Reaktionen, wofür er seinen „Urthermostaten" entwickelte.[3]

1883 und 1887 unternahm Ostwald Studienreisen durch das deutschsprachige Mitteleuropa, auf denen er in Stockholm (bzw. Uppsala) 1884 Svante Arrhenius (1859–1927; Chemie-Nobelpreis 1903) kennen lernte, mit dem eine lebenslange Freundschaft entstand. Die Studienreisen hatten auch das Ziel, von Kollegen möglichst viele organische Säuren für seine Leitfähigkeits-Untersuchungen zu erhalten. Ostwald gelang es, die Aussagen der Dissertation von Arrhenius (s. Abschn. 1.3.2) durch experimentelle Untersuchungen mithilfe von Leitfähigkeitsmessungen zu bestätigen. Die von ihm entwickelten Apparate und Methoden zur Messung von Leitfähigkeiten wurden nach und nach in vielen chemischen Laboratorien angewendet.

Auf der zweiten Studienreise erreichte ihn der Ruf des sächsischen Kultusministeriums aus Dresden auf den Lehrstuhl an der Universität Leipzig. Es war sicher kein Zufall, dass kurz zuvor im Juli 1887 von Ostwald ein Aufsatz mit dem Titel „Die Aufgaben der physikalischen Chemie" in der Zeitschrift „Humboldt" erschienen war. Die Zeitschrift war erst 1882 als „Monatsschrift für die gesamten Naturwissenschaften" unter Georg Krebs (1833–1907), einem ehemaligen Dozenten des Physikalischen Vereins in Frankfurt am Main, gegründet worden. Ihr Ziel war, ein ausgewogenes Gleichgewicht zwischen der zunehmenden Spezialisierung der Naturwissenschaften und deren allgemeinem Bildungsauftrag zu halten. Krebs war u. a. Autor der Monographie „Die Erhaltung der Energie als Grundlage der neueren Physik" (München 1877). Eine vergleichbare, noch heute erscheinende Zeitschrift ist die „Naturwissenschaftliche Rundschau" aus Stuttgart. Das Thema Energie, chemische Reaktionen und chemische Gleichgewichte sollte auch der rote Faden für Ostwalds weitere Forschungen werden.

Ostwald war zum Zeitpunkt seiner Berufung erst 34 Jahre alt. Die Professur in Leipzig war der bisher einzige deutsche Lehrstuhl für physikalische Chemie und die

Berufung erfolgte über den Kopf der Fakultät, da zuvor andere Bewerber, u. a. Jacobus Henricus van't Hoff (1852–1911; Chemie-Nobelpreis 1901) aus Amsterdam, abgesagt hatten.

Er schuf in Leipzig das erste Zentrum für physikalische Chemie – in einer Zeit, als die Chemie von der organischen, synthetischen Chemie durch große Namen wie August Wilhelm von Hofmann (1818–1892; Schüler Liebigs) in Berlin und Adolf von Baeyer (1835–1917) in München bestimmt wurde. Aus seinem Mitarbeiterkreis gingen bedeutende Physikochemiker hervor, u. a.: Walter Nernst (1864–1941; ab 1891 in Göttingen, von 1905 an in Berlin; Chemie-Nobelpreis 1920), der u. a. die osmotische Theorie von van't Hoff mit der Dissoziationstheorie verknüpfte, Alwin Mittasch (1869–1953; ab 1904 bei der BASF), der bahnbrechende Arbeiten in der industriellen Anwendung der Katalyse durchführte, und Max Bodenstein (1871–1942), 1908 Direktor des physikalisch-chemischen Instituts der TH Hannover, ab 1923 Lehrstuhl für dieses Fach an der Universität in Berlin, der wesentliche Beiträge zur Theorie und zum Verlauf katalytischer und zu kinetischen Theorien von Gasreaktionen entwickelte.

Im Jahr 2009 feierte die Universität Leipzig ihr 600-jähriges Gründungsjubiläum. Im 19. und 20. Jahrhundert forschten und lehrten bedeutende Chemiker in Leipzig – unter ihnen Wilhelm Ostwald und Ernst Beckmann. Am 15. Mai 2009 wurde am ehemaligen „Laboratorium für angewandte Chemie" eine Gedenktafel enthüllt, auf der beide Chemiker gewürdigt werden. Der Gebäudekomplex befindet sich in der Brüderstraße 34, Ecke Stephanstraße. Das Institut wurde 1879 zunächst als Landwirtschaftliches Institut und für das Agrikulturchemische Laboratorium eröffnet. Beckmann ließ das Gebäude ab 1897 umbauen, Ostwald konnte bereits 1897/98 in das neue Physikalisch-chemische Institut in der Linnéstraße umziehen.

Im Text der Gedenktafel ist über Ostwald und Beckmann zu lesen:

Historische Stätte der Chemie. In diesem Gebäude forschten, lehrten und wohnten Ernst Beckmann (1853–1923) Professor für angewandte Chemie und Direktor des Laboratoriums für angewandte Chemie 1897–1912 und Wilhelm Ostwald (1853–1932) Professor für physikalische Chemie und Direktor des II. Chemischen Laboratoriums der Universität Leipzig 1887–1897.

(…) Wilhelm Ostwald (Nobelpreis 1909) begründete hier die weltberühmte Leipziger Schule der physikalischen Chemie, kongenial mit den späteren Nobelpreisträgern Svante Arrhenius und Walther Nernst, der hier die Nernstsche Gleichung ableitete. (…) Das im 2. Weltkrieg einzige unzerstört gebliebene chemische Universitätslaboratorium vereinte 1944 bis 1950 alle Chemiker und Pharmazeuten…

Enthüllt im 600. Jubiläumsjahr der Universität am 15. Mai 2009. GDCh Gesellschaft Deutscher Chemiker.[3]

In der Lehre begann Ostwald mit Grundkursen in organischer und anorganischer Chemie sowie mit dem Laborunterricht für Pharmaziestudenten und Lektionen in analytischer Chemie, ab 1888 Vorlesungen in physikalischer Chemie – s. in[2]. Seine

Lehrveranstaltungen reichen von der Anorganischen Experimentalchemie (bis 1896) bis zur Chemischen Verwandtschaftslehre in geschichtlicher Darstellung (1904). Über die Wissenschaftlichen Grundlagen der analytischen Chemie nach seinem Lehrbuch hielt er auch 1898 eine Vorlesung. Nach zahlreichen Aussagen seiner Zeitgenossen waren diese Lehrveranstaltungen sehr anspruchsvoll und vor allem für Fortgeschrittene eine unerschöpfliche Quelle von Anregungen für eigene Forschungen. Im physikalisch-chemischen Praktikum hatten die Teilnehmer auch die Aufgabe, Messgeräte aus einfachen Bauteilen selbst herzustellen. Um Studenten darauf vorzubereiten, wurden Kurse zur Messtechnik durchgeführt und der Institutsmechaniker Fritz Köhler entwickelte auch Anleitungen für Versuchsanordnungen und zum Baut von solcher Geräte. Einige auf diese Weise entwickelten Mess- und Laborgeräte sind sogar in das Deutsche Museum in München gelangt.[5] 1903 wurde Ostwald auch in den Verwaltungsrat dieses weltweit bedeutenden Technikmuseums gewählt worden, wo er von 1904 bis 1911 als Vertreter der Gesellschaft Deutscher Naturforscher und Ärzte tätig war.

1901 erwarb Ostwald in Großbothen bei Grimma ein Grundstück mit einem Sommerhaus – s. dazu weiter unten. Er begann zu dieser Zeit auch mit einer Vorlesung zu Naturphilosophie. Infolge des großen Andrangs musste diese nicht-chemische Vorlesung in das Auditorium Maximum verlegt werden. 1904 wurde er zum Kongress für Wissenschaft und Kunst in den USA nach St. Louis in der Sektion Philosophie eingeladen. In Leipzig spitzte sich der Konflikt mit der philosophischen Fakultät infolge dieser Aktivitäten zu. Schon um 1900 hatte sich bei Ostwald eine gewisse Lustlosigkeit im Labor und Hörsaal bemerkbar gemacht. Ein Antrag an das Ministerium, seine Professur neu zu besetzen und ihn nur als Honorarprofessor zu beschäftigen, war Ende 1900 vom Ministerium in Dresden abgelehnt worden – s. in[2]. 1906 verließ er die Universität und widmete sich als Privatgelehrter sowohl seiner praktisch anwendbaren Farbenlehre als auch schriftstellerischen Arbeiten in seinem Landhaus in Großbothen. 1909 erhielt er den Nobelpreis für Chemie – „als Anerkennung für seine Arbeiten über die Katalyse sowie für seine grundlegenden Untersuchungen über chemische Gleichgewichtszustände und Reaktionsgeschwindigkeiten". Er starb am 4. April 1932 in Leipzig; seine Grabstätte befindet sich in Großbothen in der Nähe seines Wohnhauses in einem aufgelassenen Steinbruch.[3] Die Gedenkstätte „Wilhelm Ostwald Park" (mit Museum) widmet sich auf vielfältige Weise seinem Leben und Wirken als Physiko-Chemiker, Nobelpreisträger und Universalgelehrter.[4]

Sein Lebenswerk als Wissenschaftler, Wissenschaftsorganisator, Hochschullehrer und auch Schriftsteller bis zu Farbenlehre, die er sich wissenschaftlich und auch als Maler widmete, spiegelt seine in Großbothen erhalten Hinterlassenschaft mit u. a. 45 Lehrbüchern und Monografien, über 1000 Artikeln, Reden und Aufsätzen, ca. 6000 Referaten und Rezensionen und über 60.000 Positionen wissenschaftlicher Briefwechsel mit ca. 5500 Personen.[5] (Abb. 1.1).

Abb. 1.1 Porträt Ostwald –
aus: Zschr. f. physik. Chem.
Band 46 (1903)

Bereits 2005 wurde an das Wirken von Wilhelm Ostwald in Großbothen wie auch in
Leipzig durch eine Tafel der „Historischen Stätten der Chemie erinnert – mit folgendem Text:

> „Diese Gedenktafel erinnert an die Wohn- und Wirkungsstätte von Friedrich Wilhelm Ost-
> wald (1853–1832) Professor für Chemie in Riga 1882–1887, Professor für physikalische
> Chemie in Leipzig 1887–1906, freier Forscher 1906–1932, Nobelpreisträger für Chemie
> 1909. Wilhelm Ostwald führte als Mitbegründer der physikalischen Chemie den Energie-
> begriff in die chemische Forschung ein, formulierte eine wissenschaftliche Begründung
> der Katalyse, entwickelte das katalytische Verfahren der Salpetersäure-Großproduktion
> aus Ammoniak und erarbeitete eine Lehre der Körperfarben mit Normen und Harmonie-
> gesetzen. Weiterhin wirkte er als Naturphilosoph, Soziologe, Wissenschaftsorganisator,
> wissenschaftlicher Schriftsteller und Maler."[5]

1901 hatte Ostwald das Grundstück in Großbothen mit einem Landhaus erworben, wo
er sich mit seiner Familie zunächst nur in den Ferien aufhielt. Der Kaufvertrag für das

verwilderte Grundstück und das sehr renovierungsbedürftige Haus wurde am 25. Juli 1901 über eine Summe von 17.000 Mark unterzeichnet.[1a)] Im August 1906 erfolgte der Umzug in das erweiterte Landhaus, dem er den Namen „Energie" gab. Bis 1922 kaufte er weitere Flächen zu seinem Grundstück hinzu und bis 1926 entstanden folgende Gebäude: ein Häuschen für den Hausmeister, ein Wohnhaus im Jugendstil (heute Haus „Glückauf") für seinen Sohn Walter, ein Sommerhäuschen (das Waldhaus) für den Sohn Wolfgang (1883–1943; ab 1935 o. Professor für Kolloidchemie in Leipzig) und ein schlichter Zweckbau (mit dem Namen „Werk") für praktische Arbeiten zur Farbenlehre. 1978 wurde der gesamte Komplex unter Denkmalschutz gestellt. Das Ostwald-Archiv, 1936 erstmals erwähnt, wurde von Ostwalds ältester Tochter Grete Ostwald (1882–1960) eingerichtet, die auch den Nachlass ordnete und bewahrte. Im Haus „Energie vermittelt eine Ausstellung in mehreren Räumen einen eindrucksvollen Blick in sein Labor und sein schriftstellerisches Werk sowohl zu den genannten Themen der physikalischen Chemie als auch zur Farbenlehre mit eigenhändig angefertigten Landschaftsbildern und Studienblättern.[3] (Abb. 1.2)

Über seine *Bücherei* und sein *Laboratorium* schrieb Ostwald in seinen „Lebenslinien" wie folgt:

„*Die Bücherei.* Bücher hatten sich schon in Leipzig in großer Menge um mich gesammelt. Das Lehrbuch [Grundriß der allgemeinen Chemie ab 1889] und die anderen Werke machten bei der Bearbeitung ein sehr häufiges Zurückgehen auf die Quellen notwendig, daß ich das Bedürfnis hatte, die wichtigsten unter ihnen stets zur Hand zu haben. So kaufte ich die ganzen Reihen der Annalen der Physik, verschiedener chemischer Zeitschriften und die wichtigsten fremdsprachigen. Sie waren damals noch verhältnismäßig wohlfeil, da die Amerikanische Nachfrage, welche später die Preise hochgetrieben hat, erst einzusetzen begann.

Dazu kamen zahlreiche Einzelwerke, die ich wegen ihrer geschichtlichen Bedeutung besitzen wollte. Schließlich hatte ich eine Bücherei zusammen, mit deren Hilfe man ganz wohl eindringende geschichtliche Studien treiben konnte.

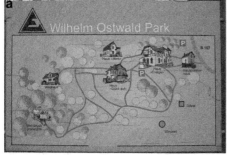 

Abb. 1.2 **a** Lageplan zu den Gebäuden der „Wilhelm-Ostwald-Gedenkstätte und Archiv" –Tafel im Ostwald-Park; **b** Eingang zur „Wilhelm-Ostwald-Gedenkstätte". (Beide Fotos: © Gerda und Klaus Tschira Stiftung, mit freundlicher Genehmigung)

Zu den gekauften Werken gesellten sich bald in schnell wachsender Zahl die geschenkten und solche, welche zum Zweck der Berichterstattung in der Zeitschrift und später in den Annalen der Naturphilosophie eingeschickt wurden. Eine andere Quelle waren die dankbar gestifteten schriftstellerischen Erzeugnisse meiner früheren Schüler, die sich gleichfalls schnell vermehrten. Sonderdrucke von Einzeluntersuchungen bildeten die Hauptmenge. Daneben aber konnte ich deutlich feststellen, daß meine eigene unaufhaltsame Schriftstellerei ansteckend auf die Arbeitsgenossen gewirkt hatte. Viele von ihnen versuchten sich in größeren Zusammenfassungen, namentlich wenn sie anderen Sprachgemeinde abgehörten, und die methodische Sorgfalt, welche hierbei je nach dem Können des Autors entwickelt wurde, überzeugte mich von dem Eindruck meiner dahin gerichteten Bemühungen.

Das Ergebnis war schließlich ein Ozean von bedrucktem Papier, der sich durch Vermittlung der Post täglich vermehrte, namentlich als die Zeit eintrat, wo die wissenschaftlichen Gesellschaften der verschiedenen Länder mir die Auszeichnung der Aufnahme ehrenhalber erwiesen.

Es waren somit alle Bedingungen für das Dasein gegeben, welches ich als den Inhalt der kommenden Jahre vermutet hatte. Ich nahm an, daß ich mich in einzelnen wissenschaftsgeschichtliche Fragen vertiefen würde, die mit viel mehr Einzelheiten ausgearbeitet werden sollten, als ich es mir in meinem ersten Geschichtswerke über Elektrochemie gestatten durfte. (…)" (Abb. 1.3)

Das Laboratorium. Neben der Bücherei war ein hinreichend großer, nach Norden gelegener Raum für Laboratoriumzwecke vorgesehen. Ich stattete ihn mit Arbeitstischen und Gestellen aus, in denen ich eine ziemlich reiche Sammlung der wichtigsten chemischen Stoffe unterbrachte, die so mannigfaltig bemessen war, daß ich die meisten Versuche, die mir in den Sinn kamen, alsbald ausführen konnte, ohne erst die nötigen Stoffe bestellen und erwarten zu müssen. Nur erwies sich in der Folge, daß ich den Maßstab weit überschätzt hatte, da ich ihn unwillkürlich etwas nach den Bedürfnissen der von mit früher geleiteten Unterrichtsanstalten gewählt hatte. So zehre ich jetzt nach mehr als zwanzig Jahren vielfach von den Vorräten, die damals beschafft wurden.

Die Gewohnheit, etwas größere Summen für solche Dinge und für physikalische Geräte auszugeben, die ich brauchte oder zu gebrauchen gedachte, mußte ich mir erst aneignen. Denn bisher hatte mir stets amtlich beschafftes Material zur freien Verfügung gestanden, und es kam mir fast wie Verschwendung vor, wenn ich es nun aus eigener Tasche bezahlte. Größere Posten waren für mich meist der Anlaß, bisher abgelehnte oder aufgeschobene literarische Arbeiten auszuführen, deren Honorar dann viel mehr betrug, als jene wissenschaftlichen Ausgaben. Da damals die Zukunft meiner Kinder noch ungewiß war, hielt ich mich für verpflichtet, für sie ein möglichst großes Barkapital zu sammeln und entschloß mich nicht gern zu einer Minderung dieser Bestände. Später, als dieses nach dem Weltkrieg verloren gegangen war, erwiesen sich jene Anschaffungen als die dauerhafteren Werte.

So wurde auch das Laboratorium bald in Betrieb genommen. Ich hatte schon in Leipzig begonnen, meine chemischen und physikalischen Kenntnisse auf Fragen

Abb. 1.3 Titelseite von
Ostwald's „Elektrochemie:
Ihre Geschichte und Lehre"
(1896) mit 1151 S

ELEKTROCHEMIE

IHRE GESCHICHTE UND LEHRE

VON

Dr. WILHELM OSTWALD,
PROFESSOR DER CHEMIE AN DER UNIVERSITÄT LEIPZIG.

MIT 260 NACHBILDUNGEN GESCHICHTLICHER ORIGINALFIGUREN.

LEIPZIG,
VERLAG VON VEIT & COMP.
1896.

der Maltechnik anzuwenden und arbeitete nun, wenn auch ohne besondere Eile, in gleicher Richtung weiter. Auch diese Beschäftigung hatte schließlich viel weitreichendere Folgen, als ich damals voraussehen konnte. Denn sie bahnte mir den Weg zur Entwicklung der messenden Farbenlehre, welche mir noch eine zehnjährige Periode experimenteller Arbeit bringen sollte, die allerdings durchsetzt und getragen war von mannigfaltiger und schwieriger Gedankenarbeit (Abb. 1.4).

Alle diese Dinge sind nur dadurch möglich geworden, daß die abnehmenden Energien meiner späteren Jahre dank der Freiheit von amtlicher Zeitvergeudung restlos solchen allgemeinen Aufgaben gewidmet werden konnten."[6]

Abb. 1.4 Foto ehemaliges Labor im Haus „Energie". (© Gerda und Klaus Tschira Stiftung, mit freundlicher Genehmigung)

In Standard-Lehrbüchern der Anorganischen Chemiesind mit Ostwalds Namen noch heute folgende Gesetze bzw. Verfahren verbunden:

- *Ostwaldsche Stufenregel:* „Ein in mehreren Energiezuständen vorkommendes chemisches System geht beim Entzug von Energie nicht direkt, sondern stufenweise in einer energieärmeren Zustand über."[7]
- *Ostwaldsches Verdünnungsgesetz:* Der Dissoziationsgrad eines schwachen Elektrolyten nimmt mit der Verdünnung von dessen wässriger Lösung zu.
- *Ostwald-Verfahren:* Darstellung von Salpetersäure nach dem Verfahren der „katalytischen Ammoniak-Verbrennung" (Ammoniak wird mit überschüssiger Luft für sehr kurze Zeit bei hoher Temperatur mit einem Platin-Katalysatornetz in Berührung gebracht).

Über Ostwalds Leben und Wirken hat u. a. Paul Walden (1863–1957), der 1883 am Polytechnikum Riga seine erste Professur für analytische und physikalische Chemie erhielt, eine Biographie verfasst.[8]

Wilhelm Ostwald gehört zu den bedeutendsten Vertretern der Physikalischen Chemie. Sein Wirken ist jedoch nicht allein auf dieses spezielle Gebiet der Chemie beschränkt, wie bereits sein Lebenslauf erkennen lässt. Diese weiteren, auch philosophischen, psychologischen und pädagogischen Bereiche können hier nur kurz erwähnt werden. Dazu gehören seine schriftstellerischen Arbeiten – zahlreiche Lehrbücher, die Gründung der Zeitschrift für physikalische Chemie 1887, die Reihen „Ostwald's Klassiker der exakten Wissenschaften" (ab 1893) – s. auch Kap. 3 – und „Große Männer. Studien zur Biologie des Genies" (ab 1909 – 3. Band (1912) zu van't Hoff, 11. und letzter Band 1932 zu Arrhenius), seine Mitwirkung in wissenschaftlichen Organisationen (z. B. Vorsitzender der Deutschen Elektrochemischen Gesellschaft, heute Deutsche Bunsen-Gesellschaft für Physikalische Chemie), als Philosoph, sein Bemühungen um ein wissenschaftlich begründetes Farbsystem (farbtheoretische Studien, auch zur Normierung und zur Schaffung eines Ordnungssystems der Farben), Engagement im Deutschen Monistenbund, einer freidenkerischen Organisation des frühen 20. Jahrhunderts. 1920 gründete er die Firma „Energie-Werke GmbH", in der Anschauungs- und Schulungsmaterial zu seiner Farbenlehre hergestellt wurde. Über sein Leben und Wirken berichtete er selbst in einer dreibändigen Autobiographie mit dem Titel „Lebenslinien. Eine Selbstbiographie".[9]

1.2   Zum schriftstellerischen Werk von Ostwald

Im vorigen Kapitel wurden bereits einige Werke von Ostwald genannt. Seine Buchpublikationen beginnen schon in Riga mit dem „Lehrbuch der Allgemeinen Chemie" (1885; I. Band, 855 S.). 1887 folgte der II. Band – insgesamt 1764 Seiten. 1887 begründete Ostwald – zusammen mit van't Hoff – die „Zeitschrift für Physikalische Chemie, Stöchiometrie und Verwandtschaftslehre" (Abb. 1.5).

Jacobus Henricus van't Hoff (1852–1911) war ein niederländischer Chemiker und der erste Nobelpreisträger für Chemie (1901). Er war ab 1878 Ordinarius an der Universität Amsterdam und erhielt 1896 einen Ruf an die Preußische Akademie der Wissenschaften in Berlin, wo er bis zu seinem Tod wirkte. Noch in Amsterdam veröffentlichte er 1887 seine grundlegende Arbeit über „Die Rolle des osmotischen Druckes in Analogie zwischen Lösungen und Gasen". Darin stellte er fest, dass für die in stark verdünnten Lösungen vorliegende Stoffe die Gasgesetze gelten, Ostwald und Arrhenius erkannten

Abb. 1.5   a Ostwald und Arrhenius (aus: Popular Science Monthly – The Progress of Science Vol. 65 (1904) p. 94; **b** van't Hoff und Ostwald im Labor 1905 (Zeitschrift für Physikalische Chemie Band 50, 1905)

die Bedeutung dieser Untersuchungen und van't Hoffs Überlegungen trugen dann entscheidend zur Entwicklung der Ionentheorie (Dissoziation in wässrigen Lösungen) bei. Van't Hoff arbeitete auch über den Zusammenhang zwischen optischer Aktivität und Konstitution und über Gesetzmäßigkeiten des chemischen Gleichgewichts; so entsteht u. a. die *van't Hoffsche Regel* (Reaktionsgeschwindigkeit-Temperatur-Regel = RGT-Regel). Seine Grabstätte befindet sich auf dem Städtischen Friedhof Berlin-Dahlem an der Königin-Luise-Straße.[10]

Ostwald formulierte im ersten Band Zweck und Ziel dieser neuen Fachzeitschrift:

„Entsprechend ihren Zwecken soll die neue Zeitschrift *experimentelle Forschungen an erster Stelle bringen* [im Original gesperrt gedruckt; G.S.]. Wenn man auch nicht zu kühn in der Erfindung neuer Hypothesen sein kann, so kann man andererseits nicht zu ängstlich in ihrer Prüfung sein, und letztere beansprucht unvergleichlich mehr Arbeit und Erfahrung, als die erstere. Darum sollen die Spalten der Zeitschrift auch spekulativen und theoretischen Erörterungen nicht verschlossen sein, wenn diese mit einem sicheren und sichernden Gefolge von Thatsachen erscheinen.

Was endlich den *Austrag sachlicher Meinungsverschiedenheiten* zwischen den Fachgenossen anlangt, so soll hiermit der Grundsatz festgestellt werden, das Abhandlungen kritisch-polemischen Inhaltes nur dann Aufnahme finden können, wenn sie sich auf Arbeiten beziehen, die in der Zeitschrift selbst veröffentlicht sind. Der Grundsatz gilt selbstverständlich nicht für solche kritische Erörterungen, welche im Anschlusse an gleichzeitigen *neue* Untersuchungen des Verfassers erforderlich erscheinen: hier muss innerhalb des sachlichen Gebietes volle Freiheit walten.

Und so sei denn die *Zeitschrift für physikalische Chemie, Stöchiometrie und Verwandtschaftslehre* den Fachgenossen sowie allen, denen die Entwickelung der Chemie am Herze liegt, freundlichst empfohlen.

Riga, 2. Januar 1887 Wilh. Ostwald."

Die Zeitschrift für physikalische Chemie erscheint heute im Verlag Walter de Gruyter in Berlin.

1889 begann Ostwald mit der Reihe „Klassiker der exakten Wissenschaften (Wilhelm Engelmann Verlag, Leipzig) mit „Nr. 1 Über die Erhaltung der Kraft von Dr. H. Helmholtz. (1847)" (bis Nr. 44/1894 von Ostwald herausgegeben – bis 1987 erschienen 275 Bände)[11] – s. ausführlich in Kap. 3.

Aus der Liste seiner Lehrbücher seien genannt:

1885/1887 „Lehrbuch der allgemeinen Chemie in zwei Bänden" und 1889 „Grundriss der allgemeinen Chemie".

1894 erschienen „Die wissenschaftlichen Grundlagen der Analytischen Chemie".

1896 veröffentlichte er die „Elektrochemie: ihre Geschichte und Lehre" (1151 S.).

1919 „Die chemische Literatur und die Organisation der Wissenschaft".

Auch populärwissenschaftliche Bücher sind zu nennen:

1904 „Die Schule der Chemie: erste Einführung in die Chemie für jedermann"; 1906 „Leitlinien der Chemie: 7 gemeinverständliche Vorträge aus der Geschichte der

Chemie", 1910 „Einführung in die Chemie: ein Lehrbuch zum Selbstunterricht und für höhere Lehranstalten" (4. Aufl. 1922).

Sie stehen in der Tradition der von Julius Adolph Stöckhardt (1809–1886; Agrikulturchemiker) stammenden „Schule der Chemie oder Erster Unterricht in der Chemie, versinnlicht durch einfache Experimente. Zum Schulgebrauch und zur Selbstbelehrung, insbesondere für angehende Apotheker, Landwirthe, Gewerbetreibende etc." (1. Aufl.1846; 10. Aufl. 1858; 19. Aufl. 1881, 22. Aufl. 1920).

Besonders bemerkenswert ist sein Buch „Die Schule der Chemie", das im Unterschied zu Stöckhardts Werk, das Ostwald in seiner Jugend im Elternhaus offensichtlich gekannt und benutzt hat, in Dialogform zwischen Schüler und Lehrer aufgebaut ist. Die ersten Kapitel beinhalten die allgemeinen Eigenschaften chemischer Stoffe, wie sie auch für die analytische Chemie genutzt werden. So werden in Gesprächen u. a. Stoffe und Gemenge, Lösungen, Schmelzen und Erstarren, Verdampfen und Sieden, Messen, Dichte und die Verbrennung behandelt. In den Gesprächen werden auch Experimente so beschrieben, dass sie vom Leser selbst durchgeführt werden können. 1904 erschien dieses populärwissenschaftliche Werk in zwei Bänden – der zweite Teil widmet sich der Chemie der wichtigsten Elemente und Verbindungen – vom Chlor bis zum Gold und Platin.

Außerhalb der Chemieliteratur sind vor allem seine „Farbenfibel" (Erstauflage 1917 – bis 1930 insgesamt 14 Auflagen erschienen), der „Ostwaldsche Farbatlas" (1917/1918) und seine „Malerbriefe. Beiträge zur Theorie und Praxis der Malerei" (Leipzig 1904) zu nennen. Als philosophisch-soziologisches Werk gilt das Buch „Energetische Grundlagen der Kulturwissenschaft" (Leipzig 1909).

1.3   Von der Ionenlehre zu den wissenschaftliche Grundlagen der analytischen Chemie

1.3.1   Von den Substanz- zu den Ionen-Konzentrationen am Beispiel der Mineralwasser-Analytik

Heute enthält jedes Etikett einer Mineralwasser-Flasche die Inhaltsangaben an Mineralstoffen in *Ionenkonzentrationen*. Bis um 1900 jedoch hatte sich die Ionenlehre in der Praxis noch nicht durchgesetzt. So wurden alle Analysenergebnisse z. B. des bekannten Analytikers Carl Remigius Fresenius (1818–1897) in Form von Substanzkonzentrationen angegeben – anstelle der Ionenkonzentrationen von Na^+ und Cl^- also die Konzentration von NaCl. Wissenschaftshistorisch interessant sind die Ausführungen zu diesen Angaben sowohl im Lehrbuch von Fresenius als auch im ersten Deutschen Bäderbuch von 1907. Bis dahin wurden alle Analysenergebnisse zunächst qualitativ getrennt nach Basen und Säuren angegeben und nicht als Ionen – also beispielsweise für Natriumchlorid *Natron* (Base) und *Chlor* (Säure). Im Ergebnis der quantitativen Analyse folgte daraus dann Natriumchlorid (Kochsalz). Das Chlorid z. B. wurde als Silberchlorid gefällt, ausgewogen und daraus der Gehalt an Chlor ermittelt, das danach den aus den schon bekannten Atomgewichten äquivalent den Metallen *(Basen)* zu geordnet wurde. Das bedeutet: War im Verhältnis zum Natriumgehalt ein Überschuss an Chlor(id) vorhanden, so wurde dieser Anteil der nächst folgenden (starken) *Base* Kalium zugerechnet.

Im zweiten Band seines Lehrbuches „Anleitung zur quantitativen Analyse für Anfänger und Geübtere"[12] schrieb Fresenius über seine Erfahrungen in der Mineralwasseranalytik im „Speziellen Teil" im Abschnitt zur „Berechnung der Mineralwasseranalyse, Controlle und Zusammenstellung der Resultate" noch 1887:

> Die (…) gefundenen Resultate sind, wie man leicht ersieht, unmittelbare Ergebnisse directer Versuche, Sie sind in keiner Art abhängig von theoretischen Ansichten, welche man über die Verbindungsweise der Bestandteile unter einander haben kann. – Da jene mit der Entwickelung der Chemie sich umgestalten können, so ist es absolut nothwenig, dass in dem Bericht über eine Mineralwasseranalyse vor Allem die directen Resultate sammt den Methoden, nach denen sie erhalten wurden, mitgetheilt werden. Alsdann hat die Analyse für alle Zeiten Werth, denn sie bietet mindestens Anhaltspunkte zur Entscheidung der Frage, ob die Zusammensetzung eines Mineralwassers constant ist oder nicht.
>
> Was die Principien betrifft, nach denen man in der Regel die Säuren und Basen zu Salzen zusammenstellt, so geht man von der Ansicht aus, dass die Basen und Säuren nach ihren relativen Verwandtschaften verbunden sind, d. h. man denkt sich die stärkste Base mit der stärksten Säure verbunden u. s. w., nimmt jedoch hierbei gleichzeitig Rücksicht auf die grössere oder geringere Löslichkeit der Salze, welche, wie bekannt, auf die Verwandtschaftsäusserungen von Einfluss ist. So denkt man sich, wenn im gekochten Wasser [ohne Calciumanteile, die bereits als Calciumcarbonat ausgefallen sind, G.S.] Kalk, Kali und Schwefelsäure enthalten sind, zuerst die Schwefelsäure an Kalk gebunden etc.[und ein eventueller Rest an Schwefelsäure = Sulfat als Kaliumsulfat vorliegt; G.S.] – Es lässt sich jedoch nicht läugnen, dass hierbei einige Willkür im Spiele ist, und dass somit, je nach der Art der Berechnung, aus denselben directen Ergebnissen verschiedene Berechnungsresultate erhalten werden können. –
>
> Es läge nun zwar im Interesse der Sache, über die Art der Zusammensetzung sich zu verständigen, weil sonst die Vergleichung zweier Mineralwasser mit den grössten Schwierigkeiten verbunden ist; es lässt sich aber nicht erwarten, dass eine solche Vereinbarung bald erfolgen werde…

Mit dieser Vermutung, geschrieben 1887, sollte Fresenius Recht behalten. Erst zwei Jahrzehnte später, 1907, veröffentlichten Ernst Jacob Hintz (1854–1934, Schwiegersohn von Fresenius, 1897–1912 auch Mitinhaber des Chemischen Laboratoriums von Fresenius in Wiesbaden) und Jacques-Leo Grünhut (1863–1921, Nahrungsmittelchemiker, von 1895 bis 1918 Dozent und Abteilungsvorstand bei Fresenius) ihre grundlegende und bis heute gültige Arbeit über „Besondere Grundsätze für die Darstellung der chemischen Analysenergebnisse im Deutschen Bäderbuch von 1907.[13]

Zunächst beschrieben die Autoren die bisher übliche Praxis, so wie sie auch Fresenius schon kritisiert hatte. Und dann stellten sie fest, dass einige Wissenschaftler wie der österreichische Chemiker Ernst Ludwig (1842–1915; ab 1874 o. Professor für angewandte medizinische Chemie an der Universität) den Vorschlägen des ungarischen

Chemikers Karl (Károly) Than (1834–1908; Professor Chemie in Budapest) von 1865 folgten (Analyse der Hauptquelle von Gastein).

Der Chemiehistoriker Ferenc Szabadvary (1923–2006) schrieb in seiner „Geschichte der Analytischen Chemie": „Er [Than] empfahl als erster, daß man die Ergebnisse von Wasseranalysen und Mineralwasseranalysen nicht in Form der Salze, sondern als Radikale in Äquivalent angebe. Diese Art der Wiedergabe von Analysenergebnissen verbreitete sich erst nach der Ionentheorie von Arrhenius auf Empfehlung von Ostwald, der die Priorität in der zweiten Auflage seines Buches „Wissenschaftliche Grundlagen der analytischen Chemie" anerkannte."[14]

Hintz und Grünhut stellten dann auch fest:

„Diese Methode [von Than; G.S.] bot denVorteil, daß sie ohne Zuhilfenahme unsicherer Annahmen eine übersichtliche Darstellung der Analysenergebnisse und einen direkten Vergleich der Zusammensetzung verschiedener Mineralwässer ermöglichte. Zu einer ähnlichen Darstellungsmethode hat schließlich die moderne Theorie der Lösungen geführt, (…). Wer sich eingehend über dieses Wissensgebiet unterrichten will, welches in den letzten Jahren dank der Arbeite von *J. H. van't Hoff, W. Ostwald, S. Arrhenius, W. Nernst* und ihren Schülern eine außerordentlich Bereicherung und Erweiterung erfahren hat, findet Näheres in den in der Anmerkung verzeichneten Werken, … (…)."[15]

Es werden die Lehrbücher der genannten Wissenschaftler, vor allem auch von Ostwald genannt, und damit diese auch speziell im Hinblick auf die Fortschritte in der Mineralwasseranalytik gewürdigt.

Und dann heißt es:

„… Es bedurfte erst eines abermaligen Anstoßes durch W. Ostwald, um der Ionentheorie auf dem besprochenen Gebiete endgültig Bahn zu brechen…"

Und in der Fußnote wird zitiert: „Die wissenschaftlichen Grundlagen der analytischen Chemie, 2. Aufl., S. 199, Leipzig 1897."[16]

Die Autoren hatten daran anschließend aber auch einige Einwände:

„Diese alsbald näher auseinanderzusetzende Form der Analysendarstellung schließt sich insofern nicht ganz der Wirklichkeit an, als sie eine *vollständige* [im Original gesperrt gedruckt; G.S.] elektrolytische Dissoziation der Salze voraussetzt. Tatsächlich sind aber neben Ionen in allen Fällen auch ungespaltene Molekeln in nicht zu vernachlässigender Menge in den Mineralwässern vorhanden. Man kann daran denken, bei der Berechnung der Analysen auch dies zu berücksichtigen und mit Hilfe des Gesetzes der Massenwirkung für jedes Wasser die wahre Ionenkonzentration und die Konzentration der einzelnen ungespaltenen Salzmolekeln zu ermitteln. Grundsätzlich steht der Lösung einer solchen Aufgabe nichts im Wege, in Wirklichkeit wird sie sich jedoch außerordentlich schwierig gestalten."[15]

Und dann führen sie dafür ein bekanntes Beispiel an:

„In der Pyrmonter Salztrinkquelle haben wir z. B. 10 verschiedene Kationen und 8 verschiedene Anionen aufgefunden. Diese Ionen müssen im Mineralwasser nicht nur im freien Zustand, sondern auch in *sämtlichen möglichen* [im Originaltext gesperrt gedruckt; G.S.] Kombinationen zu Salzen vereinigt sich finden, d. h. es werden neben

$10 + 8 = 18$ freien Ionen noch $10 \cdot 8 = 80$ verschiedene Salze vorkommen. Um die Konzentration eines jeden einzelnen dieser 98 Bestandteile zu ermitteln, hätte man also ein System von 98 Gleichungen mit 98 Unbekannten aufzulösen. Wir geben zu, daß durch einige naheliegende vereinfachende Annahmen diese Zahl herabgemindert werden kann, aber auch dann wird die zu lösende Aufgabe in rechnerischer Beziehung immer noch ziemlich verwickelt und auf alle Fälle sehr langwierig sein. Hierzu kommt, daß die erforderlichen Konstanten der einzelnen Massenwirkungs-Gleichungen durchaus nicht alle mit hinreichender Sicherheit bestimmt, ja zum Teil noch völlig unbekannt sind. Schließlich wissen wir noch nicht, ob in komplexen Lösungen dieselben Konstanten Gültigkeit besitzen, die wir an einfachen Lösungen ermitteln.

So stellen sich der Ausführung derartiger Berechnungen in der Praxis sehr erhebliche Schwierigkeiten entgegen. Für die Zwecke dieses Buches konnte um so eher davon abgesehen werden, als ein Bedürfnis nach derartige berechneten Analysen nicht anerkannt werden kann, da die heutige Medizin besondere Schlüsse darauf nicht aufzubauen vermochte."[16]

Als „Grundlagen der Neuberechnung" nennen sie dann folgende allgemeine Bedingungen:

„Als Grundlage der Darstellung der Mineralwasseranalysen in diesem Buche ist das Prinzip angenommen, alle Bestandteile, die einer praktisch in Betracht kommenden elektrolytischen Dissoziation fähig sind, als Ionen, alle übrigen als Molekeln aufzuführen."[16]

Aus diesen ausführlichen Zitaten wird die große Bedeutung der Ionenlehre auch für die Mineralwasseranalytik deutlich, die zu einer vollständigen Neuorientierung der Gehaltsangaben an Mineralstoffen und Spurenelementen um 1900 geführt hat und bis heute Bestand hat.

1.3.2   Zur historischen Entwicklung der Ionentheorie

Zu den wichtigsten Vorarbeiten zur Theorie der elektrolytischen Dissoziation gehören die Untersuchungen der Physiker Friedrich Wilhelm Hittorf (1824–1914) und Friedrich Wilhelm Georg Kohlrausch (1840–1910). Beide beschäftigten sich mit Messungen der elektrolytischen Leitfähigkeit von Lösungen. Hittorf veröffentlichte seine Arbeiten „Ueber die Wanderungen von Ionen während der Elektrolyse" zwischen 1853 und 1859.[17] Kohlrausch stellte 1875 fest, dass die Äquivalentleitfähigkeit einer verdünnten Lösung eines Elektrolyten (z. B. Salzes) sich aus der Summe zweier Konstanten zusammensetzt, die eine Konstante ist abhängig vom Kation und die andere vom Anion.

„Die Untersuchungsergebnisse von Hittorf und Kohlrausch führten in mehrfacher Hinsicht zu der Theorie der elektrolytischen Dissoziation hin. Hittorfs Deutung der Elektrolyse als molekularer Vorgang, der den normalen Affinitätserscheinungen analog war, fand ihre Antwort in der Theorie von Arrhenius. Seine Idee, dass die Ionen im Molekül nur locker gebunden seien, war die gedankliche Vorstufe zu der Theorie der freien Ionen. Von Kohlrauschs Gesetz der unabhängigen Wanderung der Ionen war es nur noch eine kleiner Schritt bis zu der Idee der unabhängigen Existenz der Ionen, auch wenn keine Elektrolyse stattfand."[18]

Bereits in Dorpat hatte Ostwald mit Leitfähigkeits-Messungen (konduktometrischen Messungen) von Salzlösungen unterschiedlicher Verdünnung begonnen. 1888 publizierte er sein bis heute gültiges, nach ihm benanntes *Ostwaldsche Verdünnungsgesetz*. Es beschreibt den Dissoziationsgrad schwacher Elektrolyte, d. h. den Anteil von Ionen als elektrisch geladenen Teilchen in einer Lösung, mit Hilfe des Massenwirkungs-gesetzes. Der Dissoziationsgrad nimmt nach dem Ostwaldschen Verdünnungsgesetz mit abnehmender Konzentration eines schwachen Elektrolyten, d. h. mit zunehmender Verdünnung durch die Zugabe von Wasser zu, bis er schließlich bei hinreichender Ver-dünnung vollständig in Ionen zerfallen (dissoziiert) ist. Ein schwacher Elektrolyt ist beispielsweise das Anion des Salzes Dinatriumhydrogenphosphat, das Hydrogen-phosphat-Anion (HPO_4^{2-}), das noch ein Wasserstoff-Ion abspalten kann. Ostwald konnte vor allem an organischen Säuren zeigen, dass von diesen nur ein geringer Anteil in Ionen dissoziiert.

1883 schloss der schwedische Chemiker Svante Arrhenius (1859–1927, Nobel-preis 1903) seine Doktorarbeiten mit dem Titel „Recherches sur la conductivité des électrolytes" (veröffentlicht 1884)[19] ab. Aber erst 1887 erschien von Arrhenius, der 1885 bei Ostwald in Riga und daran anschließend bei Friedrich Kohlrausch in Würzburg gearbeitet hatte, die Veröffentlichung *„Ueber die Dissociation der in Wasser gelösten Stoffe"*[20]. Als Begründer der *Ionentheorie* wurde von Ostwald dann auch Arrhenius anerkannt.

Wie schwierig es war, die Ionentheorie auch unter Wissenschaftlern trotz experimenteller Beweise zur Anerkennung zur verhelfen, zeigt eine von Ostwald überlieferte Begegnung: Als er bei einem Besuch in Uppsala im Laboratorium des chemischen Instituts mit dessen Direktor Per Theodor Cleve (1840–1905; ab 1874 o. Professor in Uppsala, wo Arrhenius von 1876 bis 1881 studiert und tätig gewesen war) diskutierte, hätte dieser auf ein Glas mit einer Kochsalzlösung gezeigt und ihn sinngemäß gefragt: „Sie glauben doch nicht wirklich, dass hier Natriumatome frei herumschwimmen?" Als er diese Frage mit großer Überzeugung bejaht habe, sei er nur verwundert und kopfschüttelnd angeschaut worden.[21].

Die Ionentheorie besagt beispielsweise auch, dass Stoffe, die in Wasser positiv geladene Wasserstoff-Ionen bilden, als Säuren mit den bisher schon bekannten grund-legenden Eigenschaften zu bezeichnen sind. Und Ostwald sorgte dafür, dass die Theorie des damals erst 28 Jahre alten Arrhenius nach gemeinsamen Messungen in Stock-holm Ende des 19. Jahrhunderts auch allgemein bekannt wurde.[22] Arrhenius erhielt bereits 1903 den Nobelpreis für Chemie mit der Begründung: „als Anerkennung des außerordentlichen Verdienstes, den er sich durch seine Theorie über die elektrolytische Dissoziation für die Entwicklung der Chemie erworben hat."

In seinen „Lebenslinien" schrieb Ostwald selbst zur Geschichte und Bedeutung der Ionenlehre unter der Überschrift „Analytische Reaktionen": „Der Begriff der freien

Ionen ergab bei der Beziehung auf physikalische und chemische Verhältnisse zahllose Anwendungen, die von seinem Schöpfer *Arrhenius* hauptsächlich nach der allgemeinen und physikalischen Seite verfolgt und entwickelt wurden. Durch die berufliche Notwendigkeit, anorganische Chemie in der Vorlesung und analytische im Laboratorium zu lehren, wurde ich gezwungen, das neue Denkmittel auf alle Einzelheiten der beiden Gebiete anzuwenden und fand alsbald auch hier wichtige und weitreichende Ergebnisse.

Schon in seiner ersten Veröffentlichung hatte *Arrhenius* hervorgehoben, daß die Unabhängigkeit der Ionen der Salze voneinander (bis auf die notwendige Gleichheit, der positiven und negativen Ladungen) sich auf alle ihre Eigenschaften erstrecken muß. Die Eigenschaften der Salzlösungen müssen sich somit einfache als Summen der Eigenschaften darstellen lassen, die den Ionen einzeln zukommen; sie müssen nach einem von mir eingeführten Ausdruck a d d i t i v sein."

An einer Reihe von Beispielen zeigte er, daß solche additive Eigenschaften schon von früheren Forschern festgestellt waren, die sie allerdings nicht auf jene Ursache hatten zurückführen können.

(Jede korrekte und zuverlässige Mineralwasser-Analyse beinhaltet auch einen Ionenbilanzierung, aus der durch Addition der Äquivalente auch eine Bestätigung der Richtigkeit der Einzelergebnisse erfolgt).

„Für die analytische Chemie ergab sich aus der Freiheit der Ionen der Schluß, daß die analytischen Eigenschaften der Salzlösungen nichts anderes sind, als die analytischen Eigenschaften ihrer Ionen. Heute ist das eine Binsenweisheit; damals war es eine Entdeckung. Sie warf plötzlich das Licht der Wissenschaft in ein Gebiet, das bis dahin nur empirisch bearbeitet war und dem zusammenfassende Gedanken fehlten. Dies machte sich unwillkürlich in der allgemeinen Auffassung geltend, daß diejenigen Chemiker, welche die analytische Chemie erwählt hatten, einem geistig etwas niedrigeren Geschlecht zugeordnet wurden, als die anderen, die außerdem noch organische Synthesen und strukturchemische Betrachtungen auszuführen vrstanden."[23]

Auch heute scheint die Wissenschaft dem Chemiker *organischer Synthesen und strukturchemischer Betrachtungen* mehr Kreativität zuzubilligen als dem Analytiker. Andererseits gilt für dieses Fachgebiet, dies hier durch die fortschreitende Technologie die größten Fortschritte erzielt worden sind, die auf der Grundlage der *physikalischen Chemie* beruhen. Diese Aussage gilt sowohl für die instrumentellen Trennmethoden (wie Chromatographie und Elektrophorese) als auch die spektroskopischen Methoden (Atom- und Molekülspektrometrie, einschließlich Massenspektrometrie).

Einen Beitrag zur Wissenschaftsgeschichte stellen auch die folgenden Ausführungen von Ostwald zu *Wilhelm Hittorf* dar:

„Eine wesentlich Vertiefung erhielten meine Betrachtungen durch das eigehenden Studium von.

W i l h e l m H i t t o r f s klassischen Untersuchungen über die Wanderung der Ionen, welche ich damals zum Wiederabdruck in den „Klassikern" ausgewählt und bearbeitet habe. H i t t o r f hatte dort einen großen Teil der Lehre von den freien Ionen vorausgenommen, nur war ihm der letzte radikale Endpunkt dieser Gedankenreihe noch unzugänglich geblieben."[23]

Zur *elektrolytischen Dissoziation* und zum *Verdünnungsgesetz* hat sich Ostwald in seinen „Lebenslinien" auch noch zuvor geäußert und dabei vor allem auch den Streit mit anderen Wissenschaftlern beschrieben: 2Die damalige allgemeine Meinung war, dass Ionen als elektrische geladene Teilchen, die so schon von Faraday [1791–1867] bezeichnet worden waren, erst beim Anlegen einer Spannung entstehen. Der Physiker Rudolf Clausius (1822–1888) hatte gegen diese Ansicht bereits Bedenken erhoben „und wenigstens für einen kleinen Bruchteil des Elektrolyts angenommen, daß er sich schon ohne den Strom in seine Ionen spaltet und daß diese die Elektrizität transportieren.

A r r h e n i u s dagegen zeigte, daß es mit einem kleinen Bruchteil nicht getan ist. Vielmehr muß man bei den meisten Salzen, den starken Säuren und Basen annehmen, daß sie in ihren elektrolytisch leitenden Lösungen zum größten Teil gespalten sind, so daß diese nicht sowohl Lösungen der Salze sind, sondern vielmehr Lösungen der Ionen, die durch Zerfall entstehen, neben etwas unzersetztem Salz."[24]

Mit dieser Hypothese ließ sich auch der bekannte Effekt bei Messungen des osmotischen Druckes erklären, der bei Salzen höher war als die molekulare Konzentration erwarten ließ. Dafür wurde damals, so Ostwald, „ein rästelhafter Faktor *i*, welcher die Lehre vom osmotischen Drucke verunstaltete,"[24] eingeführt. Arrhenius konnte zeigen, dass „diese *i*-Werte durchaus die von seiner Theorie geforderte Übereinstimmung zeigten.

Das ist eine Entwicklung, wie sie für ein klug erfundenes Drama nicht wirksamer erdacht werden könnte: aus dem Stein des Anstoßes wird eine ragende Triumphsäule. Ich zweifele nicht, daß von denen, die durch die steigende Wichtigkeit der Angelegenheit angezogen, ihren Weg in der Stille beobachteten, viele stark beeindruckt, vielleicht schon überzeugt wurden. Nach außen wurde zunächst hiervon nichts sichtbar. Vielmehr wirkte die Neuheit von *Arrhenius'* Gedanken so verblüffend, daß er zunächst vielfach instinktive Abwehrbewegungen auslöste.

Eigene Mitarbeit. Ich selbst zweifelte keinen Augenblick. Mir war die Grundidee schon aus früheren privaten Mitteilungen geläufig gewesen; sie traf mit eigenen Gedanken zusammen, die ich schon eine Jahrzehnt früher begonnen, aber nicht zu Ende geführt hatte. In meiner Magisterdissertation von 1877 lautet die dritte der beigefügten Thesen: Das Wasser zersetzt alle. Salze.

Dieser kurze Satz war der Niederschlag eines langen und immer wieder auf einsamen Wanderungen aufgenommenen Nachdenkens über das, was zwischen einem Salz und dem Wasser vor sich geht, wenn beide zu einer Lösung vereinigt sind. Alle Zeichen eines chemischen Vorganges lassen sich dabei erkennen: Wärmewirkungen, Raumänderungen, Beeinflussungen aller meßbaren Eigenschaften, die mit steigender Verdünnung relativ zunehmen. Und doch wird in den meisten Fällen das Salz durch einfaches Verdunsten des Wassers unverändert wiederhergestellt. Es mußte also eine besondere Art chemischer Vorgänge sein. Welche Art konnte ich aber nicht herausbringen. So legte ich das Problem in jenen Thesen nieder, die dazu bestimmt waren, Problematisches zu enthalten.

Nun war die Antwort auf jene alte Frage gegeben. Damit entstand auch für mich ein Anlaß, in die Angelegenheit einzugreifen und die Synthese oder Symbiose beider Lehren, die sich zunächst nur in der Aufklärung des irrationalen Faktors *i* offenbart hatte, noch inniger und selbständiger zu vollziehen. Dis geschah im unmittelbaren Anschluß an die in Riga begonnenen und durch die Übersiedelung unterbrochenen Untersuchungen der organischen Säuren."[24]

Zur Bedeutung der Ionentheorie für die weiteren Fortschritte in der Chemie ist von Jost Weyer zu lesen:

„Die Neuheit der Ideen brachte es mit sich, dass die Theorie der elektrolytischen Dissoziation zunächst mit Skepsis aufgenommen wurde und Arrhenius viel Kritik erfuhr. In der Anfangsphase dieser Auseinandersetzung war es insbesondere Ostwald zu verdanken, dass sich die neue Theorie verbreitete und nach und nach anerkannt wurde. Gegen Ende des 19. Jahrhunderts wurde die Elektrochemie zu einem anerkannten Teilgebiet der Chemie. Ostwald verfasste die erste geschichtliche Darstellung dieses neuen Faches, die 1896 unter dem Titel *Elektrochemie. Ihre Geschichte und Lehre* erschien.

Die Aufstellung der Theorie der elektrolytischen Dissoziation stellt für die Geschichte der Elektrochemie eine wichtige Zäsur dar; aber die Entwicklung ging weiter. Von den Forschungsergebnissen, die auf den Erkenntnissen der Elektrochemie aufbauten, seien die Entdeckung des Elektrons durch Thomson und die elektronentheoretische Deutung der Bindung durch Lewis und Kossel genannt."[18].

1.4   Hittorf und Ostwald's Klassiker der exakten Wissenschaften

Widerspruch zur beschriebenen Theorie der elektrolytischen Spaltung von Arrhenius – oft „mit heftiger Polemik" vorgebracht, kamen u. a. von den Physikern bzw. Physikochemikern Gustav Heinrich Wiedemann (1826–1899; ab 1871 Lehrstuhl für Physikalische Chemie, ab 1887 für Physik, Universität Leipzig) und Heinrich Gustav Magnus (1802–1870; Prof. in Berlin), „damals maßgebende Elektrochemiker" wie Ostwald in seinen Lebenserinnerungen schreibt. Und zu *Wilhelm Hittorf* ist bei Ostwald dann auch zu lesen, dass er ihm mit der Herausgabe von dessen Forschungsergebnissen in seiner bereits 1889 begonnenen Reihe der *Klassiker der exakten Wissenschaft* (Nr. 21 – 1891; 2. Aufl. 1903) Anerkennung zuteil kommen ließ. Denn in Wiedemanns „Handbuch des Galvanismus, in welchem sonst jede, auch die unbedeutendste Veröffentlichung erwähnt und erörtert war, (wurden) die Forschungen *Hittorfs* nur ganz kurz und ablehnend behandelt…

Mir erschien es als eine unabweisbare Pflicht, dem solange verkannten und ungerecht beurteilten Forscher durch die Aufnahme in die ‚Klassiker' die längst verdiente Anerkennung endlich zuteile werden zu lassen, zumal er noch lebte und als Professor in Münster tätig war. Ich hatte mich mit ihm brieflich in Verbindung gesetzt und ihn um Erlaubnis zum Abdruck gebeten. Sie wurde mir mit einem rührenden Ausdruck des

Dankes für die späte Anerkennung gewährt. Um mir aber die persönliche Unbequem-
lichkeit zu ersparen, die mit dem Wiederabdruck seiner Verteidigung gegen *Wiedemanns*
nicht gut begründete Verurteilung verbunden war, bat er mich, alle polemischen Stücke
seiner Schriften im Abdruck zu streichen und diesen auf die Mitteilung des tatsächlichen
Materials und seine Deutung zu beschränken.

Diese geschah denn auch, und erst nach dem Tode beider Gegner benutzte ich die
Gelegenheit einer Neuauflage, um jene Schriften nun unverkürzt zu bringen. Denn es
schien mir doch wichtig, den Lesern nicht nur eine Kenntnis des wertvollen sachlichen
Inhalts, sondern auch der persönlichen Schwierigkeiten zu vermitteln, die fast immer bei
der Durchsetzung wichtiger neuer Gedanken gemacht werden, namentlich wenn sie einfach sind."[25]

In diesem Zusammenhang sei die Entstehung und Bedeutung dieser Reihe – auch
da dieses Buch von Ostwald in der neuen Reihe „*Klassische Texte der Wissenschaft*"
erscheint, näher vorgestellt.

Im März 1889 kündigte der Verlag Wilhelm Engelmann[26] die Reihe „Klassiker der
exakten Wissenschaften" an – bereits der erste Band hatte den Reihentitel „Ostwald's
Klassiker der exakten Wissenschaften."

Im Zusammenhang mit dem Erscheinen seines Lehrbuches „Grundriß der Allgemeinen Chemie" 1888 berichtete Ostwald auch über die Entstehung der
„Klassiker-Reihe":

„Bei meinen Vorarbeiten für das Lehrbuch war mir aufgefallen, wie groß das
Mißverhältnis zwischen dem Gesamtumfang der Zeitschriftliteratur und dem Anteil
darin war, welchem eine dauernde Bedeutung zukam. Dafür, daß unter den veröffentlichten Abhandlungen der Anteil der ganz zwecklosen verschwindend klein war und
ist, hatte ja im allgemeinen die Sorgfalt der jeweiligen Herausgeber gesorgt. […] Aber
auch von den für ihre Zeit guten und zweckmäßigen Arbeiten hat der allergrößte Teil
seinen Beruf erfüllt, nachdem der tatsächliche Inhalt in die Lehrbücher übergegangen ist.
Dazwischen ragen einzelne Meisterwerke wie Berggipfel empor, deren Inhalt auf solche
Weise durchaus nicht erschöpft wurde und deren fördernde und den Blick erweiternde
Wirkung daher auch für die neuen Geschlechter zugänglich gemacht werden sollte,
welche jene alten Zeitschriftenbände nur ausnahmsweise in die Hand bekommen. Sie
können aus ihnen lernen, wie solche di Zeiten überdauernde Beiträge zur Wissenschaft
aussehen und zustande kommen. Außerdem finden sich in ihnen zahlreiche Keime
förderlicher Gedanken, die noch nicht aufgesproßt sind und Frucht getragen haben und
nur auf die pflegsame Hand warten, um reiche Ernten zu ergeben.

Mein Verleger, Dr. E n g e l m a n n, fand sich alsbald willig, die Sache zu unter-
nehmen. Eine Anzahl ausgezeichneter Kollegen erklärte sich bereit, uns beratend beizu-
stehen für jenes große Gebiet der exakten Wissenschaften von der Mathematik bis zur
Physiologie, in welchen ich selbst nicht fachkundig war. Die ‚Klassiker' haben dann
eine schöne Entwicklung erlebt; über zweihundert Bände sind im Laufe der Zeit herausgegeben worden, und von diesen haben nicht wenige mehrfache Auflagen in Tausenden
von Exemplaren erfahren. Sie wurden später von meinem Lehrer.

A. v o n O e t t i n g e n [1836–1920] herausgegeben; nach dessen Tod leitet sie mein ältesten Sohn W o l f g a n g O s t w a l d. Sie erscheinen gegenwärtig bei der A k a d e m i s c h e n V e r l a g s – g e s e l l s c h a f t, Leipzig.

Die Anregung, welche die ‚Klassiker' dahin gaben, daß die Meisterwerke der Wissenschat in Einzeldrucken der Allgemeinheit zugänglich gemacht wurden, ist auf fruchtbaren Boden gefallen. Nicht nur sind in Deutschland ähnliche Sammlungen für einzelne Sonderfächer erschienen, auch im englischen und französischen Sprachgebiet ist das deutsche Vorbild nachgeahmt worden. (…)"

In der „Ankündigung" der Reihe (Umschlag des ersten Bandes) ist u. a. zu lesen:

„Der grossartige Aufschwung, welchen die Naturwissenschaften in unserer Zeit erfahren haben, ist wie allgemein anerkannt wird nicht im kleinsten Masse durch die Ausbildung und Verbreitung der *Unterrichtsmittel* [im Original gesperrt gedruckt; G.S.], der Experimentalvorlesungen, Laboratorien u. s. w. bedingt. Während aber durch die vorhandenen Einrichtungen zwar die Kenntniss des gegenwärtigen Inhaltes der Wissenschaft auf das erfolgreichste vermittelt wird, haben hochstehende und weitblickende Männer wiederholt auf einen Mangel hinweisen müssen, welche der gegenwärtigen wissenschaftlichen Ausbildung jüngerer Kräfte nur zu oft anhaftet. *Es ist dies das Fehlen des historischen Sinnes und der Mangel an Kenntniss jener grossen Arbeiten, auf welchen das Gebäude der Wissenschaft ruht.*

Zwar wird es kaum einen Lehrer der Wissenschaft geben, welcher es versäumt, gegebenen Ortes auf diese Grundlagen hinzuweisen. Der Hinweis bleibt aber meist erfolglos, weil die Quellen der Wissenschaft wenig zugänglich sind. Nur in grösseren Bibliotheken, und in diesen nur in einzelnen Exemplaren, sind sie zu erlangen, so dass der Lernende nur zu leicht darauf verzichtet, auf sie zurückzugehen.

Diesem Mangel soll durch die Herausgabe der *Classiker der exakten Wissenschaften* abgeholfen werden. […]

Als erstes Heft wird unter gütiger Zustimmung des Herrn Verfassers und der Verlagsbuchhandlung „*Helmholtz*. Erhaltung der Kraft" herausgegeben. (…).

Leipzig, März 1889.

Wilhelm Engelmann."

Der Verleger und Buchhändler Wilhelm Engelmann (1808–1878) war zu diesem Zeitpunkt bereits verstorben. Der Verlag wurde von seiner Ehefrau Christiane Therese Engelmann, geb. Hasse (1820–1807) und seinem Sohn Friedrich Wilhelm Rudolf Engelmann (1841–1888; Astronom) fortgeführt, der beim Erscheinen des ersten Bandes auch bereits verstorben war.

Der Physiologe und Physiker Hermann von *Helmholtz* (1821–1894) war einer der vielseitigsten Naturforscher des 19. Jahrhunderts. Nach ihm ist die heutige „Helmholtz-Gemeinschaft Deutscher Forschungszentren" (gegründet 1995) benannt.

Oswalds frühe Arbeiten erschienen im Band 250 („Volumchemische Studien zur Affinität und volumchemische und optisch-chemische Studien") und in Band 257 sind seine „Gedanken zur Biosphäre" enthalten. Insgesamt erschienen 304 Bände.

Mit dem Band 267, von Regine Zott mit einer Einführung und Erläuterungen versehen, wurde Wilhelm Ostwald unter dem Titel „Zur Geschichte der Wissenschaft" auch als Wissenschaftshistoriker gewürdigt.[27] R. Zott stellt Ostwald als „Forscher, Lehrer, Systematiker, Editor, Historiker und Methodologen" und in vier Kapiteln Manuskripte zu einer Vorlesung, über Jakob Berzelius, Justus Liebig und über Entdecker, Erfinder und Organisatoren vor.

Aus dem Bereich der Analytischen Chemie wurden die fundamentalen Arbeiten von Jaroslav Heyrovský (1890–1967) zur Polarographie (Band 266) und von Robert Bunsen (1811–1899) dessen „Gasometrische Methoden" (Band 296) gewürdigt.

1.5   Die wissenschaftlichen Grundlagen der analytischen Chemie

1.5.1   Die ersten Hochschullehrerbücher für analytische Chemie

Im 19. Jahrhundert erschienen die ersten praktisch orientierten Hochschullehrbücher zur Analytischen Chemie.[28] Als erstes Hochschullehrbuch gilt das von dem Pharmazeuten Johann Friedrich Göttling (1755–1809) in Verbindung mit seinem „Probier-Kabinett" (Analysenkoffer) verfasste Anleitungsbuch mit dem Titel „Vollständiges chemisches Probirkabinett" (Jena 1790), der den ersten Lehrstuhl für analytische Chemie an der Universität Jena innehatte. Die zweite Auflage trägt bereits einen „wissenschaftlicheren" Titel: „Praktische Anleitung zur prüfenden und zerlegenden Chemie" (Jena 1802). Das erste Handbuch zur analytischen Chemie wird von dem Mediziner Christian Heinrich Pfaff (1773–1852), Professor der Chemie und Pharmazie in Kiel, verfasst. Diese Handbuch von 1821 wendet sich nicht nur an Chemiker, sondern auch an Ärzte, Apotheker, „Oekonomen und Bergwerks Kundige" mit dem Ziel, gründliche Stoffkenntnisse und bewährte analytische Verfahrensvorschriften so umfassend zu vermitteln, dass sein Buch als Anleitung für den Anfänger sowie auch als Nachschlagewerk für den geübten Chemiker und Praktiker dienen konnte. Der systematische Aufbau dieses Werkes orientiert sich an bekannten Autoren wie J. J. Berzelius oder W. A. Lampadius: 1) Vorstellung von Geräten und analytischen Verfahrensschritten (wie Filtrieren, Wägen usw.), 2) Beschreibungen zur Darstellung und zu den Eigenschaften von Reagentien, die zur damaligen Zeit zum größten Teil von den Analytikern selbst hergestellt werden mussten (einschließlich von Vorschriften zur Reinheitsprüfung), 3) Verfahrensvorschriften zur quantitativen Analyse von Einzelstoffen und zur Untersuchung (mit Trennungen) von Mineralien, Legierungen u. a. Materialien.

Obwohl schon erste Ansätze zur Klassifikation der Kationen mit Hilfe von Reagentien wie Schwefelwasserstoff, Ammoniumsulfid, Kaliumhexacyanoferrat(II), Ammoniak, Ammoniumcarbonat, Kaliumhydroxid und Kaliumoxalat erkennbar sind, wird von C. H. Pfaff noch kein Analysengang zur qualitativen oder auch quantitativen Untersuchung von Stoffgemischen beschrieben. Ein solcher Trennungsgang wird erstmals von Heinrich

Rose (1795–1854), Professor für Chemie an der Universität Berlin, angegeben. Roses „Handbuch der analytischen Chemie" (1829) vereinigt eine Fülle von Einzelfakten; alle zu seiner Zeit bekannten Elemente und deren Reaktionen für analytische Zwecke werden behandelt. Ein Trennungsgang lässt sich in Roses Handbuch zwar erkennen, der Stoff wird jedoch kaum in einer systematischen Betrachtungsweise angeboten – ein relativ komplizierter Aufbau des gesamten Werkes ohne ein hilfreiches System sowie die oft umständliche Sprache erschweren vor allem eine Benutzung durch den Anfänger.

Diese Schwächen sind in dem 1841 in der 1. Auflage erscheinenden Buch von Carl Remigius Fresenius (1818–1897) nicht zu finden. Noch während seines Studiums in Bonn verfasste er aufgrund eigener Arbeiten und Erfahrungen im Privatlaboratorium des Apothekers Ludwig Clamor Marquart (1804–1881) seine „Anleitung zur qualitativen chemischen Analyse", die bis in das 20. Jahrhundert insgesamt 17 Auflagen erreichte. In der 3. Auflage (1844) beginnt Fresenius mit einem Abschnitt „Ueber Begriff, Aufgabe, Zwecke, Nutzen und Gegenstand der qualitativen chemischen Analyse und über die Bedingungen, worauf ein erfolgreiches Studium derselben beruht" – eine Einführung, die Aussagen sowohl zur Methodik als auch Problemorientierung analytisch-chemischer Arbeiten vermittelt. Der zweite Teil des Buches bildet der „Systematische Gang der qualitativen chemischen Analyse", der bis in die Grundpraktika jedes Chemiestudiums der zweiten Hälfte des 20. Jahrhunderts angewendet wurde. Dieser Trennungsgang baut auf dem Löslichkeitsverhalten der Stoffe (in Wasser, Salz- und Salpetersäure) auf, beinhaltet übersichtliche Schemata und eine kritische Betrachtung der Wege, Fehlermöglichkeiten und Ergebnisse.[28] Die physikalisch-chemischen Grundlagen, die dieser praxisorientierten und auf Erfahrungen basierende Arbeitsweise beinhalten, sind entweder zur dieser Zeit noch gar nicht bekannt bzw. finden bis auf die Angaben von Formeln keine Anwendung.

Ostwald hatte in seinem neuartigen Lehrbuch 1894 erstmals Begriffe wie Dissoziationskonstante, Löslichkeitsprodukt, Ionenprodukt, Wasserstoffionenkonzentration und chemisches Gleichgewicht in die analytische Chemie eingeführt.

Die Hochschullehre im Fach Analytische Chemie war bis in das letzte Drittel des 20. Jahrhunderts weitgehend auf die Grundvorlesungen in der Anorganischen Chemie beschränkt. Sie beinhaltete klassisch-chemische Reaktionen und die Methoden in den Praktika endeten in der Regel nach den Verfahren der Gravimetrie, Titrimetrie und Elektrolyse bei der Photometrie. Erst als sich instrumentelle Methoden, zuerst die elektrochemischen Methoden wie die Polarographie, dann vor allem die Chromatographie als Gas- und Hochdruck-Flüssigkeits-Chromatographie verbreiteten, wurden die physikalisch-chemischen Grundlagen auch ein Teil der Lehre. Und damit konnte sich die Analytische Chemie als ein selbstständiges Lehr- und Forschungsgebiet seit den 1970er Jahren an den Universitäten etablieren.

1.6   Ostwald und sein Werk „Die wissenschaftlichen Grundlagen der analytischen Chemie"

Ostwalds physikalisch-chemische Messungen zur Leitfähigkeit wässriger Elektrolyt-
lösungen, über die Kinetik und Katalyse, die er 1893 in seinem „Hand- und Hilfsbuch
zur Ausführung physiko-chemischer Messungen" zusammenfasste, führten ihn auch zu
einem ersten theoretisch orientiertem Lehrbuch „Die wissenschaftlichen Grundlagen der
analytischen Chemie. Elementar dargestellt" (1894). Er selbst berichtet in seiner Auto-
biografie „Lebenslinien" über die Entstehung dieses Werkes[29] u. a. (Abb. 1.6):

„Die wissenschaftlichen Grundlagen der analytischen Chemie. Diese Gedanken entwickelten sich im Jahr 1893, doch war meine Zeit und Kraft so vielfältig in Anspruch
genommen, daß ich nicht dazu kam, sie zu Papier zu bringen. Ich nahm sie unterbewußt
in die Osterferien mit, die ich an der Riviera verbrachte. Als ich dann auf der Heimreise
wegen Überfüllung des Zuges auf unbequemem Platz die zehnstündige Nachtfahrt von
München nach Leipzig machen mußte, benutzte ich die schlaflose Zeit, um in meinem
Kopfe den vollständigen Plan zu einem neuen Buch auszuarbeiten, das den Titel.

Abb. 1.6 Titelseite der ersten Auflage. (Quelle: zvab.com)

Die wissenschaftlichen Grundlagen der analytischen Chemie erhalten sollte. Mir sind noch die mathetischen [so im Original; gemeint sind wohl: mathematischen] oder ordnungswissenschaftlichen Schwierigkeiten gegenwärtig, die es dabei zu überwinden gab. Doch gelang dies so vollständig, daß ich hernach das Buch nur so gerade herunterschreiben konnte, ohne am Plan und Aufbau etwas ändern zu müssen. […]

Der Erfolg. Was die Wirkung des Buches auf die Zeitgenossen anlangt, so war sie zwiespältig. Von einzelnen wurde seine Bedeutung sofort anerkannt, was sich darin ausdrückte, daß bald Übersetzungen erschienen, welche die neuen Gedanken schnell über die ganze Kulturwelt ausbreiteten. Im Laufe einer ziemlich kurzen Zeit wurden acht bis zehn fremdsprachige Ausgaben veranstaltet.

Eine Beeinflussung der deutschen Lehrbücher, welche der analytischen Chemie ganz oder zum Teil gewidmet waren, ließ sich dagegen zunächst gar nicht erkennen. Als nach einigen Jahren eine verstärkte zweite Auflage herausgegeben wurde, mußte ich in der Vorrede diese Unwirksamkeit meines Werkes hervorheben. Ich ermüdete aber nicht, in der ,Bücherschau' der Zeitschrift für physikalische Chemie in jedem einzelnen Fall auf den Mangel hinzuweisen und Abhilfe zu verlangen. Etwa fünf Jahre nach dem Erscheinen begann dann die neue Auffassung ihren Einzug in die Lehrbücher zu halten, und nachdem einmal das Eis gebrochen war, wollte man sich nicht gern den Vorwurf der Rückständigkeit aussetzen. Natürlich reichte es, namentlich in der ersten Zeit, bei manchem nicht weiter als zu einem äußerlichen Firnis. Aber auch diese Kinderkrankheiten wurden überstanden. Heute sind, soweit meine Kenntnis reicht, die damals gewonnenen Einsichten allgemein verbreitet und werden ihrerseits als selbstverständlich angesehen, d. h. als etwas, worüber keine Meinungsverschiedenheit mehr besteht."

In die Praktikumsbücher zur anorganisch-chemischen Analyse im Chemie-Grundstudium fanden die theoretischen Grundlagen zunehmend in das noch heute als Standardwerk geltende Lehrbuch von Gerhart Jander (1892–1961) Eingang, der sich in den 1920er- und 1930er-Jahren mit der Entwicklung der Konduktometrie beschäftigte. Er war ab 1951 Direktor des Instituts für Anorganische Chemie an der TU Berlin. 1952 erschien die erste Auflage seines Werks „Lehrbuch der analytischen und präoperativen anorganischen Chemie".[30]

Ein Vergleich der Vorworte zu Ostwalds Werk – von der ersten Auflage 1894 bis zur fünften Auflage 1910 (die 6. Auf. erschien unverändert 1917, die letzte, 7. Auflage erschien 1920) – zeigen die Entwicklungen in Theorie und auch Praxis. In der zweiten Auflage (1897) beklagte der Autor, dass von den wissenschaftlichen Grundlagen noch wenig in den Lehrbüchern der analytischen Chemie zu finden sei, womit vor allem die beschriebenen Praktikumsbücher gemeint waren. Die 17. Auflage von Fresenius' „Anleitung zur qualitativen chemischen Analyse" (s. o.) erschien durch Theodor Wilhelm Fresenius noch 1917.[28] Aber auch sie enthält keine wesentlichen Angaben zu den theoretischen Grundlagen, sondern ist ein ausführliches Praktikumsbuch, das sich immer mehr zu einem Handbuch für die Praxis entwickelt hatte.

In die zweite Auflage von 1897 fügte Ostwald auch die *elektrochemische Analyse* ein. Seine Angaben für Experimente sind als Demonstrationsversuche zur Vorlesung gedacht und vermitteln keine Anleitungen zur Analyse.

1901 konnte Ostwald dann feststellen, dass in den Anfängerlaboratorien u. a. von Küster die „tägliche Technik (...) im Sinne der neueren wissenschaftlichen Chemie gelehrt" werde. Friedrich Wilhelm Küster (1861–1917) lehrte als o. Professor von 1899 bis 1904 an der heutigen TU Clausthal, wo er sich der von Ostwald angeregten physikalischen Chemie mit Schwerpunkten wie Reaktionskinetik, Leitfähigkeitstitration und Volumetrie widmete. Danach lebte er als Privatgelehrter bei Berlin. Bekannt bis in unsere Zeit ist sein Laboratoriumsbuch „Rechentafeln für die Chemische Analytik" (1. Aufl. 1894).[31] Auch ergänzte Ostwald die dritte Auflage von 1901 mit einigen *Vorlesungsversuchen.*

Bereits 1904 kam die vierte Auflage heraus, in deren Vorwort er feststellen konnte, dass sein Anliegen, „nämlich die Verwertung der in der allgemeinen Chemie erzielten Fortschritte für den analytischen Unterricht (...) nunmehr in weitem Umfang in Erfüllung gegangen" sei. Auch die im Sinne der älteren Chemie geschriebenen Lehrbücher der chemischen Analyse seien „eins nach dem andern den neuen Gesichtspunkten gemäß umgestaltet" worden. Ostwald stellt fest, dass Übersetzungen seines Buches außer in den schon genannten Sprachen nun auch in Japanisch. Italienisch und Französisch erschienen seien. Ostwald bezeichnet sein Werk als „erste Einführung des analytischen Anfängers in den Gedankengang der neueren Chemie", das bedeutet vor allem eine Verbindung mit der physikalischen Chemie. Lobend erwähnt er den „Grundriß der qualitativen Analyse" von W. Böttger, der „ganz und gar im Sinne der angestrebten Reform bearbeitet" sei.

Wilhelm Böttger (1871–1949), in Leipzig geboren, absolvierte zunächst eine Lehre als Apotheker, studierte ab 1893 Pharmazie und ab 1895 Chemie in Leipzig. Nach der Promotion 1897 wurde er Assistent von Otto Wallach in Göttingen, später Abteilungsleiter am Physikalisch-chemischen Institut unter Wilhelm Ostwald und dem Elektrochemischer Max Le Blanc (1865–1943) in Leipzig. Nach der Habilitation 1903 für analytische und physikalische Chemie war er zunächst in Boston tätig, wurde 1910 ao. und 1922 o. Professor für analytische Chemie.[32] Sein „Grundriß der qualitativen Analyse vom Standpunkt der Lehre der Ionen" erschien erstmals 1902 und 1925 in der 7. Auflage.

Die 5. Auflage ist im Vorwort auf „Großbothen, Neujahr 1910" datiert. Darin berichtet Ostwald, dass er durch *F. Wald* angeregt in dieser Auflage vor allem die *stöchiometrischen Gesetze* berücksichtigt habe und weist auf sein Buch „Prinzipien der Chemie" (Akad. Verlagsges., Leipzig 1907)[33] hin. Außerdem habe er den Begriff der *Phase* „als den der Lösung und des reinen Stoffes zusammenfassend" eingeführt. Franz Wald (1861–1930) war ein böhmischer Chemiker und Naturphilosoph, der auch in der Zeitschrift für physikalische Chemie publiziert hatte.[34].

Die nächste Ausgabe seines grundlegenden Werkes erschien im Mai 1917 ohne wesentliche Änderungen, wie Ostwald im kurzen Vorwort vermerkte. 1920 veröffentlichte er noch die 7. Auflage.

Die Hälfte der insgesamt 238 Druckseiten der 7. Auflage ist der Theorie in 5 Kapitel gewidmet. Das 5. Kapitel „Die Messung der Stoffe" bildet den Übergang zum zweiten Teil „Anwendungen". Im Unterschied zu einem Praktikumsbuch werden darin, dem Anspruch des Lehrbuches entsprechend, nur die wissenschaftlichen Grundlagen der wichtigsten Reaktionen und den sich daraus ergebenden Möglichkeiten des Nachweises und der Trennung beschrieben. Dieser schließt mit einem Kapitel zur „Berechnung der Analysen". Im Anhang werden dann noch einige Versuche für eine Vorlesung beschrieben, die dem jeweiligen Abschnitt im ersten Teil des Buches zugeordnet sind.

Ostwald widmete sein Buch dem Andenken an Johannes *Wislicenus* (1835–1902, Mitbegründer der Stereochemie). Wislicenus war 1885 als Professor der Chemie und Direktor des ersten chemischen Universitätslaboratoriums nach Leipzig gekommen. Der Sohn eines Pfarrers aus Kleineichstedt bei Querfurt hatte in Berlin zunächst Mathematik und Naturwissenschaft, später Chemie studiert, war mit seinen Eltern nach Boston in den USA ausgewandert und hatte nach einer Zeit als Assistent am Harvard College in New Cambridge 1854 in New York ein analytisches Labor eröffnet. Er kehrte jedoch 1856 nach Deutschland zurück, war 1857 bis 1859 als Assistent in Halle tätig, promovierte und habilitierte sich in Zürich und wurde zunächst 1861 als a. o. Professor an die Kantonsschule berufen. Über o. Professuren an der Universität bzw. dem Polytechnikum (heute ETH) Zürich, der Universität Würzburg (1872) kam er nach Leipzig. Als Ostwald an die Universität Leipzig berufen wurden sollte, hatten Wislicenus und Wilhelm Wundt (1832–1920, Physiologe und Psychologe, seit 1875 in Leipzig) positive Urteile über ihn geschrieben.[2a)]

Ostwald beginnt seine wissenschaftlichen Grundlagen der analytischen Chemie im ersten Teil mit allgemein beschreibenden Darstellungen zum Gemenge und zum analytisch wichtigen Begriff der Phasen, die häufig in der Trennung von Substanzen, beispielsweise durch Fest-flüssig-, Flüssig-flüssig-Extraktionen eine Rolle spielen. Auch die Trennung bzw. Abtrennung fester Phasen – mechanisch, durch Schlämmen oder auch durch Zentrifugalkräfte wird beschrieben. Es folgen die Vorgänge der Filtration und des Auswaschens von Niederschlägen. Beim letzteren Vorgang wird bereits die Theorie in Berechnungen umgesetzt. Ostwald stellt hier einen theoretischen Zusammenhang zwischen der Zahl der Aufgüsse und der Konzentrationsverminderung der Verunreinigung fest. Zugleich macht er deutlich, dass Adsorptionserscheinungen diese Zusammenhänge beeinflussen und gibt auch dafür Gleichungen an. Was er hier nicht berücksichtigt, dass auch der schwer lösliche Niederschlag in einem Filter durch Waschwasser teilweise, der Dissoziation entsprechend, wieder in Lösung und damit verloren gehen kann. Aus den Berechnungen ergibt sich, dass theoretisch, ohne Berücksichtigung der Adsorptionserscheinungen, durch 10 Aufgüsse alle Verunreinigungen aus dem Niederschlag entfernt werden könnten. Infolge der Adsorption stimme diese Berechnung jedoch meist nicht mit der Praxis überein; über die Vorgänge bzw. Gesetze der Adsorption sei bisher noch wenig bekannt. Feststellen ließe sich jedoch, dass die adsorbierte Menge proportional der Oberfläche sei, aber auch die Natur der festen und des gelösten Stoffes sowie deren Konzentration würden eine Rolle spielen.

Analytisch wesentliche Vorgänge sind an diese Abschnitte anschließend die Vergrößerung des kristallinen Kornes (bei Fällungsreaktionen mit anschließender Wägung, für Verfahren der Gravimetrie) und die Probleme kolloidaler Niederschläge bzw. kolloidaler Lösungen. Beim Stehenlassen einer Lösung mit Niederschlag erhöht sich die Größe der Kristalle. Diese bekannte Erscheinung erklärte Ostwald damit, dass die Löslichkeit der kleinen Kristalle größer sei als die der größeren. Die Oberflächenspannung zwischen der flüssigen und der festen Phase wirke zugunsten der Oberflächenverkleinerung, das bedeute zugunsten der Erhöhung der Zahl der großen Kristalle. Große Kristalle sind zunächst prinzipiell analytisch vorteilhafter, weil die Gefahr der Verunreinigung durch Adsorption geringer sei. Andererseits könnten aber zu große Kristalle leicht Mutterlauge, also Fremdstoffe, okkludieren.

Im Abschnitt kolloidaler Niederschläge stellt er fest, dass amorphe Stoffe wie Eisenoxid oder Kieselsäure bzw. Metallsulfide als flockige oder gallertartige Niederschläge meist schlecht auszuwaschen seien. Sie würden kolloidale Lösungen bilden mit Teilchen, die wegen ihrer Feinheit Filter verstopfen oder die Neigung zeigen würden, beim Auswaschen wieder in Lösung zu gehen. Er empfiehlt den Zusatz von Elektrolyten, d. h. von Salzen oder Säuren bzw. Basen je nach Art des Niederschlages. Und er weist darauf hin, dass Stoffe, die Kolloide bilden, infolge ihrer feinen Verteilung, d. h. geringen Teilchengröße, besonders starke Adsorptionserscheinungen aufweisen und das Auswaschen auch aus dieser Sicht sehr erschweren würden. Diese Betrachtungen zeigen deutlich, dass vielfältige Erscheinungen bei der Entwicklung eines gravimetrischen Verfahrens zu beachten waren.

Auch einfache analytische Verfahrensschritte wie das Dekantieren von Flüssigkeit (in Verbindung mit dem Zentrifugieren), Flüssig-flüssig-, Gasförmig-flüssig- bzw. Gasförmig-fest- und Gasförmig-gasförmig-Trennungen, die im 20. Jahrhundert Grundlage der Chromatographie werden sollten, werden kurz beschrieben.

Im dritten Kapitel behandelt Ostwald die Trennung (von ihm Scheidung genannt) der Lösungsbestandteile, in dem die Theorie der Destillation, das Fraktionieren durch Schmelzen (Trennungen aufgrund unterschiedlicher Schmelzpunkte), die Anwendung unterschiedlicher Lösungsmittel, Gasanalysen durch das Lösen von Gasen in Flüssigkeiten (auch das Prinzip des Gegenstromes) und mit wiederum Gleichungen die Theorie des Ausschüttelns, der Flüssig-flüssig-Verteilung. Die vorhergehenden Abschnitte sind ohne Gleichungen für Anfänger gut verständlich dargestellt. Abschließend werden Lösungen fester Stoffe (mit den Unterschieden in der Löslichkeit amorpher und kristalliner Substanzen) und das Umkristallisieren beschrieben.

Das wichtigste Kapitel im Hinblick auf die Anwendung der Ionentheorie in der analytischen Chemie ist das mit der Überschrift „Die chemische Scheidung" versehene Kap. 4. Im § 1 vermittelt Ostwald in 13 Abschnitten eine nach dem damaligen Stand der Wissenschaft umfassende Theorie der Lösungen. Im allgemeinen Teil stellt Ostwald zunächst fest, dass eine Trennung in der Regel mit der Umwandlung des zu bestimmenden Stoffes in eine andere chemische Verbindung und damit die Überführung in eine andere Phase verbunden sei. Diese Aussage begründet auch, warum ihm der Begriff der Phasen, der Phasenumwandlung, so wichtig war.

Danach beginnt er systematisch den Vorgang der Analyse zu beschreiben und eine Theorie der Lösungen (§ 1) und zum Zustand der gelösten Stoffe zu entwickeln. In den einzelnen Abschnitten beschreibt er die charakteristischen Eigenschaften von Ionen und somit die Bedeutung der Ionenlehre und klassifiziert die Arten von Ionen (Kationen, Anionen, Ionen von Elementen mit und ohne Sauerstoff). Anstelle der heutigen Ladungsangaben (+ bzw. −) kennzeichnet er die Kationen mit z. B. **K.** oder **Ca.** sowie Anionen als z. B. **OH′** oder **Cl′** sowie **SO$_4$″**. In Verbindung mit der Dissoziationstheorie beschreibt er die wesentlichen Eigenschaften von Nichtelektrolyten und Elektrolyten, die Dissoziation unterschiedlicher Salze, starke, mäßig starke und schwache Säuren bzw. Basen, wobei er auch organische Verbindungen (Amine und Alkaloide) einbezieht.

Der § 2 ist in mehreren Abschnitten dem chemischen Gleichgewicht gewidmet. Dem Gesetz der Massenwirkung folgt deren Anwendung zur Erklärung der Vorgänge in der analytischen Chemie. Er führt den Begriff der Dissoziationskonstanten ein und beschreibt erstmalig in einem Lehrbuch die stufenweise Dissoziation mehrbasiger Säuren. Er unterscheidet die mehrfache Dissoziation – z. B. von des negativ geladenen Silbercyano-Komplexes $[Ag(CN)]^-$ (in heutiger Schreibweise) in $Ag+$ und $2\ CN^-$-Ionen. Ostwald diskutiert darüber hinaus die Wechselwirkung mehrerer Elektrolyte, welche sich gleichzeitig in einer Lösung befinden, worauf er die genannte Gleichgewichtsgleichung anwendet. Er stellt in diesem Zusammenhang fest, dass die Bildung von nichtdissoziierten Verbindungen die Ursache des Verlaufs vieler analytisch nutzbarer Vorgänge wie der Neutralisation bei der Titration von Säuren und Basen ist. In diesen Zusammenhängen erklärt er zu gleichnamigen Säuren und Salzen die Ursache der bekannten Erscheinung, das der Zusatz des Salzes einer schwachen Säure zu einer stark sauren Lösung den Säuregrad (heute als pH-Wert bezeichnet) herabsetzt (Beispiel: Zusatz von Natriumacetat zu einer Lösung mit Salz- oder Schwefelsäure – als Pufferung bezeichnet). Die Abschnitte zum § 2 schließen mit Besprechungen der Hydrolyse, der heterogenen Gleichgewichte und des Verteilungsgesetzes – das heute nach ihm benannt wird.

Im § 3 widmet sich Ostwald dem Verlauf chemischer Vorgänge, die im Hinblick auf die Anwendung in der analytischen Chemie möglichst vollständig verlaufen sollen – bei Niederschlägen, also zur Bildung im Lösungsmittel, zu einer möglichst wenig löslichen Verbindung führen soll. Die Themen reichen von der Reaktionsgeschwindigkeit, dem Einfluss der Temperatur, der Katalyse bis zum Einfluss heterogener Systeme, in denen die Reaktionsgeschwindigkeit vor allem noch der Größe der Berührungsfläche proportional ist. Eine Beschleunigung sei durch eine kräftige mechanische Vermischung möglich, nachdem man durch feines Pulverisieren für eine möglichst große Oberfläche gesorgt habe.

Im § 4 beschäftigt sich Ostwald mit der Fällung. Er beschreibt zunächst den Zustand der Übersättigung, definiert und erklärt das Löslichkeitsprodukt. Die grundlegende Aussage zur Fällung lautet: Wenn das Löslichkeitsprodukt eines festen Salzes überschritten ist, tritt eine Fällung, also eine Ausfällung der jeweiligen chemischen Verbindung in fester Form ein. Ostwald stellt nach einer ausführlichen Erklärung dieser für Fällungsreaktionen wichtigsten Zusammenhänge fest, dass schon geringe Überschüsse des Fällungsmittels ausreichen, um eine Fällungsreaktion weitgehend vollständig ablaufen zu lassen, und stellt darüber hinaus die Forderung auf, dass ein für analytische Zwecke geeigneter Niederschlag stets ein kleines Löslichkeitsprodukt besitzen muss. Ausführliche Betrachtungen für einige Fällungsreaktionen, so von Barium als Bariumsulfat, von Calcium als Carbonat, von Blei als Bleicarbonat und auch von Metallen als Hydroxide, schließen sich diesen grundlegenden Darstellungen zum Löslichkeitsprodukt und zur Beeinflussung der Löslichkeit durch andere Parameter an. Ebenso ausführlich sind auch die Beschreibungen zur Auflösung von Niederschlägen (in Säuren, Alkalien und auch am Beispiel des Eisen(II)hydroxids mit Kaliumcyanid). Das letztere Beispiel leitet dann direkt zum Abschnitt der Komplexbildung über.

In jedem Abschnitt wird deutlich, wie es Ostwald gelingt, mithilfe der von ihm geschaffenen Begriffe der Dissoziationskonstante und des Löslichkeitsproduktes viele in der analytischen Praxis bekannte, d. h. beobachtete, und häufig auch genutzte Erscheinungen auf der Grundlage der physikalisch-chemischen Theorien exakt und zugleich anschaulich zu erklären. In vielen Fällen werden auch die Ansätze für quantitative Aussagen vermittelt.

Die den theoretischen Teil abschließenden Paragraphen behandeln die Reaktionen mit Gasentwicklung bzw. Gasadsorption, Reaktionen mit Ausschütteln (Extraktionen), wobei auch hier die Einflüsse des Ionenzustandes eine wesentliche Rolle spielen. Erste theoretische Ansätze liefert Ostwald schließlich noch für elektrochemische Verfahren, hier der Elektrolyse, für die Reaktionen an Elektroden, die von seinem ehemaligen Mitarbeiter Nernst um 1900 weiterentwickelte elektrochemische Spannungsreihe (1793 von dem italienischen Physiker Alessandro Graf Volta (1745–1827) erstmals aufgestellt). Zur analytischen Anwendung der Elektrolyse beschreibt Ostwald den Einfluss des Wassers, komplexer Verbindungen, unerwünschte Nebenreaktionen an den Elektroden und schließlich auch die Möglichkeiten von Trennungen aufgrund unterschiedlicher Abscheidungspotenziale. Das von ihm formulierte Gesetz über Stufenreaktionen beschreibt er am Schluss dieses Kapitels am Beispiel von Fällungsreaktionen, bei denen zunächst eine übersättigte Lösung, oft auch erst eine amorpher Niederschlag gebildet wird, bevor die endgültige und kristalline Form entsteht. Auch führt er die für die Alkoholbestimmung wichtige Oxidation mit Chromsäure an, bei der zunächst der Aldehyd entsteht. Aus diesen Beispielen folgert Ostwald, dass Ionenreaktionen schnell verlaufen, viele analytische Reaktionen aber eine erhebliche Zeit erfordern, damit sie zu quantitativen Analysen auch genutzt werden können. Und er fordert den Lehrer auf, den Schüler dazu anzuhalten, sich die Zeit für die Durchführung einer quantitativen Analyse zu nehmen, wobei hinzuzufügen ist, mit den theoretischen Kenntnissen, die dieses Buch zu den wissenschaftlichen Grundlagen der analytischen Chemie vermittelt.

Das fünfte Kapitel beginnt mit einer Berechnung von Analysenergebnissen mithilfe der Atomgewichte, die schon 1910 eine erstaunliche Genauigkeit erreicht hatten:

Beispiel Silber 107,88 (heute 107,8682). In den einzelnen Abschnitten werden Formeln zur Berechnung von Volumenmessungen und für indirekte Mengenbestimmungen angegeben. Ausführlich werden Titriermethoden beschrieben, so am Beispiel der noch heute wichtigen iodometrischen Analyse. Zu den Berechnungen empfiehlt Ostwald das bereits genannte Werk von F. W. Küster „Logarithmische Rechentafeln" (in der 103. Auflage noch 1985 erschienen), dessen Preis er 1920 mit 2,80 M angibt!

Der zweite Teil von Ostwalds Werk enthält Anwendungen, denen die zuvor dargestellte Theorie, d. h. die physikalisch-chemischen Gesetzmäßigkeiten zugrunde liegen. Ostwald stellt zunächst fest, dass er damit kein Lehr- bzw. Praktikumsbuch für Anfänger schreiben wollte. Er schlägt dafür das von W. Böttger verfasste Buch „Qualitative Analyse vom Standpunkte der Ionenlehre" 1. Aufl. 1902, 3. Aufl. Leipzig 1913) vor.

Wilhelm Böttger (1871–1949) hatte nach einer Ausbildung zum Apotheker in Leipzig Pharmazie und Chemie studiert und kam 1893 von Göttingen als Assistent in das physikalisch-chemische Institut zu Ostwald. Er habilitierte sich 1903 für analytische und physikalische Chemie. Nach einem Aufenthalt in Boston wirkte er als Professor in Leipzig und erhielt 1922 eine der ersten o. Professuren (Lehrstühle) für analytische Chemie. In der Chemiegeschichte wird er als derjenige Wissenschaftler bezeichnet, der durch die Anwendung von Erkenntnissen der physikalischen Chemie auf die analytische Chemie bekannt wurde. Er entwickelte potentiometrische Titrationsverfahren und elektroanalytische Methoden u. a. mit flüssiger Quecksilberelektrode. Ab 1922 überwachte er bei der Fa. Riedel-de-Haen die Herstellung von Maßlösungen (als *Fixanal* bekannt).

Auch in diesem Anwendungsteil spielen somit die theoretischen Grundlagen eine wesentliche Rolle – so im sechsten Kapitel über Säuren und Basen mit dem Wasserstoff- bzw. Hydroxid-Ion und der Theorie der Farb(pH)indikatoren, deren Eigendissoziation Ostwald vor allem als Einfluss auf den Farbumschlag herausstellt. Er fordert, dass bei Titrationen schwacher Säuren die Anwesenheit von Kohlenstoffdioxid aus der Atmosphäre streng ausgeschlossen werden muss, um Fehler zu vermeiden. Im Abschnitt über mehrbasige Säuren stellt er fest, dass Kohlensäure (d. h. Kohlenstoffdioxid in Wasser gelöst) mit Phenolphthalein titrieren werden könne.

Die folgenden Kapitel orientieren sich an den Gruppen nach dem Periodensystem der chemischen Elemente – Alkalimetalle, Erdalkalimetalle, Aluminium, Metalle der Eisengruppe, Metalle der Kupfergruppe, Metalle der Zinngruppe und Nichtmetalle (außer den Halogenen die verschiedenen Sauerstoffsäuren bzw. deren Anionen). Sie enthalten jeweils allgemeine Angaben zu den wichtigsten analytischen Reaktionen aber keine Anleitungen für das Praktikum, wozu er das Buch seines Mitarbeiters Böttger empfohlen hat. Abschließend stellt Ostwald die Anforderungen an der Berechnung der Analysen vor. Hier geht er auch auf den bereits in Abschn. 1.3.1 beschriebene Umsetzung der Ionentheorie für Lösungen von Salzen (nach ersten Vorschlägen von Than), von Meerwasser und anderen ähnlichen Lösungen ein, alle Analysenergebnisse in Ionenkonzentrationen und nicht in Form der bisher üblichen Substanzkonzentrationen anzugeben – Sulfat als Konzentration von SO_4" (bzw. SO_4^{2-}) abstelle von Na_2SO_4 oder $CaSO_4$ je nach vorhandenen Kationen.

Dass er seine Vorlesungen auch durch Experimente zu den physikalisch-chemischen Grundlagen der analytischen Chemie ergänzt hat, verdeutlicht der Anhang mit ausgewählten Beispielen, die jeweils dem entsprechenden vorherigen Abschnitt im Buch zugeordnet sind.

Die einfache Trennung zweier Stoffe unterschiedlicher Dichte zeigt er am Beispiel eines Gemenges von Sand und gepulvertem Schwefel ($d = 2,0$). Dazu verwendet er eine Lösung höherer Dichte als diejenige von Sand ($d = 2,5$), so dass beide Stoffe zunächst in der Lösung aufsteigen und erst nach dem Zusatz von Wasser langsam eine Trennung eintritt. Auch Trennungen durch elektromagentische Kräfte (Magneteisenstein = Magnetit Fe_3O_4 von Sand) bzw. von Anilin aus einer wässrigen Suspension mithilfe der Zentrifugalkraft werden genannt. Die Filtrationsgeschwindigkeit kann nach Ostwalds Beispiel mithilfe der Wasserluft(strahl)pumpe von Robert Bunsen (1811–1899) wesentlich erhöht werden. Die Theorie des Auswaschens demonstriert er mit Kaliumpermanganat oder Indigokarmin, adsorbiert an Sand. Adsorptionserscheinungen zeigen die Versuche mit Lackmus an Bariumsulfat bzw. Tonerde. Unterschiede in der Korngröße lassen sich aus dem Vergleich der Fällungen von Bariumsulfat in der Kälte bzw. Hitze erkennen. Kolloidale Lösungen werden bei der Umsetzung von arseniger Säure mit Schwefelwasserstoffwasser (als Arsen(III)sulfid) bzw. von Thalliumiodid demonstrieren. Die kolloidale Lösung von Arsentrisulfid wird besonders in einem darauf fallenden Lichtstrahl sichtbar und kann durch den Zusatz eines Elektrolyten aufgehoben werden. Weiter auch heute noch interessante Beispiele sind die Demonstration der Abhängigkeit der Farbe von der Korngröße: Die Farbe eines großen Kupfervitriol-Kristalls (dunkelblau) wird im Kristallmehl (mittelblau; gewonnen durch Fällung des Kupfervitriols aus einer gesättigten Lösung mit Ethanol) und in feingemahlenem Pulver (hellblau) verglichen. Trennversuche werden durch Destillation (des Alkohols Isobutanol und Wasser) und durch Extraktion (Ausschütteln) einer Iodlösung vorgeführt.

Schließlich werden auch die Unterschiede zwischen Leiter und Nichtleiter (am Beispiel von Lösungen; Nichtleiter z. B. Zucker in Wasser) demonstriert. Das von ihm entwickelte Verdünnungsgesetz, die Zunahme der Dissoziation mit der Verdünnung, wird ebenso anhand von Leitfähigkeitsmessungen gezeigt wie die Unterschiede zwischen starken und schwachen Säuren. Dazu wird ein Stück Zink in gleichkonzentrierte Lösungen von Salzsäure und Essigsäure gebracht und die Geschwindigkeit der Wasserstoffentwicklung gemessen. Die stufenweise Dissoziation der dreibasigen Phosphorsäure wird mithilfe der Indikatoren Methylorange (rot im Sauren) und Phenolphthalein gezeigt, womit zugleich die Theorie der Säure-Base-Indikatoren diskutiert wird. Der Versuch mit Zink wird auch zu Demonstration des Zusatzes eines gleichionigen Salzes zu einer Säure benutzt; in gepufferter Lösung nimmt die Geschwindigkeit der Blasenbildung von Wasserstoff stark ab. Ein weiterer Versuch verwendet Essigsäure und Methylorange, dessen rote Farbe sich nach dem Zusatz nach Natriumacetat nach Gelb verändert. Und schließlich werden Vorgänge der Hydrolyse mit Ammoniumchlorid und

Natriumphosphat sichtbar gemacht. Setzt man der Lösung von Ammoniumchlorid mit dem Indikator Phenolphthalein so viel an Ammoniak hinzu, dass sich die Lösung rot gefärbt hat, so verschwindet die Farbe wieder, wenn die Lösung stark verdünnt wird. Infolge der Hydrolyse bildet sich Salzsäure (bzw. Wasserstoffionen). Die schon durch Hydrolyse schwach alkalisch reagierende Phosphatlösung wird mit so viel an verdünnter Phosphorsäure versetzt, dass die Farbe gerade verschwindet. Verdünnt man diese Lösung, so tritt die Rotfärbung als Zeichen für eine alkalische Reaktion (Bildung von Hydroxid-Ionen) wieder auf.

Von den weiteren Demonstrationsversuchen sei noch die Katalyse an zwei Beispielen erwähnt: Im ersten Beispiel wirkt Eisen(II)sulfat (bzw. Eisen(II)-Ionen) als Oxidationskatalysator. Zu einer von zwei Lösungen mit verdünntem Wasserstoffperoxid, Kaliumiodid und Stärke wird eine Spur der Eisen(II)sulfat-Lösung (ein Tropfen an einem Glasstab) zugemischt. Es wird sofort eine Blaufärbung durch die Iod-Stärke-Reaktion (Oxidation von Iodid zu Iod) auftreten; in der anderen Lösung wird erst nach einiger Zeit eine Blaufärbung zu beobachten sein.

Nach etwas aufwändigeren Versuchen zur Vorführung des Löslichkeitsproduktes (bzw. Beeinflussung), von Übersättigungserscheinungen in Gaslösungen wird der Einfluss des Ionenzustandes am Beispiel von Iod gezeigt. Lässt sich Iod aus einer wässrigen Phase (gelb) mit einem organischen (mit Wasser nicht mischbaren) Lösungsmittel völlig aus dem Wasser als Molekül entfernen, so zeigt die organische Phase (bei Verwendung von Benzin rot gefärbt) nach dem Zusatz von Kalkwasser infolge die Bildung von Iodid- und Iodat-Ionen in alkalischer Lösung keine Färbung mehr. (An diesem Beispiel ließe sich zugleich der Vorgang der Disproportionierung diskutieren, des Übergangs von der Oxidationsstufe ± 0 (Iod) in -1 (Iodid) und $+5$ (Iodat), wobei beide Ionen die einfach negative Ladung aufweisen).

Zum Abschluss dieses auch heute noch interessanten Versuchsprogramms für eine anspruchsvolle Einführungsvorlesung zu den physikalisch-chemischen Grundlagen der analytischen Chemie beschreibt Ostwald noch Experimente zum Prinzip der Elektrolyse (Abscheidung von Quecksilber an einem Golddraht und weiterer Metalle in einem U-Rohr, beispielsweise von Silber) und zum Gesetz der Reaktionsstufen – hier als Beispiel: Aus gleichen Anteilen einer Lösung von Calciumchlorid wird Calciumcarbonat nach dem Zusatz von Natriumcarbonat in der Kälte gefällt. Die eine Lösung wird erhitzt, wobei der Niederschlag dichter (kristalliner) wird. Fügt man danach den beiden Lösungen einen Überschuss an Ammoniumchlorid zu, dann löst sich das amorphe, aus kalter Lösung gefällte Calciumcarbonat leichter auf, als das Calciumcarbonat aus der erhitzten Lösung (Bildung von Ionen des Hydrogencarbonats).

Liest man die Texte heute sowohl zum theoretischen als auch praktischen Teil von Ostwalds wissenschaftlichen Grundlagen der analytischen Chemie, so fördern die darin behandelten Gesetzmäßigkeiten nicht nur das Verständnis bei der praktischen Durchführung qualitativer und quantitativer Analysen, sondern vermitteln zugleich ein hohes Maß an allgemeinem Wissen und Verständnis für chemische Reaktionen.

1.6.1   Vergleichbare Lehrbücher aus der zweiten Hälfte des 20. Jahrhunderts

Ostwald hat mit seinem Buch einen Anstoß in der Hochschullehre gegeben, dem wir bis heute folgen.

Nach dem Zweiten Weltkrieg erschienen zwei Werke, die sich mit den theoretischen Grundlagen der analytischen Chemie ausführlich im Sinne von Wilhelm Ostwald beschäftigten.

Bereits 1950 erschien die deutsche Übersetzung eines Buches des schwedischen Chemikers Gunnar Hägg (1903–1986), seit 1937 Professor für anorganische und allgemeine Chemie an der Universität Uppsala, mit dem Titel „Die theoretischen Grundlagen der analytischen Chemie"[35]

Im Vorwort ist zu lesen: „Das schwedische Lehrbuch, dessen deutsche Übersetzung hier vorliegt, verdankte seinem Entstehen dem Umstand, daß sich im schwedischen Universitätsunterricht das Fehlen einer Einführung in die Theorie der analytischen Chemie seinerzeit stark fühlbar machte, ein Mangel, dem durch dieses Buch abgeholfen werden sollte. Die erste schwedische Auflage erschien 1940. (…)

In der Theorie der analytischen Chemie – wie ja vielfach in der Theorie der chemischen Reaktionen überhaupt – spielen natürlich die Säure-Basen-, Löslichkeits- und Redoxgleichgewichte stets eine dominierende Rolle. Die Besprechung dieser Gleichgewichte beansprucht daher den größten Teil dieses Buches. (…)"

Auf Ostwalds Werk, dessen letzte Auflage noch 1920 erschienen war, ist kein Hinweis zu finden. Neu ist der Schwerpunkt Säure-Base-Theorien mit logarithmischen Darstellungen (Konzentrations-pH-Diagramme) für schwache Elektrolyte (bzw. Protolyte) – heute als *Hägg-Diagramme* bekannt.[36]

1955 veröffentlichte Fritz Seel (1915–1997), zunächst Professor in Würzburg, dann TH Stuttgart und ab 1960 o. Professor an der Universität Saarbrücken, sein Buch „Grundlagen der analytischen Chemie und der Chemie in wässrigen Lösungen"[37], das in der 7. Auflage 1979 mit dem Titel „Grundlagen der analytischen Chemie mit besonderer Berücksichtigung der Chemie in wäßrigen Systemen" erschien. In den ersten Sätzen des Vorwortes (1955) heißt es:

„In dem vorliegenden Buche sind die wichtigsten Grundlagen der theoretischen Chemie zusammenfassend dargestellt, soweit sie für die analytische Arbeiten bedeutungsvoll sind, welche der Student im Verlauf des anorganisch-chemischen Grundpraktikums ausführt. Es soll die Lücke ausfüllen, welche dadurch besteht, daß unsere derzeitigen analytischen Lehrbücher nahezu ausschließlich für den Anfänger gedachte Praktikumsanleitungen sind, in welchen die theoretischen Grundlagen der analytischen Chemie meistens nur am Rande behandelt werden."

Damit bezieht sich F. Seel auf die damalige Form des bereits erwähnten Lehr- und Praktikumsbuches, kurz *Jander-Blasius* genannt, das sich wie beschrieben jedoch heute diese Anforderungen angepasst hat. Er nennt in seinem Vorwort zwar G. Hägg, jedoch auch nicht W. Ostwald.

Im Umfang unterschieden sich diese beide Lehrbücher sehr deutlich: Häggs Buch umfasste 190 Seiten, F. Seels Werk dagegen bereits in der ersten Auflage 320 Seiten.

Die Notwendigkeit eines Lehrbuches zu den Grundlagen vor allem auch der quantitativen Analyse blieb bis heute bestehen. Das Werk von Udo R. Kunze (1943–1998; Dozent an der Universität Tübingen) von 1980 erschien nach dessen frühem Tod noch 2009 in der 6. Auflage.[38]

Ostwalds Lehrbuch „Die *wissenschaftlichen Grundlagen der analytischen Chemie*" hat die Entwicklung der Analytischen Chemie von einem handwerklich orientierten Zweig der Chemie zu einem wissenschaftlichen Fachgebiet wesentlich gefördert. Ausgehend von den Entwicklungen in der physikalischen Chemie, an denen er mit seiner Leipziger Schule wesentlich beteiligt war, gelang es ihm, der im engeren Sinne kein analytischer Chemiker war, der bis dahin sehr praxisorientierten Analytik, oft nur ein „Anhängsel" der anorganischen Chemie, ein theoretisch begründetes Fundament zu schaffen. Ostwalds Arbeiten werden auch bei der Einführung eines eigenständigen Lehrstuhles für analytische Chemie an der Universität Leipzig bereits 1922 nicht ohne Bedeutung gewesen sein. Die physikalische Chemie ist vor allem auch heute ganz wesentlich an den Fortschritten in der modernen instrumentellen Analytik beteiligt.

[1]In: S. Roß, K. Hansel (Hrsg.): Carl Schmidt und Wilhelm Ostwald in ihren Briefen, Mitteilungen der Wilhelm-Ostwald-Gesellschaft, Sonderheft 9, S. 35 f., Großbothen 2000.

[2]Peter Goth: Eine gelebte Idee: Wilhelm Ostwald und sein Haus»Energie« in Großbothen, München 1999; dort als Habilitationsschrift bezeichnet.

[3]G. Schwedt: Historische Stätten der Chemie. Leipzig und Großbothen, Chem. Unserer Zeit (2009), 43, 250–252.

[4]www.wilhelm-ostwald-park.de

[5]Broschüre Historische Stätten der Chemie. Friedrich Wilhelm Ostwald Leipzig/Großbothen, 1. September 2005 (Hrsg. Gesellschaft Deutscher Chemiker, Frankfurt/Main 2005.

[6]W. Ostwald: Lebenslinien. Eine Selbstbiographie, Dritter Teil Gross-Bothen und die Welt 1905–1927, Berlin 1927, S. 106–110 – s. auch Anm. 8.

[7]Hollemann-Wiberg: Lehrbuch der Anorganischen Chemie, 91.–100. Aufl., Berlin-New York, S. 480, 1985.

[8]P. Walden: Wilhelm Ostwald. Mit zwei Heliogravüren und einer Bibliographie, Leipzig 1904.
Weitere neuere Biographien s. im Wikipedia-Artikel über Wilhelm Ostwald.

[9]W. Ostwald: Lebenslinien. Eine Selbstbiographie, Band 1: 1853–1887 bis zur Berufung nach Leipzig, Band 2: Leipzig 1887–1905, Band 3: Gross-Bothen und die Welt 1905–1927, Berlin 1926/1927.

[10]G. Schwedt: Berühmten Chemikern auf der Spur (4) Jacobus Henricus van't Hoff (1851–1911), CLB Chemie für Labor und Betrieb 38, H. 2, 66/67 (1987).

[11]L. Dunsch (Hrsg.): Ein Fundament zur Geschichte der Wissenschaften, Leipzig 1989 (zur Geschichte der Reihe „Klassiker der exakten Wissenschaften").

[12]C. Remigius Fresenius: Anleitung zur quantitativen Analyse für Anfänger und Geübtere. 6. Aufl., 2. Band, §. 213, S. 231–232, Braunschweig 1877–1887.

[13]G. Schwedt: Zur Geschichte und Chemie der Mineralwässer, S. 30–31, Norderstedt 2018.

[14]F. Szabadvary: Geschichte der Analytischen Chemie (deutsche Bearbeitung G. Kerstein) Braunschweig 1966, S. 260.

[15]Deutsches Bäderbuch, bearbeitet unter Mitwirkung des Kaiserlichen Gesundheitsamtes, Leipzig, S. XXXVIII.

[16]ebenda S. LIII.

[17]Annalen der Physik und Chemie 89 (1853), 177–211; 98 (1856), 1–33, 106 (1859), 337–411, 513–586; abgedr. in: „Ostwald's Klassiker der exakten Wissenschaften", Band 21 und 23, 2. Aufl. Leipzig 1903/1904.

[18]Jost Weyer: Geschichte der Chemie Band 2 – 19. und 20. Jahrhundert, Heidelberg/ Berlin 2018, S. 67. (Abschn. 3.6 Die Theorie der elektrolytischen Dissoziation von Arrhenius, S. 65–70).

[19]In einer Übersetzung erschienen in „Ostwald's Klassiker der exakten Wissenschaften" Band 160 (1907).

[20]Zeitschrift für physikalische Chemie 1. Jg., Nr. 11–12, S. 631–648 (1887).

[21]s. Anmerkung 13, S. 350.

[22]s. auch in G. Schwedt: Allgemeine Chemie. Ein Leselehrbuch, S. 8 (Abschn. 2.1 Vom Mineralwasser zum chemischen Gleichgewicht, zu den Säure-Base-Theorien und zur Ionenlehre), Heidelberg 2017.

[23]W. Ostwald: Lebenslinien. Eine Selbstbiographie, Zweiter Teil Leipzig 1887–1905, S. 67/68, Berlin 1927.

[24]Ebenda, S. 26 ff.

[25]Lebenslinien 2. Band, S. 68–69.

[26]Zum Verlag Wilhelm Engelmann 1889, Leipzig; Personen: Wilhelm Engelmann (1808–1878), Buchhändler und Verlager; Fortführung des Verlages durch dessen Witwe Christiane Therese Engelmann, geb. Hasse (1820–1907) und den Sohn Friedrich Wilhelm Rudolf Engelmann (1841–1888), Astronom und Verleger. Die Ankündigung der Buchreihe erschien im März 1889 unter dem Namen „Wilhelm Engelmann", die auf den Umschlagseiten des ersten Bandes abgedruckt war.

[27]Ostwalds Klassiker der exakten Wissenschaften Band 267: Zur Geschichte der Wissenschaft. Vier Manuskripte aus dem Nachlaß von Wilhelm Ostwald. Mit einer Einführung und Anmerkungen von Regine Zott, Leipzig 1985 (2., überarb. Aufl., Thun u. Frankfurt/Main 1999) – zur Geschichte der Reihe s. auch Anm.[11].

[28]Der Abschnitt besteht bis an diese Stelle aus Zitaten nach: Schwedt G: Carl Remigius Fresenius und seine analytischen Lehrbücher – eine Beitrag zur Lehrbuchcharakteristik in der analytischen Chemie, in: Fresenius Z. Anal. Chem. (1983) 315: 395–401.

[29]Ostwald W: Lebenslinien, Eine Selbstbiographie, Zweiter Teil, Leipzig 1927, S. 69–72.

[30]Koautor wurde Ewald Blasius (1921–1987, ab 1965 Prof. f. analtische Chemie in Saarbrücken), der sich bei G. Jander 1958 für analytische und anorganische Chemie habilitierte. Unter dem genannten Titel und beiden Autorennamen – als *„Jander/Blasius"* – erschien das Werk in einem Band und in der 16. Auflage (mit 728 S.) 2006. Danach wurde der Stoff in zwei Bände aufgeteilt: „Jander/Blasius, Anorganische Chemie I: Theoretische Grundlagen und Qualitative Analyse" (642 S; Autor: Eberhard Schweda, 18. Auf. 2016 – theoretischer Teil 148 S. – und „Anorganische Chemie II. Quantitative Analyse und Präparate", Hirzel, Stuttgart).

[31]Küster-Thiel-Ruland: Rechentafeln für die Chemische Analytik: Basiswissen für die Analytische Chemie, 108. Aufl., de Gruyter, Berlin/New York 2016.

[32]Professorenkatalog der Universität Leipzig.

[33]Reprint in der Reihe Chemie Nobelpreisträger Schriften – Band 24, Salzwasser Verlag, Paderborn 2011. (Untertitel: „Eine Einführung in alle chemischen Lehrbücher von Wilhelm Ostwald").

[34]F. Wald. Die Genesis der stöchiometrischen Grundgesetze, Z. f. physik. Chem. (1895) 18: 337–375;

Die chemischen Proportionen, dies. Zschr. (1897) 22: 253–267. In den „Annalen der Naturphilosophie" 1: 182–216 (1901) veröffentlichte Wald seine „Kritische Studie über die wichtigsten chemischen Grundbegriffe".

[35]Deutsche Übersetzung von Hans Baumann. Verlag Birkhäuser Basel. – 2. Aufl. 1962.

[36]s. in Udo R. Kunze, Grundlagen der qualitativen Analyse, 1. Aufl., Thieme-Verlag, Stuttgart 1980.

[37]Fritz Seel: Grundlagen der analytischen Chemie und der Chemie in wässrigen Systemen, Verlag Chemie, Weinheim 1955.

[38]Udo R. Kunze und Georg Schwedt: Grundlagen der quantitativen Analyse, 6. aktualisierte und ergänzte Ausgabe, Wiley–VCH, Weinheim 2009 (283 S.+43 S. Anhang u. Index).

Wilhelm Ostwald: Die wissenschaftlichen Grundlagen der analytischen Chemie

2

© Der/die Autor(en), exklusiv lizenziert durch Springer-Verlag GmbH, DE, ein Teil von
Springer Nature 2021
G. Schwedt, *Wilhelm Ostwald,* Klassische Texte der Wissenschaft,
https://doi.org/10.1007/978-3-662-61611-6_2

DIE WISSENSCHAFTLICHEN GRUNDLAGEN

DER

ANALYTISCHEN CHEMIE

ELEMENTAR DARGESTELLT

VON

WILHELM OSTWALD

MIT DREI FIGUREN IM TEXT

SIEBENTE AUFLAGE
12. BIS 15. TAUSEND

DRESDEN UND LEIPZIG

VERLAG VON THEODOR STEINKOPFF

1920

Druck von C. Schulze & Co., G. m. b. H., Gräfenhainichen.

DEM ANDENKEN AN

JOHANNES WISLICENUS

GEWIDMET.

Vorwort zur ersten bis siebenten Auflage.

DIE analytische Chemie, oder die Kunst, die Stoffe
und ihre Bestandteile zu erkennen, nimmt unter den
Anwendungen der wissenschaftlichen Chemie eine hervor-
ragende Stellung ein, da die Fragen, die sie zu beantworten
lehrt, überall auftreten, wo chemische Vorgänge zu wissenschaftlichen oder zu technischen Zwecken hervorgebracht
werden. Ihre Bedeutung gemäß hat sie von jeher eine
tätige Pflege gefunden, und in ihr ist ein guter Anteil von
dem aufgespeichert, was an quantitativen Arbeiten im
Gesamtgebiete der Chemie geleistet ist. In auffallendem
Gegensatze zu der Ausbildung, welche die Technik der
analytischen Chemie erfahren hat, steht aber ihre wissenschaftliche Bearbeitung. Diese beschränkt sich auch bei den
besseren Werken fast völlig auf die Darlegungen der Formel-
gleichungen, nach denen die beabsichtigten chemischen
Reaktionen *im idealen Grenzfall* erfolgen sollen; daß tatsächlich überall statt der gedachten vollständigen Vorgänge
unvollständige stattfinden, die zu chemischen Gleich-
gewichtszuständen führen, daß es keine absolut unlöslichen Körper und keine absolut genauen Trennungs- und
Bestimmungsmethoden gibt, bleibt nicht nur dem Schüler
meist vorenthalten, sondern tritt auch dem ausgebildeten
Analytiker, wie ich fürchte, nicht immer so lebhaft in das
Bewußtsein, als es im Interesse einer sachgemäßen Beurteilung analytischer Methoden und Ergebnisse zu
wünschen wäre.

Dementsprechend nimmt neben den andern Gebieten
unserer Wissenschaft die analytische Chemie die unter-

geordnete Stelle einer — allerdings unentbehrlichen —
Dienstmagd ein. Während sonst überall die lebhafteste
Tätigkeit um die theoretische Gestaltung des wissenschaftlichen Materials zu erkennen ist, und die hierher gehörigen
Fragen die Gemüter stets weit stärker erhitzen, als die
rein experimentellen Probleme, nimmt die analytische
Chemie mit den ältesten, überall sonst abgelegten theoretischen Wendungen und Gewändern vorlieb und sieht
kein Arg darin, ihre Ergebnisse in einer Form darzustellen, deren Modus oder Mode seit fünfzig Jahren als
abgetan gegolten hat. Denn noch heute findet man es
zulässig, nach dem Schema des elektrochemischen Dualismus von 1820 beispielsweise als Bestandteile des Kaliumsulfats K_2O und SO_3 anzuführen; und die Sache wird
nicht besser dadurch, daß man daneben Chlor als solches
in Rechnung bringt, und sein „Sauerstoffäquivalent" von
der Gesamtmenge in Abzug bringen muß.

Wenn eine derartige ausgeprägte und auffallende Erscheinung sich geltend macht, so hat sie immer ihren guten
Grund. Und es ist nötig, ohne Umschweife auszusprechen,
daß eine wissenschaftliche Begründung und Darstellung der
analytischen Chemie bisher deshalb nicht bewerkstelligt
worden ist, *weil die wissenschaftliche Chemie selbst noch nicht
über die dazu erforderlichen allgemeinen Anschauungen und
Gesetze verfügte.* Erst seit wenigen Jahren ist es, dank der
schnellen Entwicklung der allgemeinen Chemie, möglich
geworden, an die Ausbildung einer Theorie der analytischen
Reaktionen zu gehen, nachdem die allgemeine Theorie
der chemischen Vorgänge und Gleichgewichtszustände
entwickelt worden war, und auf den nachfolgenden Seiten
soll versucht werden, zu zeigen, in welch hohem Maße
von dieser Seite neues Licht auf täglich geübte und alt
vertraute Erscheinungen fällt.

(1894)

In den drei Jahren, die bis zur Ausgabe der zweiten
Auflage verflossen sind, hat sich an dem allgemeinen Zustande der analytischen Chemie nicht viel geändert, insbesondere bin ich nicht gewahr geworden, daß die auch
in diesem Zeitraume zahlreich genug erschienenen neuen
oder wieder aufgelegten Lehrbücher der analytischen
Chemie mehr als kaum merkliche Spuren von dem Eindringen der neueren Ideen in den Kreis der gebräuchlichen alten Darstellungsweise, die doch schon längst un-
zulänglich geworden ist, hätten erkennen lassen. Indessen
sind doch wenigstens Spuren vorhanden, und wenn erst
das erste für den unmittelbaren Unterrichtszweck bestimmte analytische Lehrbuch in diesem Sinne geschrieben
sein wird, was hoffentlich nun nicht mehr lange dauert,
so wird auch die Nachfolge nicht lange auf sich warten
lassen.

Zu dieser guten Hoffnung stimmt mich vor allen
Dingen das vielfache Interesse, das dem Büchlein bisher
freundlichst entgegengebracht wurde, und zwar besonders
aus dem Kreise der nichtzünftigen Analytiker. Dazu
kommt, daß sowohl im eigenen Unterrichtslaboratorium
wie in denen einiger Freunde und Gesinnungsgenossen
die klärende und fördernde Wirkung der neuen Anschauungen gerade für den *Unterricht* sich hat erproben
lassen, und die Probe bestanden hat. Endlich sei als
günstiges Zeichen erwähnt, daß Übersetzungen der ersten
Auflage ins Englische, Russische und Ungarische veröffentlicht, und weitere in andere Sprachen beabsichtigt
sind, so daß auch außerhalb Deutschlands für diesen Versuch eines Fortschritts günstiger Boden zu sein scheint.

Die vorliegende zweite Auflage der „wissenschaftlichen
Grundlagen der analytischen Chemie" ist sorgfältig durch-
gearbeitet und an zahlreichen Stellen mit Ergänzungen und
Verbesserungen versehen worden; auch ist neben kleineren
Einschaltungen ein längerer Paragraph über elektro-

chemische Analyse neu hinzugefügt worden. Der Neigung, den zweiten Teil mehr in Einzelheiten auszuarbeiten, glaubte ich widerstehen zu sollen, um dem wesentlichen Zwecke des Buches, eine allgemeine Übersicht zu gewähren, nicht zu schaden. Ohnedies verlangen sehr viele der heute gebräuchlichen analytischen Methoden zu ihrer vollen Aufklärung noch mehr oder weniger eingehende experimentelle Studien von den neuen Gesichtspunkten aus, und wenn auch schon schöne Beispiele dafür — ich erinnere an die Arbeiten von Lovén, F. W. Küster und von St. Bugarszky — vorliegen, so bleibt doch noch weit mehr zu tun übrig.

Den zahlreichen Freunden und Fachgenossen, denen ich für Förderung in den hier behandelten Fragen verpflichtet bin, sage ich hier meinen herzlichsten Dank; nicht minder den Herren Dr. R. Luther und Dr. G. Bredig, welche die Probebogen gelesen und mir viele nützliche Bemerkungen mitgeteilt haben.

(1897)

Die vor drei Jahren bemerkten Anfänge in dem Eindringen der neueren Anschauungen in den elementaren Unterricht haben sich in der Zwischenzeit stetig weiter entwickelt, und es gibt gegenwärtig bereits eine ganze Anzahl großer Institute, in denen im modernen Sinne unterrichtet wird. Ich glaube daher auch für die nächste Zukunft die besten Hoffnungen hegen zu dürfen, in dem Sinne, daß es nur mehr eine Frage der Zeit ist, wann diese Art des Unterrichts allgemein wird. Besondere Verdienste in diesem Sinne haben sich die Herren Kollegen Walden, Küster und Abegg erworben. Letzterem verdanken wir auch bereits einige Werke, in denen die tägliche Technik des Anfängerlaboratoriums im Sinne der neueren wissenschaftlichen Chemie gelehrt wird.

So sind es denn freudige Empfindungen, mit denen ich diese dritte Auflage des Büchleins der Öffentlichkeit übergebe. Durch die Anfügung eines Anhanges, in welchem eine Anzahl passender Vorlesungsversuche beschrieben wird, hoffe ich die lehrenden Fachgenossen anzuregen, gelegentlich einen Versuch mit einer Vorlesung über analytische Chemie im Sinne dieser Schrift zu machen. Nicht weniger hoffe ich dadurch die Ausarbeitung und Mitteilung anderer, für den gleichen Zweck dienlicher, Versuche anzuregen. Das Feld ist so hübsch und dankbar! (1901)

Die trotz Erhöhung der Auflage in regelmäßigen Zwischenräumen von etwa drei Jahren erfolgenden Neuauflagen dieses Büchleins geben mir die Gewähr, daß die etwas verwegen aussehende Hoffnung, mit der ich es vor nunmehr zehn Jahren in die Welt schickte: daß es nämlich die Verwertung der in der allgemeinen Chemie erzielten Fortschritte für den analytischen Unterricht und dessen entsprechende Umgestaltung vermitteln möchte, nunmehr in weitem Umfang in Erfüllung gegangen ist. Dies läßt sich vor allem daraus entnehmen, daß von den im Sinne der älteren Chemie geschriebenen Lehrbüchern der chemischen Analyse eins nach dem andern den neuen Gesichtspunkten gemäß umgestaltet wird. Ferner beweist mir die verhältnismäßig große Zahl der fremdsprachigen Ausgaben (Englisch, Russisch, Ungarisch, Japanisch, Italienisch, Französisch), daß auch die außerdeutschen Fachgenossen in den neuen Auffassungen nicht nur eine vorübergehende Mode, sondern einen wirklichen Fortschritt erkennen.

Die vorliegende Ausgabe ist gegen die vorige nur insofern geändert, als sie sprachlich und sachlich sorgfältig durchgesehn wurde. Als erste Einführung des analytischen Anfängers in den Gedankengang der neueren Chemie wird sie, wie ich hoffe, ihre Stelle noch ausfüllen können. auch nachdem in dem „Grundriß der qualitativen Analyse" von W. Böttger ein für den vollständigen Laboratoriumsunterricht geschriebenes Lehrbuch vorliegt, das ganz und gar im Sinne der angestrebten Reform bearbeitet ist.

Leipzig, August 1904.

Die durch F. Wald angeregte Vertiefung in der Auffassung der Grundlagen der wissenschaftlichen Chemie, deren elementare Folgen ich in meinen „Prinzipien der Chemie" (Akad. Verlagsgesellschaft, Leipzig 1907) zu entwickeln versucht habe, ist auch nicht ohne Einfluß auf die Systematik der analytischen Chemie geblieben. Der Grundgedanke, daß in gewissem Sinne die stöchiometrischen Gesetze die Folgen der Methoden zur Herstellung und Kennzeichnung reiner Stoffe sind, muß auch in einer elementaren Darstellung der Analyse zum Ausdruck kommen. So habe ich es für notwendig gehalten, alsbald den Begriff der *Phase* als den der Lösung und des reinen Stoffes zusammenfassend einzuführen und auch weiterhin die Darstellung sorgfältig dieser grundlegenden Begriffsbildung anzupassen.

Diese Änderungen haben naturgemäß die ersten Kapitel am stärksten betroffen. In den späteren sind nur einzelne Zusätze und Verbesserungen dem gegenwärtigen Stande der Wissenschaft gemäß angebracht worden. Hierbei hat mir Herr Dr. Karl Drucker sehr gute Hilfe geleistet, für die ich ihm auch an dieser Stelle meinen Dank ausspreche.

Großbothen, Neujahr 1910.

Die sechste Auflage ist in der Kriegszeit hergestellt worden, welche die wissenschaftliche Arbeit zwar einzuschränken, nicht aber aufzuheben vermochte. Änderungen von Belang sind nicht erforderlich gewesen. Entsprechendes gilt für die siebente Auflage.

Mai 1917 und März 1920.

W. OSTWALD.

INHALT.

Erster Teil. Theorie.

ERSTER TEIL

THEORIE.

Erstes Kapitel.

Gemenge und ihre Phasen.

1. Allgemeines.

IN der Chemie betrachtet man die wägbaren Gegenstände
der Außenwelt in bezug auf ihre *spezifischen* Eigenschaften,
d. h. auf solche Eigenschaften, die von der Menge und
willkürlichen Gestalt der Objekte unabhängig sind, und
nennt die so betrachteten Körper *Stoffe*. Solche spezifische
Eigenschaften sind Farbe, Dichte, elektrische Leitfähigkeit,
Glanz usw. Zwei Körper, welche in bezug auf ihre spezifischen Eigenschaften übereinstimmen, nennt man chemisch
gleich, welches auch im übrigen ihre Größe, Gestalt und
sonstige Beschaffenheit sei.

Betrachten wir unter solchen Gesichtspunkten die
Außenwelt, so erscheint sie uns als ein *Gemenge*.

Unter einem Gemenge verstehen wir ein Gebilde, das
aus Stücken oder Anteilen besteht, deren spezifische Eigenschaften innerhalb jeden Stückes gleich, von Stück zu
Stück dagegen verschieden sind. So ist der Granit ein
Gemenge, denn man kann in ihm bereits beim bloßen
Betrachten vermöge der Verschiedenheiten der Farbe und
des Glanzes (bei genauerer Kenntnis auch der Kristallform)
drei verschiedene Arten fester Körper oder Stoffe unterscheiden, nämlich weißen Quarz, rötlichen Feldspat und
silberglänzenden Glimmer. Ebenso ist nasser Sand ein

1*

Gemenge aus Sand und Wasser. Dagegen ist eine Auflösung von Salz in Wasser kein Gemenge, denn man
kann auf keine Weise, auch nicht mittels eines modernen
Ultramikroskops, darin Anteile mit verschiedenen Eigenschaften unterscheiden.

Denkt man sich ein Gemenge mechanisch in die verschiedenen Anteile getrennt, aus denen es ersichtlicherweise
besteht, und jeden Anteil für sich gesammelt, so bilden
diese Anteile, jeder für sich, einen *homogenen* oder *gleichteiligen* Stoff, d. h. einen solchen, dessen Teile sämtlich über-
einstimmende spezifische Eigenschaften aufweisen. Solche
gleichteilige Anteile eines Gemenges wollen wir *Phasen*
nennen. Demgemäß besteht der Granit aus drei festen
Phasen, nämlich Quarz, Feldspat und Glimmer. Nasser Sand
besteht aus zwei Phasen, einer festen, nämlich Sand (von
dem wir voraussetzen, daß er selbst kein Gemenge ist,
sondern beispielsweise aus reinem Quarz besteht), und einer
flüssigen, Wasser. Schütten wir Salz in Wasser, so sind
zunächst zwei Phasen vorhanden, nämlich die beiden eben
genannten Stoffe. Nachdem das Salz sich aufgelöst hat,
besteht dagegen nur eine einzige Phase, die Salzlösung.

Die erste Aufgabe der analytischen Chemie besteht nun
darin, das vorgelegte Gebilde, dessen chemische Bestandteile sie ermitteln soll, daraufhin zu untersuchen, ob es ein
Gemenge oder ein gleichteiliger Körper ist. Die meisten
Körper, die wir in der Natur antreffen, sind Gemenge.

Liegt ein solches vor, so tritt die zweite allgemeine
Aufgabe der analytischen Chemie ein, das Gemenge in
seine Phasen zu sondern und diese einzeln herzustellen.

Die Möglichkeit, Gemenge in ihre Phasen zu trennen,
beruht darauf, daß diese sich gegeneinander durch Unstetigkeitsflächen abgrenzen. Solche Unstetigkeitsflächen
treten zunächst und wesentlich bei verschiedenen Formarten
auf; doch ist ihr Vorhandensein auch bei derselben Formart nicht ausgeschlossen. Die Systematik der Trennungs-

methoden wird am besten auf die verschiedenen Formarten bezogen, und wir haben demgemäß folgende Trennungen zu betrachten:

    a) Feste Körper von festen.

    b) Feste Körper von flüssigen.

    c) Flüssige Körper von flüssigen.

    d) Feste Körper von Gasen.

    e) Flüssige Körper von Gasen.

Der Fall, daß Gase gegeneinander Trennungsflächen aufweisen, kommt nicht vor.

Die Trennung der Stoffe ist stets eine *mechanische* Operation; sogenannte chemische Trennungen bestehen darin, daß man die zu trennenden Stoffe durch chemische Vorgänge in Gemenge überführt, welche eine mechanische Trennung gestatten.

2. Trennung fester Phasen von festen.

Der Grundsatz, nach welchem diese Trennungen bewerkstelligt werden, besteht darin, daß man auf die eine oder die andere Phase Kräfte wirken läßt, welche sie an einen andern Ort bringen, als die übrigen Phasen, worauf die mechanische Teilung erfolgen kann.

Als allgemein verwendbare Eigenschaft für diesen Zweck dienen die Unterschiede in der Dichte. Schlämmt man ein Gemenge zweier fester Phasen in einer Flüssigkeit auf, deren Dichte zwischen denen der beiden festen liegt, so wird die leichtere darin aufsteigen, die schwerere zu Boden sinken, und so läßt sich eine Trennung bewirken. Sind die Dichten der festen Phasen vorher bekannt, so kann die der Flüssigkeit von vornherein danach geregelt werden. Ist das nicht der Fall, so fängt man in einer Flüssigkeit an, welche dichter als beide ist, und vermindert ihre Dichte durch Zusatz einer leichteren Flüssigkeit so lange, bis die gewünschte Scheidung eintritt.

Sind mehr als zwei feste Phasen vorhanden, so kann das gleiche Verfahren der stufenweisen Verdünnung angewendet werden. Geht man in kleinen Schritten vorwärts, so sinkt zunächst die dichteste Phase und kann abgeschieden werden; es folgt dann die nächste dichte, und so fort.

Als geeignete Flüssigkeiten benutzt man für Stoffe, die nicht in Wasser löslich sind, wässerige Lösungen von Kaliumquecksilberjodid, Bariumquecksilberjodid, Kadmiumborowolframat und ähnlichen Salzen. Für in Wasser lösliche Stoffe läßt sich Methylenjodid oder Azetylentetrabromid verwenden, welches man mit leichten Flüssigkeiten, wie Xylol, verdünnt. Da die Dichten solcher Flüssigkeiten nicht viel über 3 hinausgehen, so sind dichtere feste Körper auf diese Weise nicht zu trennen. Bei solchen lassen sich zuweilen geschmolzene Stoffe höherer Dichte (z. B. Thalliumnitrat) verwenden.

In sehr viel unvollkommenerer Gestalt wird ein ähnliches Verfahren beim *Schlämmen* angewendet. Dieser Trennungsprozeß fester Körper beruht auf dem Umstand, daß in einer Flüssigkeit verteilte feste Körper unter sonst gleichen Umständen um so schneller zu Boden sinken, je dichter sie sind. Durch einen Flüssigkeitsstrom werden aus einem Gemenge daher vorwiegend die weniger dichten Bestandteile fortgeführt werden. Nun aber hängt die Schnelligkeit der Senkung schwebender Teilchen nicht nur von ihrer Dichte, sondern auch in höchstem Maße von ihrer *Größe* ab, derart, daß sie sich um so langsamer senken, je kleiner sie sind. Infolge dieses zusammengesetzten Verhältnisses ist das Verfahren zu genauen Trennungen wenig geeignet: um es möglichst brauchbar zu gestalten, ist es nützlich, die Korngröße der verschiedenen Stoffe möglichst gleich zu machen, was wieder am sichersten durch möglichst feines Pulvern des Gemenges zu erreichen ist. Praktisch ausführbar wird die Trennung überhaupt nur bei einigermaßen bedeutenden Unterschieden der Dichten.

Die hydrostatischen Kräfte lassen sich durch Hinzu-
ziehung der *Zentrifugalkraft* erheblich wirksamer gestalten,
wovon gleichfalls vielfach Anwendung gemacht wird.
Man bringt hierbei die zu scheidenden Gemenge in einen
Apparat, in welchem sie sehr schnell im Kreise herum-
gewirbelt werden, worauf eine Trennung ganz wie durch
die Schwere, nur viel schneller, erfolgt.

Neben diesen Kräften sind andere von *allgemeiner* Anwendbarkeit zur Trennung fester Körper nicht bekannt.
In einzelnen Fällen werden aber andere Kräfte, insbesondere magnetische, benutzt, um Trennungen zu bewirken.
So kann man z. B. Eisenteilchen aus Gemengen durch einen
Magnet entfernen; für schwach magnetische Stoffe benutzt
man kräftige Elektromagnete. Auch kann man magnetische
und hydrostatische Kräfte verbinden.

In gleicher Weise lassen sich elektrostatische Kräfte benutzen. Pulverförmige Gemenge verschiedener Stoffe elek-
trisieren sich beim Schütteln derart, daß der eine Stoff
positiv, der andere negativ wird. Bringt man ein solches
Gemenge mit einem elektrisierten Nichtleiter, z. B. einer
geriebenen Ebonitplatte, zusammen, so haften nur die entgegengesetzt geladenen Teilchen, und die andern werden
abgestoßen.

Eine weitere Trennungsmethode fester Körper könnte
auf den Umstand gegründet werden, daß in einem nicht
gleichförmigen elektrischen Felde die Stoffe mit hoher
Dielektrizitätskonstante an die Stellen getrieben werden,
wo die Intensität des Feldes den größeren Wert hat.
Anwendungen dieser Verfahren liegen noch nicht vor.

Das Verfahren, daß man ein Gemenge zweier fester
Körper durch Behandeln mit einem Lösungsmittel trennt,
in welchem einer der Stoffe löslich, der andere unlöslich
ist, gehört nicht hierher. Denn es beruht auf einer *Veränderung* der beteiligten Phasen und muß daher bei den
Umwandlungsvorgängen betrachtet werden.

3. Trennung flüssiger Phasen von festen. Filtrieren.

Das Verfahren, um feste und flüssige Körper zu trennen, heißt *Filtrieren* und beruht auf der Anwendung poröser Scheidewände, deren Poren kleiner sind, als die Teile der festen Phase. Indem man das Gemenge einen Druck auf die Scheidewand ausüben läßt, wird die Flüssigkeit hindurchgetrieben, während der feste Körper zurückgehalten wird, wonach die räumliche Trennung erreicht ist.

Von den analytisch verwendbaren Trennungsmethoden der Gemenge ist das Filtrieren die am meisten angewandte, denn sie läßt sich am leichtesten ausführen und handhaben. Zwar ist die Trennung gasförmiger Stoffe von festen und flüssigen noch einfacher, fast ohne allen Apparat zu bewerkstelligen; die Handhabung gasförmiger Stoffe ist aber wegen der Notwendigkeit, große und geschlossene Gefäße anzuwenden, weitaus unbequemer als die der flüssigen und festen Stoffe. Demgemäß sucht man bei der praktischen Analyse die Trennungen womöglich überall auf den Fall fester und flüssiger Phasen zurückzuführen. Als poröse Scheidewand können sehr mannigfaltige Materialien dienen; für uns kommt Papier und Asbest in Betracht. Die Poren können um so größer sein, je größer die Teilchen der festen Phase sind; wegen der dadurch bedingten größeren Filtrationsgeschwindigkeit wird man daher stets, soweit die andern Umstände es gestatten, auf die Erzielung möglichst grobkörniger Niederschläge hinarbeiten. Ein sehr wirksames Mittel, die Korngröße feiner Niederschläge zu vergrößern, besteht in der längeren Berührung derselben mit der Flüssigkeit, in welcher sie entstanden sind. Es folgt alsdann (und zwar um so schneller, je höher die Temperatur ist) ein Umkristallisieren, bei welchem die kleinsten Teilchen verschwinden, indem sich auf ihre Kosten größere Kristalle bilden. Bei amorphen Niederschlägen findet unter gleichen Umständen ein Zusammengehen zu größeren Flocken statt.

Daher rührt die praktische Regel, die zu filtrierenden Niederschläge womöglich vorher längere Zeit in der Wärme in ihrer Flüssigkeit zu digerieren, bevor man mit dem Filtrieren beginnt.

Die Geschwindigkeit des Filtrierens hängt von der Größe der Poren, vom treibenden Druck und von der Temperatur ab, und zwar wächst sie mit allen drei Faktoren. Die Größe der Poren hängt nicht allein von der ursprünglichen Beschaffenheit der porösen Scheidewand, sondern in sehr hohem Maße von der des Pulvers ab. Sehr feine Niederschläge verengen die Poren der Scheidewand in erheblichem Maße und verzögern dadurch das Filtrieren, so daß auch aus diesem Grunde die Erzeugung möglichst grobkörniger Niederschläge geboten ist.

Als treibenden Druck wendet man gewöhnlich den der Schwere an. Man kann ihn steigern, indem man entweder die Höhe der unfiltrierten Flüssigkeit über dem Filter oder die der filtrierten Flüssigkeit unter dem Filter vermehrt. Das erste Verfahren ist technisch leichter ausführbar, läßt sich aber meist für die Analyse nicht wohl benutzen, da namentlich gegen Ende der Filtration die Flüssigkeit nicht in ausreichender Menge vorhanden zu sein pflegt. Das zweite Verfahren bedingt einen luftdichten Abschluß des Filterrandes gegen den untern Röhrenteil und erfordert in dieser Beziehung etwas Sorgfalt; es wird am einfachsten in der Gestalt ausgeführt, daß man den Hals des Trichters durch ein angesetztes Glasrohr verlängert.

Da der hydrostatische Druck nur von der Höhe der Flüssigkeit, nicht aber von ihrem Querschnitt abhängt, so ist es ratsam, das Verlängerungsrohr so schmal zu nehmen, als angängig. Eine Grenze ist in dieser Beziehung durch die Reibung der Flüssigkeit gegeben, welche der vierten Potenz des Röhrendurchmessers umgekehrt proportional ist; unter einige Millimeter Durchmesser wird man daher nicht herabgehen. Eine größere Weite anzuwenden, ist dagegen nutzlos.

Eine weitere Steigerung des Filtrationsdruckes wird durch die Mitbenutzung des Luftdruckes erlangt. Auch hier gibt es die beiden Wege: Vermehrung des Druckes über dem Filter und Verminderung des Druckes darunter. Da für unsere Zwecke weit mehr die Zugänglichkeit des Filterinhaltes, als die des Filtrats von Belang ist, so wird der zweite Weg fast ausschließlich gegangen, und das Verfahren des Filtrierens mit vermindertem Druck ist insbesondere von Bunsen bis in seine letzten Einzelheiten ausgebildet worden und von täglicher Anwendung im Laboratorium.

Weiter kann der Filtrationsdruck noch auf mechanischem Wege durch Pumpen, Pressen und dergleichen beliebig vermehrt werden. So wichtig derartige Vorrichtungen für die Technik zur Bewältigung großer Mengen sind, so wenig kommen sie für die Analyse in Anwendung.

Endlich dient die Zentrifugalkraft in der S. 7 angegebenen Weise auch zur Beschleunigung des Filtrierens. Die Flüssigkeit wird hierbei nach außen geschleudert, während die feste Phase durch ein Sieb, ein Tuch, ein Filtrierpapier usw. zurückgehalten wird.

Als dritter Faktor für die Beschleunigung des Filtrationsgeschäftes kommt die Temperatur in Betracht. Da die Bewegung der Flüssigkeiten in den Poren des Filters durch ihre innere Reibung bedingt ist, so macht sich der sehr große Einfluß der Temperatur auf diese Eigenschaft auch hier geltend. So geht beispielsweise die innere Reibung des Wassers von 0° durch Erwärmen bis 100° auf weniger als ein Sechstel herunter. Daraus ergibt sich die Regel, so heiß zu filtrieren, als die übrigen Umstände es nur immer gestatten.

4. Das Auswaschen.

Nach Beendigung der eigentlichen Filtration ist die Trennung des festen Körpers vom flüssigen noch nicht vollständig, da als *Benetzung* des erstern eine Flüssigkeitsmenge

zurückbleibt, welche der Oberfläche des benetzten Körpers
annähernd proportional ist und daher sehr schnell mit der
größeren Feinheit des Pulvers zunimmt. Dazu kommen
noch die in den Zwischenräumen des Pulvers kapilla
zurückgehaltenen Flüssigkeitsmengen. Um die Trennung
vollständig zu machen, läßt man auf das Filtrieren noch
das *Auswaschen* folgen, indem man mit einer passenden
andern Flüssigkeit (in unserm Falle dient meist reines
Wasser) die vorhandene verdrängt. Für die Theorie des
Auswaschens kommen mehrere Umstände in Betracht, unter
denen die *Adsorptions*erscheinungen, d. h. das Haften gelöster Stoffe an festen Oberflächen, die wichtigsten sind.
Ferner haben manche Niederschläge Neigung, beim Auswaschen „durch das Filter zu gehen". Es rührt dies von
der Eigenschaft *kolloider* Körper her, sich in reinem Wasser
zu verteilen, während sie durch Salzlösungen in koagu-
liertem und daher filtrationsfähigem Zustand erhalten
werden. Man hat daher für diesen Fall die empirische
Regel, nicht mit reinem Wasser, sondern mit der Lösung
eines passenden Salzes auszuwaschen. Die theoretische
Erörterung aller dieser Erscheinungen wird an einer
späteren Stelle erfolgen.

Die benetzenden und kapillar festgehaltenen Anteile
der Auswaschflüssigkeit werden schließlich durch Verdampfen entfernt. Hierbei kommt in Betracht, daß der
Dampfdruck benetzender dünnster Flüssigkeitshäutchen
viel geringer ist als der derselben Flüssigkeit in freiem
Zustande. Man muß daher mit der Temperatur weit über
den Siedepunkt der Flüssigkeit gehen, um ihre letzten
Anteile mit praktisch ausreichender Vollständigkeit zu entfernen, und zwar um so höher, je feiner das Pulver ist.
Die höchsten Temperaturen erfordern kolloide Stoffe.

5. Theorie des Auswaschens.

Sei a die Menge der Flüssigkeit, welche nach dem
Abtropfen bei dem auszuwaschenden Körper verbleibt,

und m die Menge der jedesmal hinzugesetzten Waschflüssigkeit, von welcher wir annehmen, daß sie jedesmal mit dem
Niederschlage gleichförmig vermischt wird, so wird nach
dem Zugießen der Flüssigkeitsmenge m die Gesamtmenge
der Flüssigkeit $m + a$ sein, und die ursprüngliche Beimischung ist auf den $(m + a)$ten Teil verdünnt. Sei ferner x_0
die Konzentration des zu entfernenden Stoffes in der ursprünglichen Flüssigkeit, so ist seine absolute Menge nach
dem ersten Abtropfen gleich $a x_0$; durch den Zusatz von m
Waschflüssigkeit geht die Konzentration auf den Bruchteil

$$x_1 = \frac{a}{m + a} x_0$$ herunter, und läßt man wiederum abtropfen,

bis die Menge a der Flüssigkeit beim Niederschlage ist, so

hat die absolute Menge auf $a x_1 = \dfrac{a}{m + a} \cdot a x_0$ abgenommen.

Ein zweiter Zusatz von m Waschflüssigkeit ergibt die Kon-

zentration $x_2 = \dfrac{a}{m + a} x_1 = \left(\dfrac{a}{m + a}\right)^2 x_0$ und die absolute

rückständige Menge $a x_2 = \left(\dfrac{a}{m + a}\right)^2 a x_0$. In gleicher Weise

geht es fort, und nach n Auswaschungen bleibt beim
Niederschlage der Rückstand

$$a x_n = \left(\frac{a}{m + a}\right)^n a x_0.$$

Aus dieser Formel ergibt sich, daß für eine gleiche
Anzahl n von Aufgüssen der Rest $a x_n$ um so kleiner wird,

je kleiner der Bruch $\dfrac{a}{m + a}$ ist, d. h. je vollständiger man

abtropfen läßt (wodurch a verkleinert wird) und je mehr
Waschflüssigkeit man jedesmal nimmt. Beträgt letztere
z. B. das Neunfache der Benetzung, und ist das erstemal
1 g fremden Stoffes beigemischt gewesen, so ist nach

viermaligem Auswaschen nur noch $\left(\dfrac{1}{10}\right)^4$ g, d. h. 0.0001 g

vorhanden.

Etwas anders gestaltet sich die Beantwortung der Frage, wie man mit einer *gegebenen Flüssigkeitsmenge* am besten auswäscht. Der Ansatz erfordert Differentialrechnung und soll hier unterbleiben; das Ergebnis ist, daß es vorteilhafter ist, viele Male mit kleinen Portionen Waschflüssigkeit, als wenige Male mit großen auszuwaschen.

6. Die Adsorptionserscheinungen.

Indessen stimmen die Ergebnisse dieser zuerst von Bunsen aufgestellten Rechnung keineswegs mit den Tatsachen. Nach dem oben gemachten Überschlage müßte ein viermaliges Auswaschen mit dem Zehnfachen der im Filter verbleibenden Wassermenge unter gewöhnlichen Umständen stets vollauf genügend sein, während die Erfahrung lehrt, daß alsdann der Niederschlag noch keineswegs rein ist. Dieser Widerspruch rührt von der falschen Annahme her, daß die Menge der Verunreinigung beim Anrühren des Niederschlages mit der $(m-1)$-fachen Wassermenge und Abfiltrieren von $m-1$ Teilen wirklich auf den m-ten Teil zurückgeht. Dies ist nicht der Fall, und der Umstand, welcher bei dem obigen Ansatz unberücksichtigt geblieben war, liegt in der *Adsorption*, oder in der Eigenschaft der Berührungsflächen zwischen festen Körpern und Lösungen, daß daselbst die Konzentration des gelösten Stoffes eine andere, und zwar meist eine größere ist, als in der übrigen Lösung. Hierdurch ist zunächst die Menge des gelösten Stoffes, welcher nach dem Abtropfen beim Niederschlage verbleibt, größer, als der Menge der anhaftenden Flüssigkeit entspricht; ferner aber ist die Menge, welche durch das jedesmalige Waschen entfernt wird, kleiner als nach der oben gemachten Annahme. Beide Ursachen führen dahin, das Auswaschen weniger wirksam zu machen, als oben angenommen wurde.

Die Gesetze der Adsorption brauchen hier nicht dargelegt zu werden. Nur so viel ist zu wissen nötig, daß die adsorbierte Menge der Oberfläche proportional und im übrigen eine Funktion der Natur der festen und des gelösten Körpers, sowie der Konzentration des letztern ist. Über diese letzte Funktion ist zu sagen, daß bei gegebener Natur und Größe der Oberfläche die adsorbierte Menge nicht der Konzentration proportional ist, sondern langsamer abnimmt, als diese.

Um für die einfachste (aber nicht richtige) Annahme, daß die adsorbierte Menge der Konzentration der Lösung proportional ist[1]), das Verhalten beim Auswaschen zu übersehen, setzen wir das Verhältnis zwischen der adsorbierten Menge x und der Konzentration der Lösung c gleich k, so daß die Beziehung besteht

$$c = kx.$$

Bringt man die Menge m der Waschflüssigkeit zu dem Niederschlag, auf welchem ursprünglich die Menge x_0 des gelösten Körpers adsorbiert sein soll, so wird die noch verbleibende Menge x_1 bestimmt sein durch

$$\frac{x_0 - x_1}{m} = kx_1,$$

indem die Menge $x_0 - x_1$ in Lösung gegangen ist und dort mit der Menge m des Lösungsmittels die Konzentration $\frac{x_0 - x_1}{m}$ ergeben hat. Fügt man nach völligem Ablaufen der Lösung von neuem die Menge m der Waschflüssigkeit hinzu, so ist der übrigbleibende Teil x_2 des adsorbierten Stoffes gegeben durch die analoge Gleichung

$$\frac{x_1 - x_2}{m} = kx_2.$$

---

[1]) Von der absoluten Menge des gelösten Körpers oder der Lösung kann die adsorbierte Menge nicht abhängen. Denn denkt man sich den auf dem festen Körper adsorbierten Stoff mit der Lösung im Gleichgewicht, so kann dies Gleichgewicht nicht dadurch gestört werden, daß man sich durch die Lösung an beliebiger Stelle eine Scheidewand gelegt und den außerhalb der Scheidewand gelegenen Teil der Lösung entfernt denkt.

Wird hieraus $x_1 = \dfrac{x_0}{km + 1}$ eliminiert, so folgt

$$x_2 = \frac{x_0}{(km + 1)^2}$$

und allgemein für ein n maliges Auswaschen

$$x_n = \left(\frac{1}{km + 1}\right)^n x_0.$$

Die Gleichung stimmt formal mit der S. 12 gegebenen überein, nur daß die Menge der Waschflüssigkeit m noch mit einem Koeffizienten k multipliziert ist. Das heißt, daß das Auswaschen unter Berücksichtigung der Adsorption denselben Verlauf nimmt, wie ohne diese, daß aber von der dort angenommenen Wirkung des Lösungsmittels nur ein Bruchteil zur Geltung kommt.

Tatsächlich ist es nicht zulässig, daß man k als konstant für alle Verdünnungen annimmt. Vielmehr wird k mit steigender Verminderung der adsorbierten Menge schnell kleiner, und dadurch wird eine weitere Verringerung der Wirkung des fortdauernden Auswaschens hervorgebracht. Die praktische Erfahrung von der Schwierigkeit, die letzten Anteile der adsorbierten Stoffe auszuwaschen, läßt bereits auf ein derartiges Verhalten des Koeffizienten k schließen; auch haben unmittelbare Messungen des Verhältnisses zwischen der Konzentration der Lösung und der adsorbierten Menge das gleiche ergeben.

Bei der vorstehenden Rechnung ist keine Rücksicht auf die in den Poren des Niederschlages durch Kapillarwirkung zurückgehaltene Flüssigkeitsmenge genommen worden. Es ist leicht zu übersehen, daß beim Berücksichtigen dieser Anteile die Formel zwar etwas verwickelter, aber von gleichem Bau wie die gegebene ausfallen wird: die nachbleibende Menge der Verunreinigung vermindert sich stets in abnehmender geometrischer Reihe mit der Zahl der Auswaschungen. Auch die Regel, das Waschwasser in kleinen

Anteilen aufzugießen und es jedesmal völlig ablaufen zu lassen, bleibt unverändert in Kraft.

Adsorptionswirkungen werden nicht nur von den Niederschlägen ausgeübt, sondern auch von dem Filtriermaterial, speziell von der Zellulose des Filtrierpapiers. In Rücksicht auf den Zweck wird für dieses eine feinporöse Beschaffenheit angestrebt, welche für die Ausbildung erheblicher Adsorptionswirkungen sehr günstig ist. Bei der gewöhnlichen Anwendung des Filters kommt dies nur insofern in Betracht, als es die Anwendung kleiner und glatt anliegender Filter nahelegt, die man beim Auswaschen vollständig mit Wasser anfüllt, um auch die Ränder rein zu erhalten. Wichtig wird die Rücksicht auf diese Wirkungen aber in dem häufigen Falle, wo man eine trübe Lösung teilweise durch ein trockenes Filter abfiltriert, um in einem bestimmten Anteil der Gesamtflüssigkeit eine Gehaltsbestimmung auszuführen. *Alsdann sind die ersten durchlaufenden Tropfen stets wegzuschütten,* da sie infolge der Adsorption durch das Filtrierpapier von viel geringerer Konzentration sind als die übrige Flüssigkeit. Das Filter erreicht sehr schnell den Gleichgewichtszustand der Adsorption, und die später durchlaufende Flüssigkeit behält dieselbe Konzentration, die sie ursprünglich besaß.

Alkalische Flüssigkeiten zeigen diese Erscheinung besonders deutlich; in geringerem Maße Säuren und Neutralsalze.

7. Vergrößerung des kristallinischen Kornes.

Die S. 8 erwähnte Tatsache, daß feinpulvrige kristallinische Niederschläge beim Digerieren mit der Lösung, aus der sie entstanden sind, ein gröberes Korn erhalten, ist von sehr allgemeiner Beschaffenheit. Die Ursache ist darin zu suchen, daß an der Grenzfläche zwischen festen und flüssigen Körpern ebenso eine Oberflächenspannung besteht, wie an der Grenzfläche zwischen Flüssigkeiten und Gasen, der sogenannten freien Oberfläche der Flüssigkeiten. Diese Oberflächenspannung wirkt dahin, daß die Summe der vorhandenen Oberflächen möglichst verkleinert wird, was in unserm Falle nur durch Vergrößerung der einzelnen Kristalle bei gleichbleibender Gesamtmenge, d. h. durch Vergröberung des Kornes, zu erreichen ist.

Der Vorgang, durch welchen diese Umwandlung erreicht wird, beruht auf der etwas größeren Löslichkeit der kleinen Kristalle gegenüber den größeren. Dieser Unterschied scheint meist nicht sehr groß zu sein, kann aber unter Umständen ganz erhebliche Werte annehmen[1]). Aus den eben mitgeteilten Überlegungen bezüglich der Oberflächenspannung folgt, auf Grund der Energieprinzipien, daß er unter allen Umständen vorhanden sein muß. Durch diese verschiedene Löslichkeit der großen und kleinen Kristalle wird die Flüssigkeit beständig übersättigt in bezug auf die großen Kristalle; die kleinen müssen sich daher auflösen, während die großen wachsen. Indessen ist dieser Einfluß nur bei sehr feinen Pulvern bedeutend und wird unmerklich gering, sowie sich das Korn etwas vergrößert. Eine Korngröße oberhalb der Porengröße des Filtrierpapiers, wie sie zur Verhinderung des „Durchgehens“ des Niederschlages erforderlich ist, liegt bereits im unempfindlichen Gebiete.

Es kann noch die Frage aufgeworfen werden, wie sich die Sache bei *unlöslichen* Stoffen verhalte. Darauf ist zu antworten, daß es unlösliche Stoffe nicht gibt. Wir müssen grundsätzlich annehmen, daß *jeder Stoff löslich ist.* Der Betrag der Löslichkeit kann sehr verschieden sein, er kann aber nie gleich Null werden. In der Tat ist es gegenwärtig möglich, sogar bei Stoffen wie Chlor-, Brom- und Jodsilber die Löslichkeit nicht nur nachzuweisen, sondern auch zu messen.

----

[1]) Ostwald, Ztschr. f. physik. Chemie 34, 495 (1900). — Hulett, ebenda 37, 395 (1901).

Ostwald, Analyt. Chemie. 7. Aufl.   2

Die Geschwindigkeit der Umwandlung ist von mehreren Umständen abhängig. Einmal wächst sie mit der Löslichkeit des Körpers. Dies ist so wesentlich, daß etwas löslichere Niederschläge, wie Magnesium-Ammoniumphosphat, meist schon grobkristallinisch ausfallen oder es in kurzer Frist werden. Dann pflegt die Umwandlung auch bei hoher Temperatur schneller zu verlaufen als bei niedrigerer. Dies liegt einerseits an der gesteigerten Löslichkeit, welche den meisten Stoffen bei höherer Temperatur eigen ist, sodann aber auch an der sehr viel größeren Diffusionsgeschwindigkeit des gelösten Stoffes, durch welche der Transport von den Orten der Auflösung zu denen der Ausscheidung beschleunigt wird.

Die Erzeugung grobkristallinischer Niederschläge ist nicht nur wegen der geschwinderen Filtration anzustreben, sondern auch, weil sie reiner und leichter auszuwaschen sind, als sehr feine. Denn die Verunreinigung durch Adsorption ist der Oberfläche proportional, also um so kleiner, je gröber das Korn ist. Nur insofern ist hier eine Grenze gegeben, als größere Kristalle leicht Mutterlauge einschließen und auf diese Weise zu einer Verunreinigung gelangen, die durch Waschen überhaupt nicht zu entfernen ist. Doch tritt dieser Zustand bei analytisch in Betracht kommenden kristallinischen Niederschlägen, soviel wie bekannt, nicht ein.

8. Kolloide Niederschläge.

Manche amorphe Stoffe haben die Eigenschaft einer unbestimmten scheinbaren Löslichkeit in Wasser. Die Lösungen, welche sie bilden, unterscheiden sich von den gewöhnlichen und bilden tatsächlich sehr feine mechanische Aufschlämmungen oder Suspensionen. Aus diesen Gemengen werden die Stoffe durch verschiedene Ursachen wie Erhitzen, Zusatz fremder Stoffe, Eintrocknen abgeschieden; manche von ihnen verlieren dann die Fähigkeit, sich in Wasser wieder aufzulösen oder aufzuschlämmen, andere behalten sie bei. Durch stärkeres Erhitzen bis zum Glühen wird diese Fähigkeit jedoch wohl immer zerstört.

Solche amorphe Stoffe sind Eisenoxyd, Tonerde, Kieselsäure, die meisten Metallsulfide. Sie erscheinen bei der Analyse als gallertartige oder flockige Niederschläge und sind meist schlecht auszuwaschen, weil sie wegen ihrer Feinheit die Filter verstopfen und Neigung haben, nach einigem Auswaschen durchzugehen.

Die Neigung der Stoffe, kolloide oder Pseudolösungen zu bilden, ist ziemlich verschieden. Grundsätzlich läßt sich jeder feste Stoff in den kolloiden Zustand überführen, doch geschieht dies mit verschiedener Leichtigkeit. Für analytische Zwecke ist ein möglichst geringer Grad davon erwünscht.

Alle solche Stoffe werden durch Lösungen von Salzen gefällt; in gleichem Sinne, oft noch stärker, wirken Säuren und Basen, soweit sie nicht chemische Änderungen hervorrufen. Die Natur des Salzes hat insofern einen Einfluß, als die Salze zweiwertiger Metalle oder Säuren viel stärker wirken als die der einwertigen, und ihrerseits von den Salzen dreiwertiger Metalle oder Säuren weit übertroffen werden. Welche von beiden wirksam sind, hängt von der Natur des Kolloids ab; solche von saurer Natur sind empfindlich gegen mehrwertige Basen und umgekehrt. Entfernt man die Salzlösung, oder verdünnt sie auch nur über ein gewisses Maß, so schlämmen sich viele gefällte Kolloidstoffe wieder auf; andere erfahren in gefälltem Zustande eine Veränderung, so daß sie geronnen bleiben. Das letztere ist wahrscheinlich der allgemeinere Fall, doch erfolgt bei vielen Stoffen der Übergang zu langsam, um bequem beobachtet und angewendet zu werden.

Da bei der Fällung solcher Stoffe zu analytischen Zwecken meist Salze, Säuren oder Basen zugegen sind, so erscheinen sie zunächst als Niederschläge; wird beim Auswaschen diese Lösung verdünnt, so tritt ein Zeitpunkt ein, wo wieder eine Pseudolösung entstehen kann. Dies erfolgt zuerst in den obern Schichten des Niederschlages. Die entstandene Pseudolösung wird dann meist beim Durchgang durch den übrigen Niederschlag und das Filter mit konzentrierter Salzlösung in Berührung kommen, es tritt dort wieder in den Poren Fällung ein, und auf diese Weise werden die Poren verengt, und das Filter wird verstopft. Weiterhin geht dann die Pseudolösung auch durch das Filter, wird durch Vermischen mit der salzhaltigen Hauptlösung gefällt, und die Erscheinung des „Durchgehens" ist da.

Um dies zu vermeiden, muß man dafür sorgen, daß stets eine genügend konzentrierte Salzlösung mit dem Niederschlag in Berührung bleibt. Zu diesem Zweck wäscht man statt mit reinem Wasser mit einer Salzlösung aus. Da die Natur des Salzes von geringem Belang für den Zweck ist, wird man ein solches wählen, welches sich hernach möglichst leicht entfernen läßt, also ein flüchtiges, wie Ammoniumazetat. Muß die Lösung gekocht werden, wie bei der Abscheidung der Titansäure, so kann Ammoniumazetat wegen seiner Flüchtigkeit nicht benutzt werden; man nimmt dann Natriumsulfat.

In seltenen Fällen erhält man bei der Analyse kolloidfähige Stoffe in Lösungen, die keine Salze enthalten, z. B. wenn man eine reine Lösung von arseniger Säure mit Schwefelwasserstoff fällt. Alsdann entsteht überhaupt kein Niederschlag, sondern eine halbdurchsichtige Flüssigkeit, die unverändert durch das Filter geht. Um einen filtrierbaren Niederschlag zu erhalten, muß man ein Salz oder eine Säure hinzufügen, worauf je nach der Konzentration früher oder später die bekannten gelben Flocken sich bilden.

Ein zweiter Umstand, welcher günstig auf die Handhabung kolloider Niederschläge wirkt, ist höhere Temperatur. Manche Kolloidstoffe scheiden sich schon durch Erwärmen ihrer Pseudolösungen völlig aus; alle gehen bei

höherer Temperatur in dichtere, weniger leicht aufschlämm-
bare Formen über. So wird Kieselsäure bei längerem
Trocknen auf dem Wasserbade unlöslich, und Tonerde
filtriert sich weit leichter, wenn man sie in gefälltem
Zustand einige Stunden in der Hitze digeriert.

Die Adsorptionserscheinungen sind bei Kolloidstoffen
infolge ihrer äußerst feinen Verteilung sehr stark entwickelt
und erschweren häufig das Auswaschen dermaßen, daß es
in angemessener Zeit nicht zu Ende geführt werden kann.
Auch diese Schwierigkeit wird durch alle Umstände vermindert, welche ein Dichterwerden des Niederschlages bedingen. Insbesondere sind anhängende Verunreinigungen
nach dem Glühen des Niederschlages gewöhnlich viel
leichter auszuwaschen als vorher, da durch die starke Erhitzung der höchste Grad der Verdichtung, zuweilen sogar
der Übergang in andere, wahrscheinlich kristallinische
Formen erreicht wird. Durch die Verdichtung erfolgt eine
bedeutende Verminderung der Oberfläche, und damit ein
Loslassen des größten Teils des adsorbierten Stoffes.
Ähnlich wirkt eine chemische Umwandlung; aus Kobalt-
oxyd, das durch Kali gefällt ist, läßt sich letzteres nicht
auswaschen, mit Leichtigkeit aber aus dem metallischen
Kobalt, das man aus ersterem durch Reduktion mit
Wasserstoff hergestellt hat. Auf die beim Glühen möglichen chemischen Vorgänge zwischen dem Niederschlag
und dem adsorbierten Stoff ist in derartigen Fällen stets
gebührende Rücksicht zu nehmen.

9. Dekantieren.

Eine noch einfachere Art der Trennung fester und
flüssiger Stoffe, als das Filtrieren, ist das Dekantieren. Man
läßt beide Stoffe gemäß den meist erheblichen Verschiedenheiten ihrer Dichten sich in zwei Schichten trennen und
entfernt dann die leichtere Flüssigkeitsschicht durch Ab-
gießen. Eine quantitative Trennung ist auf diesem Wege

nicht ausführbar, so daß dieses Verfahren in der Analyse
nur als Beihilfe für die Filtrationsarbeit zur Anwendung
kommt, indem die abgesetzte Flüssigkeit durch ein Filter
gegossen wird, welches die mitgerissenen Teilchen des
festen Körpers zurückhält. Auch das Auswaschen kann
auf gleiche Weise erfolgen, und man spart oft auf diesem
Wege bei sehr feinen oder bei kolloiden Niederschlägen,
die das Filter verstopfen, erheblich an Zeit. Stoffe, welche
durch das Filter gehen, setzen sich beim Dekantieren nicht
ab; die Ursache ist in beiden Fällen die gleiche, und
ebenso die Abhilfe des Übelstandes (vgl. S. 19).

Durch Zentrifugalwirkung kann das Absetzen sehr beschleunigt werden, indem dadurch die trennenden Druck-
unterschiede bis zu erheblichen Beträgen gesteigert werden
können.

10. Trennung flüssiger Körper von flüssigen.

Trennungen von Gemengen zweier Flüssigkeiten können
nur in Frage kommen, wenn diese sich nicht gegenseitig
lösen. Nun sind allerdings strenggenommen alle Flüssigkeiten ineinander teilweise löslich, doch ist bei vielen
Flüssigkeitspaaren die gegenseitige Löslichkeit gering
genug, um praktisch außer Betracht bleiben zu können.

Die Sonderung gemengter Flüssigkeiten erfolgt durch
Absitzenlassen, das gegebenenfalls durch Zentrifugalkraft
beschleunigt werden kann, und darauffolgende mechanische
Trennung mittels Abhebern oder bequemer mittels des
Scheidetrichters. Die Trennung läßt sich um so leichter
und vollständiger bewerkstelligen, je kleiner die Trennungsfläche beider Flüssigkeiten wird.

Analytisch wird diese Trennung beim „Ausschütteln"
angewendet. Hierbei handelt es sich um einen Stoff, der
in beiden Flüssigkeiten ungleich löslich ist und daher sich
in einer von beiden konzentriert. Eine praktisch vollständige Trennung läßt sich nur durch Wiederholung des
Verfahrens erreichen.

11. Trennung gasförmiger Körper von festen oder flüssigen.

Wegen des großen Unterschiedes der Dichten lassen sich gas- oder dampfförmige Körper von festen oder flüssigen außerordentlich schnell und leicht trennen, so daß man das Verfahren vielfach benutzt. Da nur verhältnismäßig wenig Stoffe bei gewöhnlicher Temperatur Gasgestalt haben, so wird die Trennung meist bei höherer Temperatur bewerkstelligt, und man gelangt zu den Operationen der Destillation und Sublimation. In diesem letztern Falle nimmt das Verfahren eine besonders handliche Gestalt an, indem die Stoffe nur vorübergehend in den Dampfzustand gelangen und alsbald wieder zu flüssigen oder festen Stoffen verdichtet werden. Dadurch erspart man die für Gase erforderlichen großen Räume, und indem man die Verdichtung des Dampfes in einem dazu bestimmten Gefäß erfolgen läßt, erlangt man eine sehr bequeme und nahezu vollständige Trennung. Ungeschieden bleibt nur der Anteil des Dampfes, welcher zum Schluß das Destilliergefäß anfüllt, doch kann man diesen durch Verdrängen mit einem andern Gase oder Dampfe gleichfalls fortschaffen.

12. Trennung verschiedener Gase.

Da alle Gase, soweit sie sich nicht chemisch beeinflussen, in allen Verhältnissen gleichteilige Phasen, d. h. Lösungen bilden, so tritt zwischen verschiedenen Gasen nie eine Grenzfläche auf, und eine unmittelbare Trennung eines Gasgemenges in seine Bestandteile ist auf mechanischem Wege nicht ausführbar. Eine teilweise Trennung erfolgt durch *Diffusion*, indem leichtere Gase sich im allgemeinen schneller durch andere Gase sowie durch poröse Scheidewände bewegen, als schwerere. Doch gehört diese Operation unter die Scheidungen, durch welche Lösungen in ihre Bestandteile gesondert werden, und kann daher erst später erörtert werden.

Zweites Kapitel.

Lösungen und reine Stoffe.

1. Unterscheidung beider Klassen.

DURCH die eben beschriebenen Operationen und Kennzeichen kann man zunächst jedes vorgefundene Gemenge in seine Phasen oder gleichteiligen Anteile zerlegen. Die hierbei erhaltenen Produkte zerfallen ihrerseits in zwei große Klassen, die man *Lösungen* und *reine Stoffe* oder *Stoffe* kurzweg nennt.

Reine Stoffe sind solche Phasen, welche unabhängig von ihrem Vorkommen oder ihrer Entstehungsweise stets dieselben spezifischen Eigenschaften aufweisen, die bei verschiedenen Stoffen sprungweise voneinander verschieden sind. Ordnet man beispielsweise alle reinen Stoffe nach ihrer Dichte, so sind keineswegs alle möglichen Werte dieser Eigenschaft vertreten, sondern es kommt nur eine begrenzte (wenn auch ziemlich große, da die Anzahl der verschiedenen reinen Stoffe ziemlich groß ist) Anzahl von Werten vor, zwischen denen es keine Übergänge gibt. Es ist nicht unbedingt ausgeschlossen, daß nicht unter bestimmten Umständen zwei verschiedene Stoffe auch die gleiche Dichte haben könnten; sie haben aber im allgemeinen verschiedene Wärmeausdehnungen, und wenn man daher die Dichten bei irgend einer andern Temperatur vergleicht, so ergeben sie sich als verschieden.

Lösungen gibt es dagegen in unbegrenzt großer Anzahl
und ihre Eigenschaften lassen sich in beliebig kleinen
Abständen verändern. So kann man beispielsweise Koch-
salzlösungen von jeder beliebigen Dichte zwischen der
des reinen Wassers von 1.00 und der der gesättigten
Lösung 1.22 herstellen, und ähnliches gilt für alle andern
Lösungen.

Ferner verhalten sich Lösungen verschieden von den
reinen Stoffen bei Zustandsänderungen. Während hier der
Übergang vom festen zum flüssigen Zustande und ebenso
der in den gasförmigen unter gegebenem Drucke vollständig bei einer und derselben Temperatur stattfindet,
verhalten sich Lösungen derart, daß ihr Erstarrungspunkt
beständig sinkt, je weiter die Erstarrung fortschreitet.
Dies gilt für flüssige Lösungen; entsprechend verhalten
sich die gasförmigen und die (verhältnismäßig selten vorkommenden) festen Lösungen.

Wenn man bei den Zustandsänderungen der Lösungen
die während verschiedener Perioden des Vorganges aus-
tretenden Anteile mechanisch trennt, so kann man durch
systematische Wiederholung dieses Verfahrens schließlich
jede Lösung in zwei oder mehr Anteile zerlegen, welche
nicht mehr die Eigenschaften von Lösungen, sondern die
von reinen Stoffen haben. Umgekehrt kann man aus diesen
Stoffen durch bloßes Zusammenbringen die ursprüngliche Lösung wieder herstellen. Eine jede Lösung ist
daher gekennzeichnet, wenn man angibt, in welche
reinen Stoffe, und nach welchen Verhältnissen dieser sie
zerlegt werden kann, oder aus welchen reinen Stoffen
und in welchem Verhältnis sie zusammengesetzt werden
kann; beide Definitionen sind übereinstimmend. Daher
macht die analytische Chemie niemals bei Phasen vom
Charakter der Lösungen halt, sondern sie schreitet stets
zu der Angabe vor, welches die Bestandteile der vorliegenden Lösung sind.

Es besteht somit nach der Trennung eines Gemenges
in seine Phasen die nächste Aufgabe darin, festzustellen,
ob die erhaltenen Phasen Lösungen oder reine Stoffe sind.
Zu diesem Zwecke destilliert man sie, wenn es sich um
flüchtige Flüssigkeiten handelt, oder man läßt sie erstarren,
wenn eine hierzu fähige Flüssigkeit vorliegt. Geht die Umwandlung in den Dampfzustand oder in den festen bis zum
letzten Rest bei konstanter Temperatur vor sich, so liegt
(mit vereinzelten Ausnahmen, die alsbald erörtert werden
sollen) ein reiner Stoff vor; andernfalls eine Lösung.

Feste Phasen werden derart geprüft, daß man beobachtet,
ob sie bei konstanter Temperatur schmelzen oder nicht. So
reinigt z. B. der Organiker seine Präparate durch wieder-
holte gebrochene Destillation oder Kristallisation, bis sie
einen konstanten Siedepunkt bzw. Schmelzpunkt haben.
Hierdurch hat er den Beweis erbracht, daß nunmehr
seine Produkte reine Stoffe und nicht mehr Lösungen
(oder Gemenge) sind.

Gase endlich prüft man dadurch, daß man feststellt,
ob sie sich bei konstanter Temperatur und konstantem
Drucke verflüssigen lassen, oder ob eine Änderung des
einen oder andern Wertes (unter Konstanthaltung des
andern) mit der Zustandsänderung verbunden ist.

Wenn nicht besondere Fälle vorliegen, in denen unmittelbar die Kenntnis der Gesamtzusammensetzung einer
Lösung bezüglich ihrer Elemente verlangt wird, muß somit
der Analyse einer homogenen Phase, wie sie als solche
vorliegt oder durch die Trennung eines Gemenges erhalten
worden ist, die Prüfung vorausgehen, ob ein reiner Stoff
oder eine Lösung vorliegt. Hat sich das letztere ergeben,
so tritt die weitere Aufgabe auf, jede Lösung in ihre
Bestandteile zu sondern.

Um aber diese Aufgabe lösen zu können, muß man
zunächst die Kennzeichnung eines reinen Stoffes un-
zweideutig ausführen können.

2. Die Eigenschaften.

Jeder Stoff ist, wie angegeben, durch seine spezifischen Eigenschaften gekennzeichnet.

Wenn wir unter Eigenschaften alle Beziehungen verstehen, in welche die Phase zu unsern Sinnesapparaten und Meßwerkzeugen gebracht werden kann, so sind zunächst für unsere Zwecke alle Eigenschaften auszuscheiden, welche willkürlich hervorgebracht und abgeändert werden können, wie die äußere Gestalt, Lage und Bewegung, die Beleuchtung, die äußeren elektrischen Zustände, die Temperatur und dergleichen. Ferner können zur Erkennung von bestimmten Phasen solche Eigenschaften nicht dienen, welche durch stoffliche oder chemische Änderungen nicht beeinflußt werden. Hierzu gehört insbesondere die *Masse* und das dieser proportionale *Gewicht* der Stoffe. Verwendbar sind somit nur Eigenschaften, welche sich mit der Beschaffenheit der Phasen ändern, aber nicht willkürlich an demselben Stoffe geändert werden können. Wir haben sie *spezifische* Eigenschaften genannt.

Jede Eigenschaft kann zahlenmäßig definiert werden und kann zwischen den Grenzen ihrer Werte eine unendliche Mannigfaltigkeit von Einzelfällen aufweisen. Diese Unendlichkeit schränkt sich aber praktisch auf eine endliche Anzahl von unterscheidbaren Stufen ein, da die Hilfsmittel zur Bestimmung der Wertzahlen stets nur von endlicher Genauigkeit sind. Der Fortschritt der Meßkunst bedingt eine beständige Erweiterung der Anzahl unterscheidbarer Stufen, ohne daß je die theoretische Unendlichkeit erreicht wird.

Die zu analytischen Zwecken dienenden Eigenschaften kann man in die beiden Gruppen der *Zustands-* und der *Vorgangseigenschaften* einteilen. Erstere haften dem Stoffe beständig an und sind jederzeit ohne weitere Vornahme der Beobachtung und Messung zugänglich. Hierher gehören

z. B. die Formart oder der Aggregatzustand, die Farbe, die
Dichte usw. Andere Eigenschaften machen sich erst
geltend, wenn man den Stoff unter besondere Bedingungen
bringt, die von den gewöhnlich vorhandenen verschieden
sind. Hierdurch werden Änderungen des Zustandes
hervorgerufen oder Vorgänge veranlaßt, welche für die
vorhandenen Stoffe charakteristisch sind. Es liegt in der
Natur der Sache, daß die zweite Gruppe von Eigenschaften
die weitaus größere und mannigfaltigere ist; demgemäß
spielen die Vorgangseigenschaften oder *Reaktionen* eine
weit ausgedehntere Rolle in der analytischen Chemie,
als die Zustandseigenschaften.

3. Reaktionen.

Reaktionen werden durch Änderungen hervorgerufen,
welche man an den Bedingungen bewerkstelligt, unter denen
das Objekt besteht. Solche Änderungen kann man in physikalische und chemische einteilen. Die wichtigste physikalische Änderung, die für uns in Frage kommt, ist die der *Temperatur*, und das Verhalten der Stoffe beim Erhitzen hat von
jeher eines der gebräuchlichsten analytischen Hilfsmittel
ergeben. Andere physikalische Änderungen, wie die des
Druckes, des elektrischen Zustandes, kommen viel seltener
in Frage. Sehr viel mannigfaltiger sind die *chemischen*
Änderungen, welche man in den Existenzbedingungen eines
gegebenen Stoffes hervorzubringen vermag. Es geschieht
dies im allgemeinen dadurch, daß man ihn mit andern Stoffen
in Berührung bringt. Die Berührung ist am vollkommensten
zwischen zwei Gasen, oder zwei sich lösenden Flüssigkeiten,
unvollkommener zwischen zwei nicht ineinander löslichen
Stoffen und am unvollkommensten zwischen festen Körpern. Daraus geht hervor, daß für den vorliegenden Zweck
der flüssige Zustand bei weitem der geeignetste ist, zumal
die wenigsten Stoffe sich in den gasförmigen Zustand überführen lassen; das Bestreben des analysierenden Chemikers

ist daher, sowie es sich um die Hervorbringung chemischer
Reaktionen handelt, in erster Linie auf die Hervorrufung des
flüssigen Zustandes, entweder durch Schmelzung oder durch
Auflösung, gerichtet.

Im Wesen führt die Erkennung von Stoffen durch
Reaktionen oder Vorgangserscheinungen auf die Erkennung
durch Zustandseigenschaften zurück, nur daß diese nicht
mehr dem ursprünglichen Stoff, sondern dem durch die
Reaktion geänderten oder umgewandelten zukommen.
Nehmen wir beispielsweise wahr, daß ein flüssiger Stoff auf
Zusatz eines andern einen Niederschlag bildet, so beruht
die Beobachtung darin, daß unter den neuen Bedingungen
ein Stoff von fester Formart entsteht. Ähnliches läßt sich
für alle Reaktionen sagen, so daß die Erörterung des
Wesens der Zustandseigenschaften für beide Gruppen von
Bedeutung ist.

4. Die Abstufung der Eigenschaften.

Es wurde bereits hervorgehoben, daß grundsätzlich jede
Zustandseigenschaft zur Erkennung der Stoffe benutzt
werden kann. Die Unterscheidung verschiedener Stoffe
beruht stets auf quantitativen Verschiedenheiten der fraglichen Eigenschaft. Nun ist aber die Ermittlung solcher Verschiedenheiten je nach der Natur derselben eine Aufgabe von
sehr verschiedener Schwierigkeit, und am besten dienen
Eigenschaften, deren Unterschiede sich möglichst schnell
und leicht feststellen lassen. Als solche sind in erster Linie
die *Formarten*[1]), in zweiter die *Farben* der Stoffe zu nennen.

---

[1]) An Stelle des langen und eine unnötige Bezugnahme
einschließenden Wortes „Aggregatzustand" soll das Wort
„Formart" (d. h. Art der Form eines Körpers, oder Art, wie
er sich unter gegebenen Bedingungen formt) allgemein benutzt werden.

Ob ein Stoff fest, flüssig oder gasförmig ist, und welches seine Farbe ist, läßt sich meist mit einem Blick ermitteln; diese Eigenschaften kommen also für die Erkennung der Stoffe in erster Linie in Betracht.

Zwischen den drei Formarten sind bekanntlich Übergangs- oder Zwischenstufen vorhanden; von diesen kommen für uns aber nur wenige in Frage. Der stetige Übergang zwischen dem gasförmigen und dem flüssigen Zustand erfolgt bei Drucken, die höher sind, als der kritische. Da aber die kritischen Drucke der Stoffe sich rund zwischen 25 und 100 Atmosphären bewegen, so fallen diese Übergangszustände aus den bei analytischen Operationen vorkommenden Zuständen heraus. Wichtiger sind die Übergänge zwischen dem festen und dem flüssigen Zustande. Diese sind entweder plötzlich, wie beim Schmelzen des Eises, oder stetig, wie beim Schmelzen des Glases. Der zweite Fall tritt ein, wenn der feste Körper amorph ist, der erste ist kristallinischen Stoffen eigentümlich.

Diese Übergangszustände lassen sich durch den Augenschein unter Zuhilfenahme einfachster Beeinflussungen, wie Bewegen des Gefäßes, noch in einige Stufen zerlegen: man kann leichtbewegliche, flüssige, schwerflüssige, zähe und feste Stoffe unterscheiden, doch mehr als vier oder fünf Stufen oder Grade lassen sich ohne Benutzung weiterer Hilfsmittel nicht charakterisieren.

Bei festen Körpern läßt sich noch häufig der amorphe Zustand von dem kristallinischen unterscheiden, insbesondere, wenn Bruchflächen größerer Stücke vorliegen: amorphe Stoffe zeigen muscheligen Bruch und gekrümmte Flächen, während kristallinische Körper einen Bruch zeigen, der aus größeren und kleineren ebenen Flächen besteht. An pulverförmigen Stoffen läßt sich der Unterschied mit bloßem Auge nicht sicher feststellen; hier hat die Lupe oder das Mikroskop einzutreten.

5. Die Kristallgestalt.

Die regelmäßige Gestalt oder *Kristallform*, welche viele feste Stoffe, sowohl natürlich vorkommende, wie künstlich hergestellte zeigen, dient gleichfalls vielfach zur Erkennung. In der Lehre von den natürlich vorkommenden Stoffen der unbelebten Welt oder der Mineralogie ist die Kristallgestalt sogar eines der wichtigsten Erkennungsmittel, da die Stoffe unter den Bedingungen ihrer Entstehung sich meist in mehr oder weniger gut ausgebildeten Kristallen abgesondert haben. Die künstlich hergestellten Stoffe zeigen dagegen gute kristallinische Ausbildung verhältnismäßig selten, so daß dies Erkennungszeichen unter den gewöhnlichen Umständen hier seine Bedeutung verliert.

Läßt man indessen die Stoffe unter bestimmten Bedingungen in sehr kleinen Mengen den festen Zustand annehmen, so entstehen meist Kristalle, welche scharf und charakteristisch ausgebildet sind, und daher eine Erkennung gestatten. Die Kristalle sind alsdann aber sehr klein und müssen zum Zweck ihrer Erkennung unter dem Mikroskop betrachtet werden. Während früher dies Verfahren nur gelegentlich Anwendung fand, hat es gegenwärtig durch die Bemühung verschiedener Forscher einen hohen Grad der Ausbildung erlangt. Indessen handelt es sich bei der mikroskopischen Analyse fast ausnahmslos nicht um die unmittelbare Erkennung der vorhandenen Stoffe, sondern es werden diese meist erst in bestimmte andere umgewandelt, deren Kristallform von besonders charakteristischer Beschaffenheit ist. Insofern gehören die Hilfsmittel der mikroskopischen Analyse fast alle zu den *Reaktionen*, und fallen daher unter die folgenden Kapitel.

6. Farbe und Licht.

Die Farbe der Stoffe ist ein Kennzeichen von sehr mannigfacher Anwendbarkeit. Durch den Umstand, daß

verhältnismäßig kleine Unterschiede in der *Zusammensetzung*
des zurückgeworfenen Lichtes vom Auge als Unterschiede
der *Farbe* empfunden werden, wird jene quantitative Verschiedenheit in eine Reihe von zwar stetig verbundenen,
aber *qualitativ* verschieden empfundenen Stufen verwandelt,
welche es gestatten, eine große Anzahl zu unterscheiden-
der Arten der Farberscheinung auseinander zu halten und
zu Erkennungszwecken zu verwenden. Hierbei muß nur
im Auge behalten werden, daß im allgemeinen die Oberflächen farbiger Stoffe uns ein Gemenge von zwei verschiedenen Lichtarten zustrahlen: das durch Absorption
gefärbte, mehr oder weniger aus dem Innern kommende,
und das durch Oberflächenreflexion zurückgeworfene, im
allgemeinen ungefärbte Licht. Das Verhältnis zwischen
beiden hängt von mehreren Umständen, insbesondere dem
Grade der Zerteilung und von dem Unterschiede zwischen
dem Brechungskoeffizienten des Stoffes und seiner Umgebung ab. Je nach der Menge des weißen Oberflächenlichtes
kann die Farbe eines Körpers sich zwischen Weiß und einem
sehr tiefen Farbton bewegen, der sich häufig dem Schwarz
nähert; im allgemeinen ist daher bei den Angaben über die
Farbe eines Körpers noch eine Bestimmung des Zustandes
(kompakt, pulverförmig, in einer Flüssigkeit aufge-
schwemmt) erforderlich, in welchem die Farbe zu beobachten
ist. Die meisten Angaben, die für die analytische Chemie in
Betracht kommen, gelten für pulverförmige Körper, die in
Wasser aufgeschlämmt sind, wie sie als Niederschläge
bei chemischen Reaktionen erhalten werden.

Neben den durch Beleuchtung mit weißem Tageslicht
auftretenden Körperfarben gibt es noch eine andere Farberscheinung, welche für die analytische Chemie in Betracht
kommt: die *farbigen Flammen*. Solche entstehen, wenn in
möglichst nichtleuchtende Flammen, wie die des Bunsen-
brenners oder des brennenden Alkohols, gewisse Stoffe
gebracht werden, welche in der Flamme verdampfen und

alsdann Licht aussenden, welche aus einer begrenzten Zahl
von Strahlengattungen besteht und daher bestimmte Farben
zeigt. In ihrer einfachsten Form wird diese Erscheinung mit
unbewaffnetem Auge auf ihre Farbe allein beobachtet; sie
erlangt aber alsbald einen weit größeren Grad von Mannigfaltigkeit, wenn man mittels eines Spektralapparates die
Lichtbestandteile solcher Flammen räumlich auseinander-
legt, und wird alsdann eines der ausgiebigsten und sichersten Hilfsmittel zur Erkennung der Stoffe, welche die Erscheinung der farbigen Flammen zeigen. Die Technik
der Erzeugung farbiger Flammen ist in neuerer Zeit
insbesondere von E. Beckmann ausgebildet worden.

Außer den ebengenannten augenfälligen Eigenschaften
können noch viele andere zur Erkennung der Stoffe
dienen; sie stehen ihnen aber alle in bezug auf die
Schnelligkeit und Leichtigkeit der Ermittlung weit nach
und kommen daher praktisch nur unter besondern Umständen in Frage.

Drittes Kapitel.

Scheidung der Lösungsbestandteile.

1. Allgemeines.

UM eine Lösung in ihre Bestandteile zu scheiden[1]), ist erforderlich, sie unter solche Bedingungen zu bringen, unter denen sie sich in verschiedene Phasen sondert.

Das allgemeinste Mittel hierfür ist eine Änderung der *Temperatur* und des *Druckes*. Durch diese Änderungen werden nämlich die Lösungen veranlaßt, *neue Phasen* zu bilden, welche im allgemeinen die Bestandteile in anderm Verhältnis enthalten, als die ursprüngliche Lösung. Indem man die neue Phase von dem Rest der ursprünglichen Lösung abtrennt, hat man bereits eine beginnende Scheidung der Bestandteile bewirkt, und indem man derartige Phasenneubildungen systematisch wiederholt, gelangt man schließlich dazu, die Scheidung so weit zu führen, als man es für notwendig erachtet.

Von den beiden genannten Mitteln ist die Änderung der Temperatur, durch welche man einerseits feste Stoffe flüssig und gasförmig, flüssige gasförmig macht, anderseits die umgekehrten Änderungen hervorruft, bei weitem das

---

[1]) Ich gebrauche das Wort Scheidung für die Herstellung von Bestandteilen aus einer einzigen, gleichteiligen Phase, während das Wort Trennung für die Absonderung bereits vorhandener verschiedener Phasen voneinander benutzt worden ist.

allgemeiner angewendete. Dies beruht nicht nur darauf,
daß sich experimentell eine Erhöhung oder Erniedrigung
der Temperatur von der der Umgebung aus leichter hervor-
bringen läßt, als eine Änderung des Druckes, welche luftdicht geschlossene Gefäße erfordert. Sondern die Tempe-
raturänderung ist vermöge eines glücklichen Zufalles auch
bei weitem das wirksamere Mittel hierfür. Denn wenn
auch beim Übergang von Flüssigkeit in Dampf und umgekehrt sich die Änderung des Druckes mit der der Temperatur annähernd als gleichwertig erweist, so liegt doch
beim Übergange fest flüssig und umgekehrt die Sache so,
daß die allergrößten Änderungen des Druckes, die wir mit
den entwickeltsten Hilfsmitteln herstellen können, nur sehr
wenige bei gewöhnlicher Temperatur flüssige Stoffe fest
(oder umgekehrt) machen können, während wir durch
Änderung der Temperatur gegenwärtig alle festen Stoffe
flüssig und alle flüssigen fest machen können. Insbesondere
ist durch die flüssige Luft das Gebiet der tiefsten, und
durch den elektrischen Strom das Gebiet der höchsten
Temperaturen experimentell so leicht zugänglich geworden,
daß die analytischen Möglichkeiten, die hierdurch gegeben
sind, noch lange nicht so ausgiebig Benutzung gefunden
haben, als sie sie verdienen.

2. Theorie der Destillation.

Allgemein gesprochen ist jedem festen oder flüssigen
Stoff die Fähigkeit zuzuschreiben, bei jeder Temperatur in
Gasgestalt überzugehen, doch tritt dieser Vorgang in meß-
barer Weise nur bei einem Teil der Stoffe und oberhalb
gewisser, jedem Stoff eigener Temperaturgrenzen auf. Das
Gesetz dieses Überganges ist einfach und ganz allgemein:
Die Vergasung (oder Verdampfung) erfolgt so lange, bis das
Gas (der Dampf) an der Oberfläche des verdampfenden
Körpers eine bestimmte Konzentration erreicht hat, die nur

3*

von der Natur des letztern und von der Temperatur abhängig ist. Die letztere Abhängigkeit ist derart, daß ausnahmslos mit steigender Temperatur diese charakteristische
Konzentration zunimmt.

Gewöhnlich wird das fragliche Gesetz so ausgesprochen,
daß zu jeder Temperatur ein bestimmter *Druck* des Dampfes
gehört. Dann muß für den Fall, daß noch andere Gase
zugegen sind, als in Betracht kommender Druck der *Teildruck* des fraglichen Dampfes angegeben werden. Diesen
kann man aber im Gemenge nicht anders bestimmen, als
indem man das Mengenverhältnis zwischen dem Dampf
und den anderen Gasen ermittelt und nach Division mit
den entsprechenden spezifischen Gewichten den Gesamtdruck im Verhältnis der so gefundenen Zahlen teilt.
Diesem Verfahren gegenüber hat die gegebene Definition
den Vorzug weit größerer Einfachheit, da die Messung der
Konzentration nur die Kenntnis der Menge und des Volums
erfordert; auch fallen einige begriffliche Schwierigkeiten
bezüglich des Teildruckes fort.

Zu betonen ist, daß es bei diesem Gesetz nur auf die
Konzentration bzw. den Teildruck *des Dampfes selbst*
ankommt. Ob in dem Raum andere Gase oder Dämpfe
anwesend sind, hat auf das Gleichgewicht keinen (oder
nur einen sekundären, hier nicht in Betracht zu ziehenden)
Einfluß.

Da der Siedepunkt vom äußern Druck abhängt, so
kann man seine häufig wünschenswerte Erniedrigung
erzielen, indem man den Druck herabsetzt. Zu diesem
Zwecke wird der Destillierapparat luftdicht zusammengesetzt und vor der Destillation luftleer gepumpt. Das
gleiche Ziel erreicht man, da es auch hier nur auf den
Teildruck ankommt, durch Beimischung eines andern
Gases oder Dampfes, also durch Verdampfung in einem
Gas- oder Dampfstrom. Welches von beiden man wählt,
hängt von den Umständen ab. Soll das Destillat gesammelt

werden, so verdient ein Dampfstrom immer den Vorzug,
da die Verdichtung vermengter Dämpfe ohne Verlust erfolgen kann, während ein beigemischtes Gas stets so viel
von dem flüchtigen Stoff mitnehmen wird, als seinem Volum
und dem Dampfdruck des letztern bei der Temperatur des
Kühlers entspricht. Soll das Destillat nicht gesammelt
werden, so hat ein Gasstrom wegen bequemerer Anwendung
häufig Vorteile.

Die Menge des flüchtigen Stoffes, welche vom Gas-
strom mitgenommen wird, ist seinem Dampfdruck bei der
Temperatur der Destillation und dem Volum des mitnehmen-
den Gases proportional. Ist B der Barometerstand und p der
Dampfdruck bei der fraglichen Temperatur, so stehen die
Volumen v und V der beiden Anteile im Gasgemisch im
Verhältnis der Teildrucke $\dfrac{p}{B-p}$, und wir haben das Dampf-
volum v des zu destillierenden Körpers, bezogen auf den
Luftdruck B, zu $v = V\dfrac{p}{B-p}$; wird dieser Wert mit der
Dampfdichte multipliziert, so ergibt sich das Gewicht der
überdestillierten Menge.

3. Destillation flüssiger Lösungen.

Zwei Flüssigkeiten lösen sich entweder gar nicht, teilweise oder vollständig und in allen Verhältnissen. Der erste
Fall ist als theoretisch unwahrscheinlicher Grenzfall anzusehen, welcher aber praktisch oft nahe genug erreicht wird.
Die Theorie der Destillation nicht löslicher flüchtiger Flüssigkeiten ist in den eben dargelegten Verhältnissen des Ver-
dampfens in einem Gasstrome schon gegeben, von dem
sie nur ein Einzelfall ist. Nur ist hier die Verdampfungs-
temperatur nicht mehr beliebig, wie dort, sondern ist durch
den Siedepunkt jeder der beiden Flüssigkeiten bei dem
Teildrucke des zugehörigen Dampfes gegeben; diese beiden
Siedepunkte sind notwendig identisch und liegen unterhalb

der Siedetemperatur des leichter siedenden Stoffes, da
dessen Teildruck notwendig kleiner ist, als der Gesamtdruck
oder der äußere Luftdruck.

Das Mengenverhältnis der gemeinsam destillierenden
Stoffe ist in diesem Falle konstant, solange beide Stoffe
in der Blase vorhanden sind. Sind p_1 und p_2 die beiden
Teildrucke, d_1 und d_2 die Dampfdichten, so stehen die
Gewichtsteile m_1 und m_2 in dem Verhältnis

$$\frac{m_1}{m} = \frac{p_1 \; d_1}{p_2 \; d_2}.$$

Ganz dieselben Gesetze gelten, wenn einer der beiden
Stoffe ein fester, in dem andern nicht löslicher Körper ist.

Im gemeinsamen Destillat lassen sich beide Stoffe ohne
weiteres trennen, da sie nach der Voraussetzung nicht
löslich sind. Die Destillation erscheint also in diesem Falle
zwecklos. In der Tat wird sie auch nur als Ersatz des
im vorigen Paragraphen erörterten Destillierens im Gas-
oder Dampfstrom angewendet, um einen flüchtigen Stoff
von vorhandenen nichtflüchtigen zu scheiden.

Sind beide Flüssigkeiten teilweise löslich, derart, daß
sich etwas von der ersten in der zweiten auflöst, und umgekehrt, daß aber beide Lösungen sich nicht vermischen,
so bleiben die eben entwickelten Gesetze noch teilweise
in Geltung. Zunächst ist zu betonen, daß beide Lösungen
den gleichen Dampfdruck in bezug auf beide Bestandteile
haben. Beim Destillieren erhält man also ein konstant
bleibendes Verhältnis beider Stoffe, solange noch zwei
Schichten in der Retorte vorhanden sind; das Destillat
wird sich in der Vorlage oft wieder in zwei getrennte,
gegenseitig gesättigte Lösungen sondern. Eine weiter-
gehende Trennung läßt sich also durch eine solche Destillation nicht bewerkstelligen, und der Fall kommt für
die Analyse nicht in Betracht.

Sondert man aber die beiden nicht mischbaren Anteile,
A mit etwas B, und B mit etwas A, und destilliert beide

für sich, so kann man allerdings eine weitere Trennung
bewerkstelligen. Dieses Verfahren gehört aber unter den
Fall der Destillation gleichteiliger Lösungen, zu dem wir
jetzt übergehen wollen.

Bei Lösungen flüchtiger Stoffe ist der gemeinsame
Dampfdruck immer niedriger, als die Summe der Teildrucke der Bestandteile bei derselben Temperatur. Dies
rührt daher, daß in jedem Falle der Dampfdruck eines
flüchtigen Stoffes durch Auflösen eines andern abnimmt.

Das Verhalten der Lösungen beim Destillieren läßt sich
am besten übersehen, wenn man sich ihren gemeinsamen
Dampfdruck als Funktion der Zusammensetzung auf-
gezeichnet denkt. Es stelle am Anfang der Koordinaten
die Ordinate a α den Dampf-
druck der ersten, am Ende die
Ordinate b β den Dampfdruck
der zweiten Flüssigkeit dar,
so werden die Dampfdrucke
aller Lösungen aus beiden, die
man je nach ihrer Zusammensetzung zwischen a und b
aufträgt, eine stetige Kurve bilden, welche einem der drei
Typen I, II, III entspricht. Es wird mit andern Worten
entweder eine Lösung geben, deren Dampfdruck höher
als der aller andern ist (Kurve I), oder eine Lösung mit
niedrigstem Dampfdruck (III), oder endlich werden die
Dampfdrucke zwischen den beiden Endwerten ohne Maximum oder Minimum verlaufen (II). Im ersten Falle liegen
die Siedepunkte der Lösungen unterhalb der mittlern Werte,
und es gibt eine Lösung mit niedrigstem Siedepunkt: im
Falle III gibt es eine Lösung mit höchstem Siedepunkt,
und im Falle II liegen alle Siedepunkte der Lösungen
zwischen denen der Bestandteile. Nun gilt der Satz, daß
bei der Lösung, welche den höchsten oder den niedrigsten Siedepunkt besitzt, der Dampf dieselbe Zusammen-

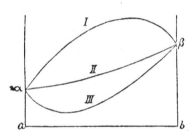

setzung haben muß, wie die Flüssigkeit selbst. Somit
verhalten sich solche Lösungen wie reine Stoffe und lassen
sich durch Destillation nicht scheiden. Daraus geht hervor,
daß man Lösungen solcher Flüssigkeiten, welche dem Typus I
oder III angehören, durch Destillation nur in die „aus-
gezeichnete" Lösung vom höchsten oder niedrigsten Siedepunkt und diejenige reine Flüssigkeit, welche in bezug auf
diese Lösung im Überschuß vorhanden ist, überführen kann;
eine weitere Trennung ist auf diesem Wege unmöglich[1]).

Dagegen läßt sich im Falle II eine mehr oder weniger
vollständige Trennung erzielen. Bringt man eine beliebige
Lösung solcher Flüssigkeiten zum Sieden, so wird der
Dampf ein anderes Verhältnis beider Bestandteile aufweisen, als es in der Flüssigkeit vorliegt, und zwar wird
seine Zusammensetzung im Sinne des Aufsteigens längs der
Kurve von der der Flüssigkeit verschieden sein. Im Destillat
findet also eine Anreicherung in bezug auf den einen Bestandteil statt, welche um so weiter geht, je steiler die
Dampfdrucklinie verläuft. Durch Wiederholung der Destillation mit dem ersten Anteil des Destillats wird die Trennung
weitergeführt, und man gelangt so stufenweise zu einer
Ansammlung der leichter flüchtigen Flüssigkeit in den De-
stillaten und der schwerer flüchtigen in den Rückständen.

Diese Wiederholung der Destillation läßt sich automatisch
ausführen, wenn man den Dampf der Flüssigkeit teilweise
verdichtet, und die nachströmenden Dämpfe zwingt, durch
diesen verflüssigten Anteil zu streichen. Zu diesem Zweck
sind mannigfaltige Destillationsaufsätze konstruiert worden,
auf deren Beschreibung hier nicht eingegangen werden

---

[1]) Man hat solche konstant siedende Lösungen häufig als
chemische Verbindungen angesehen, doch mit Unrecht Daß
sie solche nicht sind, geht schon daraus hervor, daß ihre Zusammensetzung stetig mit dem Druck veränderlich ist, unter
welchem man sie destilliert.

soll, zumal das Verfahren der *fraktionierten Destillation* nur
zu annähernden, selten aber zu quantitativen Trennungen
benutzt werden kann. Sollen solche erzielt werden, so
bleibt nichts übrig als der Weg der chemischen Umwandlung, durch welche einer der Stoffe in den festen oder
den nichtflüchtigen Zustand übergeführt wird. Der gleiche
Weg ist für die Trennung der Lösungen von konstantem
Siedepunkt (S. 40) zu beschreiten.

4. Fraktionieren durch Schmelzen.

Die festen Lösungen, wie sie namentlich durch das Zu-
sammenkristallisieren isomorpher und symmorpher Stoffe
entstehen, folgen ganz ähnlichen Gesetzen, wie sie eben
für die Beziehungen zwischen Siedepunkt und Zusammensetzung dargelegt worden sind, nur daß an die Stelle des
Siedepunktes der Schmelzpunkt tritt. Auch hier verlaufen
die Schmelztemperaturen der Lösungen stetig zwischen
denen der Endglieder (der reinen Stoffe oder der gesättigten
Lösungen), nur im umgekehrten Sinne, indem der Schmelzpunkt eines jeden reinen Stoffes durch den Zusatz eines
andern *erniedrigt* wird.

Es ist indessen an dieser Stelle nicht erforderlich, die
Verhältnisse eingehender darzulegen, da sie noch nicht die
Grundlage irgendeines analytischen Verfahrens bilden.
Auch zu mehr qualitativen Reinigungswerken verwendet
man nicht das Verfahren der fraktionierten Schmelzung,
sondern das der fraktionierten Lösung, bzw. Kristallisation.
Wir wenden uns daher allgemein zum Verfahren der
Scheidung durch Lösung.

5. Scheidung durch Lösung.

Dieses Scheidungsverfahren ist dem der Destillation
ziemlich ähnlich, indem der Zustand gelöster Stoffe (insbesondere in verdünnter Lösung) weitgehende Analogien
mit dem gasförmigen Zustande hat. Das Lösungsmittel

spielt hierbei eine ähnliche Rolle, wie der Raum bei Gasen, indem seine Anwesenheit die Entstehung der Lösung ebenso ermöglicht, wie das Vorhandensein eines Raumes, in den sich die Dämpfe ausbreiten können, deren Entstehung. Auch sind beide Zustände sehr ähnlichen allgemeinen Gesetzen unterworfen, von denen später einige angegeben werden sollen.

Die Ausführung solcher Scheidungen beruht darauf, daß man das Objekt mit einem geeigneten Lösungsmittel zusammenbringt, in welchem die zu scheidenden Bestandteile möglichst verschiedene Löslichkeit haben. Aus den bereits erwähnten Gründen kommen hierbei in erster Linie *flüssige* Lösungsmittel in Betracht. Den Fall gasförmiger Lösungen haben wir bereits im Anschluß an die Theorie der Destillation erledigt. Dort waren die Verhältnisse besonders einfach. Denn da für Gase und Dämpfe das Gesetz der Teildrucke gilt, demzufolge sich ein jedes einzelne so verhält, als seien die andern gar nicht anwesend, so konnte man andere Gase und Dämpfe benutzen, um sich die Herstellung eines besondern Vakuums zu ersparen. Denn vermöge jenes Gesetzes verhält sich ein jedes fremde Gas dem gegebenen gegenüber wie ein leerer Raum.

So einfach sind bei flüssigen Lösungen die Verhältnisse allerdings nicht, was die quantitativen Gesetze anlangt, wohl aber besteht eine grundsätzliche Ähnlichkeit. Dem Dampfdrucke (oder genauer der Dampfkonzentration) der Stoffe entspricht ihre Löslichkeit, und daher beruht die praktische Scheidung durch Lösung darauf, daß man das betreffende Gebilde mit einem Lösungsmittel behandelt, dem gegenüber sehr bedeutende Unterschiede der Löslichkeit seitens der zu scheidenden Stoffe bestehen. Dann geht der lösliche Anteil in das Lösungsmittel über, während der schwer- bzw. unlösliche zurückbleibt, und die Trennung kann durch Filtration oder ein ähnliches Verfahren vollzogen werden.

Diese Methode ist sowohl auf Gemenge, wie auf Lösungen anzuwenden. In sehr vielen Fällen lassen sich
nämlich Gemenge durch mechanische Mittel nur unvollkommen oder gar nicht in ihre Anteile trennen; alsdann
kann eine Scheidung durch die Auflösung eines Anteiles
die Arbeit sehr erleichtern, oft auch erst möglich machen.
Ganz dasselbe Verfahren findet aber auch auf Lösungen
(feste, flüssige wie gasförmige) seine Anwendung.

6. Gaslösungen.

Das Gesetz, nach welchem Gase sich in Flüssigkeiten
lösen, lautet dahin, daß beim Gleichgewicht die Konzentration des Gases zu der Konzentration der Lösung in
einem konstanten Verhältnis steht. Unter Konzentration ist
wie immer die Menge in der Volumeinheit verstanden. Da
die Konzentration eines Gases dem Drucke proportional ist,
so ist es auch die gelöste Menge. Das Verhältnis hängt von
der Natur der Stoffe und der Temperatur ab. In Wasser,
Alkohol und ähnlichen Flüssigkeiten sind alle Gase merklich löslich, jedoch die meisten in ziemlich geringem Grade.
In Quecksilber ist die Löslichkeit der Gase äußerst klein,
deshalb bedient man sich dieses Metalles bei genauen Gasanalysen. Daß nicht immer die Löslichkeit in flüssigen
Metallen so klein ist, geht aus dem Verhalten des geschmolzenen Silbers hervor, das reichlich Sauerstoffgas löst,
welches beim Erstarren unter „Spratzen“ entweicht.

Um eine im Gleichgewicht befindliche oder *gesättigte*
Lösung herzustellen, ist es nötig, Gas und Flüssigkeit in
einer möglichst großen Oberfläche in Berührung zu bringen,
und die Verteilung des gelösten Stoffes möglichst durch
Bewegen zu beschleunigen. Durchleiten des Gases in
kleinen Bläschen, kräftiges Durcheinanderschütteln und
ähnliche mechanische Hilfsmittel werden hier nützlich.

In den meisten Fällen handelt es sich für uns nicht
sowohl um Herstellung einer gesättigten Lösung, als

um eine möglichst vollständige Absorption. Dieser setzt
sich die Schwierigkeit entgegen, daß in userm Fall eines
Gasgemenges sich die Konzentration (oder der Teildruck)
des zu absorbierenden Gases um so mehr verringert, je
weiter die Trennung durch Lösung vorgeschritten ist. Man
muß daher bedacht sein, das Prinzip des *Gegenstromes* anzuwenden, indem man das Gasgemenge und die lösende
Flüssigkeit in entgegengesetzter Richtung bewegt. Dadurch
wird bewirkt, daß einerseits die fast gesättigte Flüssigkeit
mit frischem Gasgemenge, anderseits frische Flüssigkeit mit
dem an dem absorbierbaren Anteile fast erschöpften Gasgemenge in Berührung kommt; ersteres sichert eine möglichst vollständige *Sättigung* und daher einen möglichst
geringen Verbrauch an Lösungsmitteln, letzteres sichert eine
möglichst vollständige Absorption der letzten Anteile.

Für quantitative Zwecke ist die bloße Absorption der Gase
in Flüssigkeiten nur selten verwendbar, weil die Absorptionskoeffizienten der meisten Gase zu klein und einander zu nahe
sind, als daß der Zweck erreicht werden könnte. Nur gewisse Gase, wie die Halogenwasserstoffsäuren, lassen sich von
Gasen wie Wasserstoff, Stickstoff, Luft und dergleichen auf
diese Weise vollständig genug trennen. In den meisten Fällen
muß man gleichzeitig zu dem Mittel chemischer Umwandlung
greifen, und auch in dem vorher erwähnten Falle der Halogenwasserstoffsäuren ist Grund zur Annahme vorhanden, daß
chemische Vorgänge bei ihrer Auflösung in Wasser eintreten.

Bei der Trennung von Gasen durch Absorption ist
darauf zu achten, daß das nicht absorbierte Gas von dem
Lösungsmittel eine dem Dampfdruck entsprechende Menge
mitführt, die man gegebenenfalls in Rechnung zu bringen,
oder durch passende Mittel zurückzuhalten hat.

7. Trocknen von Gasen.

Ein besonders häufiger Fall der Gastrennung ist das
Trocknen der Gase, d. h. die Abscheidung vorhandenen

Wasserdampfes. Es werden in diesem Falle neben flüssigen
Lösungsmitteln, wie Schwefelsäure auch feste Absorptions-
mittel, wie Chlorkalzium, Ätzkali, Phosphorpentoxyd, angewendet. Für den Erfolg kommen dieselben Gesichtspunkte
in Betracht, wie sie oben erwähnt worden sind. So ist es
beispielsweise sehr viel wirksamer, statt das Gas in Blasen
durch Schwefelsäure treten zu lassen, diese auf porösem
Material, wie Bimsstein, auszubreiten, um so die erforderliche
große Oberfläche herzustellen. Auch in diesem Falle sind
die meisten der stattfindenden Vorgänge chemischer Natur.
Keine Trocknung ist absolut, und die verschiedenen
Trockenmittel unterscheiden sich durch den Betrag des
übrigbleibenden Dampfes. Hierauf ist besonders Rücksicht
zu nehmen, wenn Analysen in einem Gasstrom ausgeführt
werden.

8. Zwei Flüssigkeiten. Theorie des Ausschüttelns.

Wenn zwei nicht mischbare Lösungsmittel gleichzeitig
mit einem Stoff in Berührung sind, welcher in beiden löslich
ist, so verteilt dieser sich so, daß die Konzentrationen, die
er in beiden Lösungsmitteln annimmt, in einem konstanten
Verhältnis stehen. Dieser Satz ist von Berthelot und Jung-
fleisch gefunden und experimentell mehrfach bestätigt
worden. Er erleidet unter bestimmten Umständen scheinbare
Ausnahmen, die später ihre Aufklärung finden werden. Um
die allgemeinen Verhältnisse des Ausschüttelungsvorganges
zu übersehen, genügt der oben ausgesprochene einfache Satz.

Ist also die Menge x_0 des gelösten Stoffes in der
Menge 1 des ersten Lösungsmittels enthalten, und wird
diese Lösung mit der Menge m des zweiten Lösungsmittels
geschüttelt, so bleibt die Menge x_1 im ersten zurück
und $x_0 - x_1$ geht in das zweite Lösungsmittel über. Die
Menge x_1 ist durch die Gleichung bestimmt

$$\frac{x_1}{1} = k \frac{x_0 - x_1}{m}, \text{ oder } x_1 = x_0 \frac{kl}{m + kl},$$

indem $\frac{x_1}{l}$ und $\frac{x_0 - x_1}{m}$ die beiden Konzentrationen sind,
und k ihre konstante Verhältniszahl, oder den *Teilungs-koeffizienten* darstellt.

Eine zweite Ausschüttelung mit der gleichen Menge m
des zweiten Lösungsmittels ergibt

$$\frac{x_2}{l} = k \frac{x_1 - x_2}{m}$$

oder, nach Substitution von x_1 aus der ersten Gleichung,

$$x_2 = x_0 \left(\frac{kl}{m + kl} \right)^2$$

und für die n—te Ausschüttelung

$$x_n = x_0 \left(\frac{kl}{m + kl} \right)^n.$$

Es ist wieder dieselbe Form der Gleichung, welche wir
für die Theorie des Auswaschens gefunden haben, und es
ist auch derselbe Schluß zu ziehen, daß man bei gegebener
Menge des zweiten Lösungsmittels eine vollständigere Abscheidung erzielt, wenn man mit vielen kleinen Portionen
ausschüttelt, als wenn man wenige große Anteile anwendet.
Im übrigen hängt der Erfolg von dem Werte des Teilungs-
koeffizienten k ab; je kleiner dieser, d. h. das Verhältnis
der Konzentration im ersten zu der im zweiten Lösungsmittel ist, um so schneller kommt man vorwärts. Ein absolut vollständiges Ausschütteln ist ebensowenig möglich,
wie ein absolut vollständiges Auswaschen.

9. Lösungen fester Stoffe.

Für feste Stoffe lautet das Löslichkeitsgesetz dahin, daß
Gleichgewicht oder Sättigung bei einer bestimmten Konzentration der Lösung eintritt; der Wert dieser Konzentration
hängt von der Natur der Stoffe und von der Temperatur
ab, und zwar nimmt mit steigender Temperatur die Konzentration häufig zu, in einzelnen Fällen aber auch ab.

Der Wert dieser Sättigungskonzentration hängt ganz
und gar von der Beschaffenheit des festen Körpers ab,
welcher mit der Lösung in Berührung steht, und ändert
sich mit dieser. Insbesondere kommt den verschiedenen
polymorphen und allotropen Formen, den verschiedenen
Hydraten usw. eines und desselben Stoffes je eine bestimmte und verschiedene Löslichkeit zu. Demgemäß ist
z. B. der Ausdruck „die Löslichkeit des Schwefels" noch
unbestimmt, auch wenn man die Temperatur und das
Lösungsmittel angibt; es gehört noch die Angabe der
Modifikation des Schwefels dazu, welche gemeint ist.

Auch amorphe Stoffe haben oft eine bestimmte Löslichkeit, außer wenn sie kolloide Pseudolösungen bilden. Denn
man kann sie als Flüssigkeiten mit sehr großer innerer
Reibung ansehen, und sie können daher mit andern Flüssigkeiten sowohl unbegrenzte wie begrenzte Löslichkeit zeigen.
Sie sind stets weit löslicher, als die entsprechenden kristallinischen Verbindungen. Die meisten kristallinischen Niederschläge scheinen zunächst amorph zu fallen, um dann mehr
oder weniger schnell kristallinisch zu werden, wie man das
besonders deutlich beim Kalziumkarbonat beobachten kann.
Wegen der größeren Löslichkeit der amorphen Modifikationen muß man, wenn es sich um Trennungen handelt, stets
den kristallinischen Zustand abwarten. Die Mittel, sein Eintreten zu beschleunigen, sind schon S. 17 erörtert worden.

Die Trennung zweier fester Stoffe durch ein Lösungsmittel, in welchem nur der eine löslich ist, unterliegt im
wesentlichen den gleichen Gesetzen, welche oben für das
Auswaschen dargelegt worden sind. Die Behandlung mit
dem Lösungsmittel wird zweckmäßig nicht auf dem Filter,
sondern in einem Gefäß vorgenommen; man gießt die entstandene Lösung durch ein Filter ab und behandelt den
Rückstand im Gefäß von neuem mit dem Lösungsmittel,
bis man sicher sein kann, daß alles Lösliche in Lösung
gegangen ist, worauf man den Rückstand auf das Filter

bringt und auswäscht. Die Ursache dieser Vorschrift liegt
darin, daß es auf dem Filter nicht leicht ist, alle Teile der
Substanz genügend mit dem Lösungsmittel in Berührung
zu bringen.

Da die Geschwindigkeit der Auflösung der Größe der
Berührungsfläche proportional ist, so ist es unter allen Umständen ratsam, das feste Gemenge, wenn es nicht von
vornherein im Zustande feinster Verteilung vorliegt, möglichst sorgfältig zu pulvern. Dies gilt namentlich für etwas
schwerlösliche Körper. Auch empfiehlt sich die Anwendung
höherer Temperatur.

Soll die Trennung mit Hilfe einer möglichst kleinen
Menge Lösungsmittel bewerkstelligt werden, so kann man,
wenn der gelöste Körper nichtflüchtig ist, das Lösungsmittel
vom Auszug abdestillieren und zur Wiederholung des Aus-
ziehens verwenden. Diese Operationen vollziehen sich
selbsttätig in dem *Extraktionsapparat*, welcher aus einem Destillierkolben mit Rückflußkühler besteht; zwischen beiden
ist das Filter mit der auszuziehenden Substanz angebracht,
so daß die zurückfließende Flüssigkeit diese durchspült und
auswäscht. Die Konstruktionen, um diesen Zweck zu erreichen, sind ziemlich mannigfaltig; am zweckmäßigsten
wirken solche Formen, bei denen durch einen selbsttätig
angehenden Heber das die Substanz umspülende Lösungsmittel von Zeit zu Zeit sich in den Destillierkolben entleert.

10. Mehrere lösliche Stoffe.

Im allgemeinen muß jeder Stoff als löslich betrachtet
werden, und eine Trennung durch ein Lösungsmittel ist stets
unvollkommen insofern, als von dem „unlöslichen" Stoff ein
kleiner Anteil gelöst wird; ist dieser zu vernachlässigen, so
betrachtet man den fraglichen Stoff als unlöslich. In Fällen,
wo diese Löslichkeit noch in Betracht kommt, ist es wichtig,
die Gesetze der gleichzeitigen Löslichkeit mehrerer Stoffe

zu kennen. Für wenig lösliche Körper, die beim Auflösen keine Änderung erfahren, darf man in erster Annäherung annehmen, daß sich die Stoffe unabhängig voneinander auflösen, bis für jeden einzelnen die Konzentration der Sättigung erreicht ist. Es ist dasselbe Gesetz, welches für die gleichzeitige Lösung mehrerer Gase in einer Flüssigkeit, sowie für den gemeinsamen Dampfdruck nicht mischbarer Flüssigkeiten gültig ist. Doch muß beachtet werden, daß bei Flüssigkeiten meist eine nicht unbeträchtliche gegenseitige Beeinflussung der Löslichkeit eintritt, welche eine *quantitative* Anwendung jener Regel sehr unsicher bzw. ungenau macht.

In dieser einfachen Gestalt findet die Regel von der unabhängigen Löslichkeit indessen nur selten Anwendung. In Fällen, wo es sich um Salze oder allgemein Elektrolyte handelt, tritt eine gegenseitige Beeinflussung der Löslichkeit ein, wenn die verschiedenen Stoffe ein gemeinsames Ion enthalten. Die hier auftretenden Beziehungen werden an späterer Stelle behandelt werden.

11. Umkristallisieren.

Die Umkehrung der Herauslösung oder „Auslaugung" eines Teiles aus einem festen Gemenge oder einer festen Lösung besteht in dem Umkristallisieren. Man wendet es an, wenn die zu scheidenden Bestandteile beide in Wasser oder einem andern Lösungsmittel löslich sind, aber in verschiedenem Maße. Dann bringt man zunächst, meist durch Erhitzung, alles in Lösung und läßt durch Abkühlen oder Verdampfen des Lösungsmittels einen Teil sich ausscheiden. Da feste Lösungen eine verhältnismäßig seltene Erscheinung sind, so bestehen die entstehenden Kristalle fast immer aus einem der festen Anteile in reinem Zustande. Dies tritt ein, wenn es sich um die Scheidung eines Gemenges handelt. Handelt es sich dagegen um die Scheidung einer

festen Lösung, so ist die Trennung bei einmaligem Kristallisieren jedenfalls unvollständig, und es hat ein wiederholtes
Verfahren Platz zu greifen, das ganz ähnlich der Destillation
flüssiger Lösungen (S. 40) verläuft.

Das allgemeine Verfahren beruht darauf, daß in der
Regel aus der Lösung eines Gemenges die Bestandteile
einzeln herauskristallieren, so daß man sie nötigenfalls
unter Beachtung der Kristallform durch Auslesen trennen
kann, wenn beide sich gleichzeitig ausgeschieden haben.
Indessen sucht man dies meist zu vermeiden und bemißt
die Menge oder Art des Lösungsmittels so, daß sich nur
einer der Bestandteile im festen Zustand ausscheidet, den
man auf solche Weise nahezu rein gewinnt. Er enthält den
andern Bestandteil nur in Gestalt von Benetzung durch
die nachbleibende Flüssigkeit, die Mutterlauge, sowie zuweilen in Gestalt von Flüssigkeitseinschlüssen, die von den
Kristallen bei ihrer Entstehung gebildet werden. Durch
Abwaschen, Abpressen oder Abschleudern der Kristalle und
eine zweite, nötigenfalls dritte Kristallisation gewinnt man
in schneller Zunahme reinere Produkte, so daß dieses Verfahren sowohl im Laboratorium, wie in der Technik ausgiebig angewendet wird.

Allerdings ist die Scheidung auf solche Weise unvollkommen, da die Mutterlauge neben dem zweiten Stoffe
größere oder geringere Mengen des ersten enthält. Soll
die Trennung beide, bzw. alle Anteile im reinen Zustande
liefern, so wird sie eine sehr schwierige Operation, die am
ehesten dadurch erleichtert wird, daß man mit dem Lösungsmittel wechselt. Gelingt es, eines zu finden, in dem die
Löslichkeitsverhältnisse der Bestandteile sich umkehren, so
kann man auch einen großen Teil des zweiten Stoffes durch
Auskristallisieren im reinen Zustande gewinnen. In allen
Fällen bleiben aber Mutterlaugen nach, die beide Anteile
in etwa gleichwertigen Mengen enthalten und bei denen
die Scheidung schwierig ist.

Daher pflegt der Chemiker, der solche Gemenge etwa
bei einer synthetischen Arbeit erhalten hat, kein Gewicht
auf die vollständige Trennung zu legen, sondern er arbeitet
von vornherein mit dem Bewußtsein, daß er einen nicht
unbeträchtlichen Teil des vorhandenen Stoffes in den Mutterlaugen verlieren wird, um den andern Teil rein zu gewinnen. Den Verlust kann er nötigenfalls durch wieder-
holte oder vergrößerte Herstellungen ersetzen, und er
wird den Weg vorziehen, der ihm die geringsten Verluste
an Arbeit oder Auslagen bringt.

Viertes Kapitel.

Die chemische Scheidung.

§ 1. Die Theorie der Lösungen.

1. Vorbemerkungen.

WENN die beabsichtigte Trennung weder unmittelbar, noch durch physikalische Hilfsmittel bewerkstelligt werden kann, so tritt der allgemeinste Fall ein, *daß durch Umwandlung des zu scheidenden Stoffes in eine andere chemische Verbindung der Zustand hergestellt wird, welcher zur Absonderung einer neuen Phase führt, die den fraglichen Stoff enthält und daher eine mechanische Trennung gestattet.* Auch in diesem Fall wird man, wie im vorigen, auf den Zustand fest-flüssig einerseits, fest-gasförmig oder flüssig-gasförmig anderseits hinarbeiten.

Die Grundlage der chemischen Analyse im engeren Sinn ist das Gesetz von der Existenz und der Erhaltung der Elemente. Das erste besagt, daß ein jedes wägbare Ding, sei es ein Gemenge, eine Lösung oder ein reiner Stoff, sich in letzte oder elementare Bestandteile auflösen läßt, deren Gewicht insgesamt seinem eigenen Gewicht gleich ist und die ihrerseits sich nicht weiter in einfachere Bestandteile auflösen lassen. Sie heißen daher chemische Elemente und sind weiter unten mit ihren Verbindungsgewichten verzeichnet. Diese Zerlegung in Elemente kann auf die verschiedenartigste Weise erfolgen; doch findet man an demselben Objekt stets dieselben Elemente in denselben Gewichtsverhältnissen, ganz unabhängig von der Art, wie die Zerlegung erfolgt ist. Die Beziehung zwischen einem Körper und seinen Elementen ist daher eine *eindeutige*, und es gibt für jeden Körper eine ganz bestimmte elementare Zusammensetzung, die auf jedem Wege gleich gefunden wird, wenn der Weg nur richtig ist und ohne Fehler zurückgelegt wird.

Diese zweite Tatsache wird durch das Gesetz von der Erhaltung der Elemente ausgedrückt. Dieses besagt, daß durch keinen bekannten Vorgang ein Element in ein anderes verwandelt werden kann[1]). Daß diese Form des Gesetzes übereinstimmt mit der eben ausgesprochenen von der Eindeutigkeit der analytischen Zusammensetzung jedes gegebenen Körpers, sieht man leicht ein. Man nehme an, dieses Gesetz bestände nicht, und man könnte aus demselben Körper je nach der benutzten Methode verschiedene Elemente erhalten. Dann brauchte man nur den Körper aus den Elementen, die man auf dem ersten Weg erhalten hat, wieder zusammenzusetzen und ihn auf dem andern Wege zu analysieren, und hätte dadurch die einen Elemente in die andern verwandelt.

Hierdurch gewinnt die analytische Chemie die wertvolle Freiheit, daß es im allgemeinen keineswegs nötig ist, bei der Analyse die Elemente selbst herzustellen. Es genügt vielmehr, daß man bekannte Verbindungen der verschiedenen, in dem zu analysierenden Körper enthaltenen Elemente entstehen läßt, deren Eigenschaften sie besonders

---

[1]) Die inzwischen an radioaktiven Stoffen beobachteten Umwandlungen erfordern eine gewisse Einschränkung dieses Gesetzes, die indessen die gewöhnlichen analytischen Methoden nicht trifft und daher hier nicht dargelegt zu werden braucht.

für den analytischen Nachweis geeignet machen. Aus der
Tatsache, daß diese Verbindungen erzeugt werden können,
darf man dann mit Sicherheit schließen, daß die entsprechenden Elemente in dem Körper vorhanden gewesen
sind. Umgekehrt schließt man aus dem Ausbleiben dieser
analytisch kennzeichnenden Verbindungen, wenn die
übrigen Bedingungen für ihre Entstehung gegeben sind,
daß das fragliche Element nicht vorhanden ist, da es
sonst die Verbindung gebildet hätte.

Um die bei solchen Operationen stattfindenden Vor-
gänge, die größtenteils in Lösungen erfolgen, vollständig
zu übersehen, ist eine Erörterung über die Theorie der
Lösungen und den Zustand gelöster Stoffe vorauszuschicken.
Infolge der neueren Entwicklung dieses Gebietes ist die
Theorie der analytischen Reaktionen in ein ganz neues
Stadium getreten, ja in wissenschaftlicher Gestalt überhaupt
erst möglich geworden; der Fortschritt der analytischen
Chemie liegt wesentlich in diesem Punkte.

2. Zustand gelöster Stoffe.

Die vielfach von älteren Forschern ausgesprochene Ansicht, daß in verdünnten Lösungen die Stoffe einen Zustand
annehmen, der mit dem Gaszustand Ähnlichkeit hat, ist
durch die bahnbrechenden Arbeiten von van't Hoff zu einer
wissenschaftlich streng durchgeführten Theorie geworden.
In den früheren Darlegungen ist wiederholt auf die Übereinstimmung der erfahrungsmäßigen Gesetze hingewiesen
worden, welche für gelöste Stoffe einerseits, für gasförmige
anderseits in bezug auf ihre Lösungs- und Sättigungs-
verhältnisse gefunden worden sind. Diese Übereinstimmung
geht so weit, daß die Materie in beiden Zuständen dem
gleichen Gesetz mit denselben Konstanten gehorcht, nur
daß an Stelle des gewöhnlichen Gasdruckes für gelöste
Stoffe der *osmotische Druck* einzutreten hat, d. h. der Druck,

welcher an einer Grenzfläche entsteht, die eine Lösung
von dem reinen Lösungsmittel trennt, wenn sich an dieser
Grenzfläche eine Wand befindet, welche nur dem Lösungsmittel, nicht aber dem gelösten Stoffe den Durchgang
gestattet[1]).

Ebenso wie Bestimmungen der Dichte verdampfter
Stoffe bei bestimmten Drucken und Temperaturen Auf-
schlüsse über deren besondere Zustände gegeben haben,
ist man durch die Untersuchung von Lösungen zu dem
Resultat gelangt, daß eine große Anzahl von Stoffen in
wässeriger Lösung nicht der ihnen gewöhnlich zuerteilten
Formel entsprechen können; vielmehr müssen sie ein
kleineres Molargewicht[2]) haben, als es die kleinstmögliche
Formel ergibt. Die Deutung dieses Ergebnisses machte
anfangs große Schwierigkeiten, die erst durch Arrhenius
mittels seiner *Theorie der elektrolytischen Dissoziation* ge-
hoben wurden. Arrhenius erkannte nämlich, daß die
erwähnten Abweichungen nur bei solchen Stoffen auftreten,
welche sich als *elektrolytische Leiter* verhalten, und konnte
gleichzeitig die Verhältnisse der elektrolytischen Leitfähigkeit und die Abweichungen der fraglichen Lösungen von
den einfachen Gesetzen durch die Annahme erklären, *daß
die salzartigen Stoffe nicht unverändert in wässeriger Lösung
existieren, sondern mehr oder weniger vollständig in ihre Bestandteile oder Ionen gespalten sind.*

Auf die zahlreichen Bestätigungen und Rechtfertigungen,
welche im Laufe der Zeit für diese Auffassungsweise bei-
gebracht worden sind, kann hier nicht eingegangen werden;
sie soll hier als erwiesen gelten, und für ihre Zweckmäßig-

---

[1]) Genaueres hierüber siehe in des Verfassers Grundriß
der allgemeinen Chemie, 6. Aufl. (Dresden 1919) 187 ff. oder in
des Verfassers Lehrbuch der allgemeinen Chemie Bd. I (2. Aufl.)
S. 651 ff.

[2]) Die abgekürzte Bezeichnung „Molargewicht" wird an
Stelle der üblichen „Molekulargewicht" vorgeschlagen.

keit wird sich im Laufe der folgenden Betrachtungen eine
große Anzahl von Belegen ergeben.

3. Die Ionen.

Daß die Salze binär gegliederte Stoffe sind, hat sich
der Beobachtung schon frühzeitig aufgedrängt. Berzelius
hielt Säureanhydrid und Metalloxyd für die beiden Bestandteile; er wurde durch diese Annahme in die Notwendigkeit
versetzt, die Haloidsalze als von den Sauerstoffsalzen verschieden konstituiert auffassen zu müssen, während doch
nichts im Verhalten der beiden Klassen eine solche Unterscheidung erforderlich macht oder nur rechtfertigt. Durch
Davy, Liebig und eine Anzahl späterer Forscher wurde
erkannt, daß man zweckmäßiger als Bestandteile der Salze
das *Metall* einerseits, das *Halogen* oder den *Säurerest*
(Salz minus Metall) anderseits aufzufassen hat; für diese
Bestandteile hat Faraday den Namen *Ionen* eingeführt, und
man unterscheidet die positiven oder *Kationen* (Metalle und
metallähnlichen Komplexe, wie NH_4) von den negativen
Ionen oder *Anionen* (Halogene und Säurereste wie NO_3,
SO_4 usw.).

In wässerigen Lösungen der Elektrolyte sind im allgemeinen die Ionen zum Teil verbunden, zum Teil bestehen
sie unverbunden nebeneinander. Bei den Neutralsalzen ist
der unverbundene Teil meistens der größere, und zwar
wird er um so beträchtlicher, je verdünnter die Lösung ist.
Infolgedessen sind die Eigenschaften verdünnter Salzlösungen nicht sowohl durch die Eigenschaften des gelösten
Salzes als solchen bedingt, sondern vielmehr durch die Eigenschaften der aus dem Salz entstandenen Ionen. Durch diesen
Satz erlangt die analytische Chemie der salzartigen Stoffe
alsbald eine ungeheure Vereinfachung: es sind nicht die analytischen Eigenschaften sämtlicher Salze, sondern nur die
ihrer Ionen festzustellen. Nimmt man an, daß je 50 Anionen
und Kationen gegeben sind, so würden diese miteinander

2500 Salze bilden können, und es müßte, falls die Salze individuelle Reaktionen besäßen, das Verhalten von 2500 Stoffen einzeln ermittelt werden. Da aber die Eigenschaften der gelösten Salze einfach die Summe der Eigenschaften ihrer Ionen sind, so folgt, daß die Kenntnis von $50 + 50 = 100$ Fällen genügt, um sämtliche 2500 möglichen Fälle zu beherrschen. Tatsächlich hat die analytische Chemie von dieser Vereinfachung längst Gebrauch gemacht; man weiß beispielsweise längst, daß die Reaktionen der Kupfersalze in bezug auf Kupfer die gleichen sind, ob man das Sulfat, Nitrat oder sonst ein beliebiges Kupfersalz untersucht. Die wissenschaftliche Formulierung dieses Verhältnisses und seiner Ursache ist aber der Dissoziationstheorie vorbehalten geblieben.

Erklärt auf diese Weise die Dissoziationstheorie die große Einfachheit des analytischen Schemas, so erklärt sie auch anderseits die Verwicklungen, welche erfahrungsmäßig in einzelnen Fällen auftreten. Während die zahlreichen Metallchloride sämtlich die Reaktion des Chlors mit Silber geben, läßt diese sich mit andern Chlorverbindungen, wie Kaliumchlorat, den Salzen der Chloressigsäuren, Chloroform usw. nicht erhalten. Den letzten Fall können wir alsbald erledigen: Chloroform ist kein Salz und kann deshalb keine Ionenreaktionen zeigen. Daß die genannten Salze aber keine Reaktion auf Chlor zeigen, obwohl sie Salze sind und Chlor enthalten, liegt darin, *daß sie kein Chlorion enthalten.* Die Ionen des Kaliumchlorats sind K und ClO_3; man erhält mit dem Salze die Reaktionen des Kaliumions und die des ClO_3 oder des Chlorations, und andere Reaktionen sind nicht zu erwarten. Jedesmal also, wo ein Stoff Bestandteil eines zusammengesetzten Ions ist, verliert er seine gewöhnlichen d. h. seine Ionenreaktionen, und es treten neue Reaktionen auf, welche dem vorhandenen zusammengesetzten Ion angehören.

Die Frage, wie der Ionenzustand zu erkennen und das Maß der Dissoziation zu ermitteln sei, kann hier nicht

eingehend erörtert werden. Nur so viel sei erwähnt, daß
Ionisation und elektrolytische Leitung einander parallel
gehen, und daß aus dem Betrag der letztern unter bestimmten Voraussetzungen auf die erstere geschlossen
werden kann. Außer diesem Hilfsmittel gibt es noch zahlreiche andere; die Anwendung derselben hat zu gleichen
Ergebnissen geführt, wie die der elektrischen Leitfähigkeit.

Die weitere Frage, welches die Ionen einer gegebenen
salzartigen Verbindung seien, ist nicht immer ganz einfach
zu beantworten. So hat man lange Zeit das Kaliumplatinchlorid für eine Chlorverbindung wie andere Metallchloride
gehalten, während wir gegenwärtig wissen, daß seine Ionen
2 K und $PtCl_6$ sind, daß es also das Kaliumsalz des Chlor-
platinions $PtCl_6$ ist. Demgemäß gibt es auch mit Silbernitrat kein Chlorsilber, sondern einen ledergelben Niederschlag von Silberplatinchlorid, Ag_2PtCl_6. Meist läßt sich
die Frage auf chemischem Wege entscheiden, indem man
beachtet, welches die Komplexe sind, die sich mit den Ionen
anderer Salze austauschen. Eine unabhängige Prüfung
ergibt sich bei der Elektrolyse der Salze, indem die Kationen
sich im Sinne des positiven Stromes bewegen, die Anionen
im Sinne des negativen. So fand in der Tat Hittorf, daß bei
der Elektrolyse des Natriumplatinchlorids sich das Platin
gleichzeitig mit dem Chlor zur Anode begab, während das
Natrium zur Kathode ging.

Der Parallelismus der elektrischen Leitfähigkeit und der
chemischen Reaktionsfähigkeit ist eines der wichtigsten
Hilfsmittel zur Beurteilung des Ionenzustandes. Beide Eigenschaften gehen durchaus parallel, so daß Hittorf die Definition ausgesprochen hat: *Elektrolyte sind Salze*, d. h. binäre
Verbindungen, welche ihre Bestandteile augenblicklich aus-
zutauschen fähig sind. Da für die Zwecke der chemischen
Analyse möglichst schnell verlaufende Vorgänge in erster
Linie wichtig sind, so sind die hier verwendeten Reaktionen
so gut wie ausschließlich Ionenreaktionen.

4. Die Arten der Ionen.

Gemäß der Tatsache, daß die Salze *binär* gegliederte Stoffe sind, zerfallen die Ionen zunächst in zwei Klassen, welche nach Faradays Vorgange die Namen *Kationen* und *Anionen* erhalten sollen. Erstere bewegen sich bei der Leitung der Elektrizität durch *Elektrolyte,* d. h. Ionen enthaltende Stoffe, im Sinne des positiven Stromes, und wir nehmen daher an, daß sie mit positiven Elektrizitätsmengen verbunden sind, die gemäß dem Faradayschen Gesetz für äquivalente Mengen verschiedener Ionen gleich groß sind. Die Anionen bewegen sich im entgegengesetzten Sinne, sind daher mit negativen Elektrizitätsmengen verbunden, deren Betrag wiederum für äquivalente Mengen verschiedener Anionen gleich ist. Man bezeichnet ferner mit dem Wort *äquivalent* solche Mengen entgegengesetzter Ionen, welche sich zu einer neutralen Verbindung vereinigen; auch solche enthalten numerisch gleiche Elektrizitätsmengen, aber von entgegengesetztem Zeichen. Denn in jeder elektrisch neutralen Flüssigkeit muß die Summe aller positiven Elektrizitätsmengen der Summe aller negativen gleich sein.

Da sich die Ionen in Lösungen wie selbständige Stoffe verhalten, so hat man auch für sie Molargewichtsbestimmungen ausführen können. Daraus hat sich ergeben, daß man ein- und mehrwertige Ionen unterscheiden muß, in Übereinstimmung mit dem, was gemäß den Molargewichtsbestimmungen an nicht dissoziierten Verbindungen zu fordern war. Die Ionen beispielsweise des Kaliumsulfats K_2SO_4 sind $2\,K$ und SO_4; nach dem eben Auseinandergesetzten muß eine elektrisch und chemisch neutrale Lösung dieses Salzes an dem Ion SO_4 eine gleiche Elektrizitätsmenge enthalten, wie an den beiden Ionen K, d. h. das Ion SO_4 ist mit einer doppelt so großen negativen Elektrizitätsmenge behaftet, als das Ion K positive besitzt. Ebenso ergibt sich aus der Formel $BaCl_2$, daß das Ion Ba gegenüber dem Chlor zweiwertig sein muß.

Wo es in der Folge nötig oder nützlich sein wird, die Ionen als solche zu bezeichnen, werden die Formeln der Kationen mit einem Punkt, die der Anionen mit einem Strich versehen. K· ist somit das Kaliumion, wie es z. B. in der wässerigen Lösung des Chlorkaliums vorhanden ist; das gleichzeitig anwesende Chlorion erhält die Bezeichnung Cl′. Mehrwertige Ionen werden mit so vielen Punkten oder Strichen bezeichnet, als die Zahl ihrer Valenzen oder elektrischen Ladungen beträgt.

Die wichtigsten Ionen sind folgende:

A. Kationen.

    a) Einwertige: H· (in den Säuren), K·, Na·, Li·, Cs·, Rb·, Tl·, Ag·, NH₄·, NH₃R· bis NR₄· (wo R ein organisches Radikal ist), Cu· (in den Kuproverbindungen), Hg· (in den Merkuroverbindungen) usw.

    b) Zweiwertige: Ca··, Sr··, Ba··, Mg··, Fe·· (in den Ferrosalzen), Cu·· (in den Kuprisalzen), Pb··, Hg·· (in den Merkurisalzen), Co··, Ni··, Zn··, Cd·· usw.

    c) Dreiwertige: Al···, Bi···, Cr···, Sb···, Fe··· (in den Ferrisalzen) und die meisten seltenen Erdmetalle.

    d) Vierwertige: Sn···· (zweifelhaft), Zr····.

    e) Fünfwertige: Nicht mit Sicherheit bekannt.

B. Anionen.

    a) Einwertige: OH′ (in den Basen), Fl′, Cl′, Br′, J′, NO₃′, ClO₃′, ClO₄′, BrO₃′, MnO₄′ (in den Permanganaten), sowie die Anionen aller andern einbasischen Säuren, nämlich Säure minus ein Wasserstoff.

    b) Zweiwertige: S″, Se″, Te″ (?), SO₄″, SeO₄″, MnO₄″ (in den Manganaten) und die Ionen aller andern zweibasischen Säuren.

    c) bis f) Drei- bis sechswertige Anionen: Die Anionen der drei- bis sechsbasischen Säuren. Elementare Anionen, die mehr als zweiwertig sind, sind nicht bekannt.

5. Einige weitere Angaben.

Zur Beurteilung der analytischen Reaktionen sind einige annähernde Angaben über Dissoziationsgrade der wichtigsten Verbindungen notwendig, die hier vorausgeschickt werden sollen.

Nichtelektrolyte sind die organischon Verbindungen mit Ausnahme der typischen Säuren, Basen und Salze, ferner die Lösungen aller Stoffe in Lösungsmitteln, wie Benzol, Schwefelkohlenstoff, Äther u. dgl. Lösungen in Alkohol bilden einen Übergang zu den Elektrolyten, indem in ihnen Dissoziation von Salzen, wenn auch meist nur in sehr geringem Grade, stattfindet. Als absolut undissoziiert sind auch die andern genannten Stoffe und Lösungen nicht anzusehen, wie es auch keine absoluten Nichtleiter gibt; die Grenze läßt sich hier wie in allen ähnlichen Fällen nur zeitweilig ziehen, wo für die zurzeit vorhandenen Hilfsmittel das Gebiet des Meßbaren und Beobachtbaren aufhört.

Elektrolyte sind die Salze in wässeriger Lösung, wobei unter dem Namen Salz hier und in der Folge auch Säuren und Basen einbegriffen sein sollen, indem Säuren Salze des Wasserstoffes, Basen solche des Hydroxyls sind. Lösungen von Salzen in Alkoholen sind gleichfalls, wenn auch in viel geringerem Grade, dissoziiert; die Dissoziation ist am größten in Methylalkohol und nimmt für denselben Stoff mit steigendem Molekulargewicht des Alkohols ab.

Von den Salzen sind die Neutralsalze am stärksten dissoziiert; wässerige Lösungen von mittlerer Konzentration enthalten oft weit über die Hälfte des Salzes in Gestalt freier Ionen. Unter den verschiedenen Salzen sind Unterschiede in dem Sinne vorhanden, daß solche mit einwertigen Ionen, wie KCl, $AgNO_3$, NH_4Br, am meisten dissoziiert sind; Salze mit mehrwertigen Ionen sind zunehmend weniger dissoziiert. Die Natur des Metalls und des Säurerestes hat im übrigen sehr wenig Einfluß auf den Dissoziationsgrad

des Salzes. Einige Ausnahmen muß man sich merken: die
Halogenverbindungen des Quecksilbers sind sehr wenig
dissoziiert, ein wenig mehr die des Kadmiums, die des
Zinks bilden den Übergang zu den übrigen Salzen: dabei
haben wieder die Jodverbindungen die kleinste, die Chlorverbindungen die größte Dissoziation.

Eine viel größere Mannigfaltigkeit besteht bei den
Säuren und Basen. Bei diesen entspricht der Dissoziationsgrad dem, was man ziemlich unbestimmt die „Stärke"
genannt hat, indem die stärksten Säuren und Basen am
vollständigsten dissoziiert sind.

Starke Säuren, deren Dissoziation von derselben Ord-
nung wie die der Neutralsalze ist, sind die Halogenwasserstoffsäuren (mit Ausnahme der Flußsäure, welche mäßig
dissoziiert ist), ferner Salpeter-, Chlor-, Überchlorsäure,
Schwefelsäure und die Polythionsäuren.

Mäßig starke Säuren sind Phosphorsäure, schweflige
Säure, Essigsäure, deren Dissoziation unter gewöhnlichen
Verhältnissen nicht über 10 Prozent geht.

Schwache Säuren mit einer Dissoziation unterhalb eines
Prozentes sind Kohlensäure, Schwefelwasserstoff, Zyan-
wasserstoff, Kieselsäure, Borsäure. Die letztgenannten
sind kaum meßbar dissoziiert.

Starke Basen sind die Hydroxyde der Alkali- und Erdalkalimetalle, sowie des Thalliums, ferner die organischen
quaternären Ammoniumverbindungen. Alle diese Stoffe
sind annähernd so stark wie die Neutralsalze dissoziiert.

Mäßig starke Basen sind Ammoniak und die Aminbasen
der Fettreihe, ferner Silberoxyd und Magnesia.

Schwache Basen sind die Hydroxyde der zwei- und
dreiwertigen Metalle mit Ausnahme der obengenannten,
die Aminbasen der aromatischen Reihe (wenn der Stickstoff
mit dem aromatischen Kern verbunden ist), sowie die
meisten Alkaloide.

Genauere Angaben werden, wo erforderlich, später im speziellen Teile nachgetragen werden. Es ist sehr wichtig, sich die hier angegebenen großen Gruppen gut einzuprägen, da die Beurteilung der analytischen Reaktionen zum großen Teil von den hier dargelegten Verhältnissen unmittelbar abhängig ist.

§ 2.　Chemische Gleichgemichte.

6. *Das Gesetz der Massenwirkung.*

Für das chemische Gleichgewicht kommen zwei Fälle in Frage: das homogene und das heterogene Gleichgewicht. Homogenes Gleichgewicht findet in Gebilden statt, die aus einer einzigen Phase bestehen, also in Gasen und homogenen Flüssigkeiten. Homogene feste Körper brauchen grundsätzlich nicht ausgeschlossen zu werden, kommen aber praktisch nicht in Betracht.

Das Gesetz des homogenen Gleichgewichtes kann folgendermaßen ausgesprochen werden. Sei eine umkehrbare chemische Reaktion gegeben, die der allgemeinen chemischen Gleichung

$$m_1 A_1 + m_2 A_2 + m_3 A_3 + \ldots \rightleftarrows n_1 B_1 + n_2 B_2 + n_3 B_3 \ldots$$

entspricht, wo das Zeichen $\rightleftarrows$ andeuten soll, daß der Vorgang ebensowohl der von links nach rechts, wie der von rechts nach links gelesenen Formel gemäß erfolgen kann, und bezeichnet man mit α_1, α_2, α_3 … und β_1, β_2, β_3 … die Konzentration der Stoffe A_1, A_2, A_3 … und B_1, B_2, B_3, …, während m_1, m_2, m_3 … und n_1, n_2, n_3 die Zahl der an der Reaktion beteiligten Mole darstellt, so gibt folgende Gleichung

$$\alpha_1{}^{m_1} \alpha_2{}^{m_2} \alpha_3{}^{m_3} \ldots = k \, \beta_1{}^{n_1} \beta_2{}^{n_2} \beta_3{}^{n_3} \ldots,$$

wo k ein Koeffizient ist, welcher von der Natur der Stoffe und der Temperatur abhängt.

Die Konzentration wird berechnet, indem man angibt, wieviel Mole des betrachteten Stoffes in einem Liter Flüssigkeit enthalten ist. Unter einem *Mol* versteht man das in Grammen ausgedrückte Molargewicht des Stoffes.

Dies Gesetz ist sehr allgemein. Wird als Konzentration die Menge des einzelnen Stoffes, dividiert durch das Gesamtvolum, genommen, so muß man es als ein Grenzgesetz ansehen, das nur für verdünnte Lösungen gültig ist. Durch passende Definition der Konzentration könnte man es allgemeingültig machen, doch ist für konzentrierte Lösungen ein solcher allgemeingültiger Ausdruck noch nicht bekannt. Für unsere Zwecke ist die angegebene einfache Definition vollkommen ausreichend.

Als Stoffe, die an der Reaktion beteiligt sind, kommen alle in Betracht, die eine Umsetzung erfahren und ihre Konzentration ändern. Es gibt einzelne Fälle, wo zwar die erste dieser beiden Bedingungen erfüllt ist, nicht aber die zweite. Dies tritt insbesondere ein, wenn der Vorgang in einer Lösung erfolgt und das Lösungsmittel sich an ihm beteiligt. In solch einem Falle bleibt der betreffende Faktor α_m oder β_n konstant und kann mit dem Koeffizienten k vereinigt werden.

Wenn sich Ionen an der Reaktion beteiligen, so sind sie als selbständige Stoffe zu behandeln. Man darf also in den Gleichungen die elektrolytisch dissoziierten Stoffe nicht nach ihren gewöhnlichen Formeln schreiben, sondern muß ihren Dissoziationszustand ausdrücken. Chlorkalium in sehr verdünnter Lösung, wo dieses Salz vollständig dissoziiert ist, darf daher in einer solchen Gleichung nicht als KCl auftreten, sondern muß K˙ + Cl′ geschrieben werden. In den später zu erörternden Fällen werden Beispiele für diese Art der Formulierung gegeben werden.

Das oben in mathematischer Gestalt aufgestellte Gesetz ist nichts als die allgemeinste Form des vor mehr als hundert Jahren zuerst von Wenzel aufgestellten Gesetzes der Massenwirkung, wonach die chemische Wirkung jedes Stoffes proportional seiner wirksamen Menge oder seiner Konzentration

ist. Man darf gegenwärtig dies Gesetz als ein allgemein
zutreffendes ansehen, nachdem es insbesondere in den
letzten Jahren eine außerordentlich mannigfaltige und
vielseitige Bestätigung erfahren hat. Einige Ausnahmen,
welche früher vorhanden zu sein schienen, haben sich
durch die Dissoziationstheorie und die aus ihr fließende
Forderung, die Ionen als selbständige chemische Stoffe
zu behandeln, beseitigen lassen, so daß auch in dieser
Beziehung die Theorie der elektrolytischen Dissoziation
eine wesentliche Lücke in dem Gebäude der theoretischen
Chemie zu schließen ermöglicht hat.

Die einzige Beschränkung, welcher die Ionen bezüglich ihrer Freiheit unterliegen, liegt darin, daß positive
und negative Ionen stets und überall in äquivalenter
Menge vorhanden sein müssen Eines besondern Aus-
druckes bedarf diese Beschränkung in den Formeln
nicht; sie gibt nur eine Bedingungsgleichung zwischen
den Konzentrationen der verschiedenen Ionen, die man
gewöhnlich von vornherein in den Koeffizienten zum
Ausdruck bringen kann.

7. Anwendungen.

Eine der wichtigsten Anwendungen, welche die Theorie
des homogenen Gleichgewichtes erfahren hat, ist die auf
den Zustand gelöster Elektrolyte. In derartigen Lösungen
besteht zwischen den Ionen des Elektrolyts und dem
nicht dissoziierten Teil ein Gleichgewichtszustand, welcher
durch die angegebene Formel geregelt wird; durch die
unabhängige Messung dieses Zustandes hat man die
Richtigkeit der Formel in weitestem Umfange prüfen und
bestätigen können.

Haben wir, um den einfachsten Fall zu nehmen, einen
binären Elektrolyt C, welcher in die Ionen A$\cdot$ und B$'$
zerfallen kann, und sind in einer Lösung a und b die

Konzentrationen der beiden Ionen, und c die des nicht zerfallenen Anteils, so gilt die einfache Formel

$$a \cdot b = k\, c.$$

Nun bilden sich beide Ionen in dem angenommenen einfachsten Fall in äquivalenten Mengen, wodurch $a = b$ wird. Setzen wir ferner die Gesamtmenge des Elektrolyts gleich Eins, und die dissoziierte Menge gleich a, so ist $a = b = \dfrac{a}{v}$ und $c = \dfrac{1-a}{v}$ zu setzen, wo v das Volum der Lösung ist, in welcher die Menge Eins oder ein Mol (vgl. S. 63) des Elektrolyts enthalten ist. Führen wir die Substitution aus, so erhalten wir die Formel

$$\frac{a^2}{(1-a)} = k\, v,$$

welche den Zersetzungszustand eines Elektrolyts in seiner Abhängigkeit von der Verdünnung v darstellt.

Wir entnehmen der Formel, daß a um so größer werden muß, je größer die Verdünnung v wird: bei unendlich großer Verdünnung muß $1 - a = 0$, also $a = 1$ werden, d. h. der Elektrolyt ist vollständig dissoziiert. Umgekehrt geht a auf sehr kleine Werte, wenn v sich der Null nähert, d. h. bei maximaler Konzentration wird die Dissoziation ein Minimum. Im übrigen hängt der Dissoziationszustand bei gegebener Verdünnung v vom Werte der Konstanten k ab. Dieser ist für Neutralsalze sehr groß und nur wenig verschieden, für Säuren und Basen dagegen außerordentlich verschieden, groß für starke und klein für schwache.

Die Unterschiede im Dissoziationsgrade der verschiedenen Elektrolyte verschwinden um so mehr, je verdünnter ihre Lösungen sind, woraus der Schluß folgt, daß unendlich verdünnte Lösungen verschiedener Säuren gleich stark, weil alle vollständig dissoziiert sind. Gleiches gilt für die Basen, welche gleichfalls sehr erhebliche Unterschiede der Konstanten k aufweisen.

8. Mehrfache Dissoziation.

Die Ionen der Salze dürfen ihrerseits keineswegs als unbedingt beständige Verbindungen betrachtet werden, vielmehr können auch sie auf die mannigfaltigste Weise Hydrolyse (s. w. u.), gewöhnliche oder elektrolytische Dissoziation erfahren. So sind die Metall-Ammoniakionen z. B. meist mehr oder weniger in Metallion und freies Ammoniak dissoziiert, das komplexe Ion des Kaliumsilberzyanids $Ag(CN)'_2$ ist elektrolytisch in $Ag\cdot$ und $2\,CN'$ dissoziiert usw. Die Gesetze, denen diese Dissoziationen unterliegen, sind genau dieselben, welche für die früher betrachteten Arten des chemischen Gleichgewichtes Geltung haben, und bedürfen daher keiner besondern Auseinandersetzung. Nur darf man nicht vergessen, auf die Möglichkeit derartiger Vorgänge achtzuhaben, wenn man das häufig verwickelte Spiel der analytischen Gleichgewichtszustände vollständig verstehen will.

9. Stufenweise Dissoziation.

Bei der Dissoziation solcher Elektrolyte, welche nicht aus gleichwertigen Ionen bestehen, z. B. der zweibasischen Säuren H_2A, könnte man geneigt sein, einen Vorgang nach dem Schema

$$H_2A \rightleftarrows 2\,H\cdot + A''$$

anzunehmen, woraus eine Gleichgewichtsgleichung von der Gestalt

$$a\,b^2 = k\,c$$

folgen würde. Die Erfahrung lehrt, das dies nicht richtig ist. Vielmehr dissoziieren sich die zweibasischen Säuren zunächst nach dem Schema

$$H_2A \rightleftarrows H\cdot + HA',$$

und das entstandene einwertige Ion erfährt seinerseits eine Dissoziation nach dem Schema

$$HA' \rightleftarrows H\cdot + A'',$$

5*

und zwar ist die Dissoziationskonstante dieses zweiten
Vorganges stets sehr viel kleiner als die des ersten.

Daraus geht hervor, daß die verschiedenen Wasserstoff-
atome mehrbasischer Säuren eine verschiedene Beschaffenheit in bezug auf die „Stärke" der Säure haben; stets wird
das erste Wasserstoffatom das einer stärkeren Säure sein
als das zweite, und die weiteren werden folgenweise dem
vorangehenden nachstehen.

10. Mehrere Elektrolyte.

Über die Wechselwirkung mehrerer Elektrolyte, welche
gleichzeitig in einer Lösung zugegen sind, gibt dieselbe
Gleichgewichtsgleichung nicht minder Auskunft; einige
wichtige Fälle sollen nachstehend behandelt werden.

Zwei Neutralsalze üben in sehr verdünnter Lösung meist
keine Wirkung aufeinander aus. Denn da sowohl sie, wie die
möglicherweise durch Wechselaustausch aus ihnen entstehenden neuen Salze alle stark dissoziiert sind, so bleiben
die Ionen wesentlich in dem Zustand, in dem sie waren. So
enthält eine Lösung von Chlorkalium wesentlich die Ionen K·
und Cl′, eine Lösung von Natriumnitrat die Ionen Na· und
NO′$_3$, und dieser Zustand ändert sich nicht, wenn man beide
Lösungen zusammengießt. Auch ist diese Lösung notwendig
identisch mit der aus entsprechenden Mengen Chlornatrium
und Kaliumnitrat gebildeten Lösung, denn diese enthält dieselben Ionen in demselben freien Zustande wie die erste.
Demgemäß findet auch keine Wärmeentwicklung oder
sonstige Zustandsänderung beim Zusammenbringen statt.

Eine Wirkung tritt dagegen ein, wenn aus den vorhandenen Ionen sich ein Stoff (oder mehrere) bilden kann,
welcher unter den vorhandenen Umständen wenig oder
(praktisch) gar nicht dissoziiert ist. Alsdann hat die zugehörige Konstante k einen kleinen Wert; in der Gleichung

$$a\,b = k\,c$$

müssen sich deshalb a und b, die Konzentrationen der Ionen, auch stark vermindern, während c, die Konzentration des nichtdissoziierten Anteiles entsprechend groß wird, bis der Gleichung genügt ist.

Die eintretende Reaktion besteht also darin, daß die Ionen, deren Elektrolyt eine kleine Konstante k hat, mehr oder weniger vollständig verschwinden, indem sich aus ihnen die nicht dissoziierte Verbindung bildet.

Der charakteristischste Fall, bei welchem eine solche Wirkung eintritt, ist der Neutralisationsvorgang aus Säure und Basis. Eine Säure enthält neben dem Anion Wasserstoffion, H·, eine Basis neben dem Kation Hydroxylion, OH'; die Verbindung beider, Wasser, ist sehr wenig dissoziiert und muß sich bilden, sowie die beiden Ionen in einer Flüssigkeit zusammentreffen. Daher erfolgt beim Zusammenbringen der Lösungen von Säuren und Basen eine erhebliche Wirkung, Wasserstoff- und Hydroxylion treten zu Wasser zusammen, und in der Lösung verbleiben die beiden andern Ionen, die dem entsprechenden Salz angehören.

Ähnliche Erscheinungen treten auf, wenn man dem Salz einer schwachen Säure eine starke Säure zufügt. Wie schon erwähnt, sind die neutralen Salze alle annähernd gleich dissoziiert, wie stark oder schwach auch die zugehörige Säure sein mag. Die Lösung eines Salzes einer schwachen Säure enthält also wesentlich nur die freien Ionen; wird zu dieser Lösung eine starke Säure, welche gleichfalls nahezu vollständig dissoziiert ist, gefügt, so trifft das Anion des Salzes mit dem Wasserstoffion der Säure zusammen, und beide vereinigen sich großenteils zu nicht dissoziierter Säure, da nach der Voraussetzung die entsprechende Säure schwach, d. h. in ihrer Lösung wenig dissoziiert ist. Daneben bleibt in der Lösung neben dem Kation des Salzes das Anion der hinzugefügten Säure, d. h. das aus der starken Säure durch „Verdrängung" der schwachen entstandene Salz. Die treibende Ursache für den Vorgang liegt aber nicht, wie bisher

angenommen, in der „Anziehung" der stärkeren Säure zur
Basis, sondern in der Neigung der Ionen der schwachen
Säure, in den nichtdissoziierten Zustand überzugehen.

Dieser Vorgang erfolgt nicht so vollständig, wie die
Wasserbildung bei der Neutralisation, weil auch die
schwachen Säuren stets mehr dissoziiert sind als das Wasser;
und zwar ist die „Verdrängung" um so unvollständiger,
je stärker die neugebildete Säure dissoziiert ist. Ist die
letztere gerade ebenso stark dissoziiert, wie die hinzugefügte
Säure, so kann naturgemäß gar nichts erfolgen.

Ganz dieselben Betrachtungen sind für die Einwirkung
einer starken Basis auf das Salz einer schwachen usw.
anzustellen. Wie sich die Erscheinungen gestalten, wenn
der eine oder andere der Stoffe schwer löslich ist und in
fester Gestalt ausfällt, wird später erörtert werden.

11. Gleichnamige Säuren und Salze.

Eine erhebliche Wirkung tritt in einem Fall ein, in
welchem man sie früher nicht vermutet hat, nämlich wenn
Salze und Säure mit gleichen Anionen, allgemein, wenn
zwei Elektrolyte mit einem gemeinsamen Ion in der Lösung
zusammentreffen.

Sind beide Elektrolyte gleich stark dissoziiert, so erfolgt
freilich keine Wirkung von Belang, wohl aber, wenn ein
wenig dissoziierter Elektrolyt, also z. B. eine schwache Säure,
mit einem stark dissoziierten Elektrolyten mit einem gleichen
Anion, also dem Salz der fraglichen Säure, zusammentrifft.
Die Folge ist dann stets ein mehr oder weniger erheblicher
Rückgang in der Dissoziation des schwachen Elektrolyten.
Daraus ergibt sich die Regel: mittelstarke oder schwache
Säuren wirken bei Gegenwart ihrer Neutralsalze viel
schwächer als in reinem Zustande bei gleicher Konzentration
und gleichem Säuretiter.

Um dies einzusehen, braucht man sich nur zu erinnern,

daß der Gleichgewichtszustand der teilweise dissoziierten Säure durch die Gleichung

$$a\ b = k\ c$$

gegeben ist, wo a die Konzentration des Anions, b die des Kations, also hier des Wasserstoffions, und c die des nicht dissoziierten Anteiles ist, und zwar ist bei schwachen Säuren c groß gegen a und b. Wird nun das Neutralsalz derselben Säure, welches also das gleiche Anion enthält, hinzugefügt, so wird dadurch a stark vergrößert, und b muß fast in demselben Verhältnis kleiner werden, da c sich nur wenig vergrößern kann, indem der größere Teil der Säure schon im nicht dissoziierten Zustande vorhanden ist. Es findet also ein starker Rückgang an Wasserstoffion statt. Nun hängen die charakteristischen Reaktionen der Säuren aber gerade von der Konzentration des Wasserstoffions ab; durch den Zusatz des Neutralsalzes werden demnach diese Wirkungen um so mehr geschwächt, je beträchtlicher dieser Zusatz ist, und ferner (wie sich aus der vorstehenden Betrachtung gleichfalls ergibt), je schwächer die fragliche Säure schon an und für sich ist.

Diese Verhältnisse kommen bei der Analyse häufig in Frage, insbesondere in den Fällen, wo saure Reaktion bei möglichst geringer Säurewirkung verlangt wird. In solchen Fällen (z. B. bei der Fällung des Zinks mit Schwefelwasserstoff) pflegt man zu der Lösung, wenn sie eine starke Säure, z. B. Salzsäure enthält, Natriumazetat im Überschuß zuzusetzen. Dies hat nicht nur die Wirkung, daß nach S. 69 an Stelle der stark dissoziierten Salzsäure die schwach dissoziierte Essigsäure tritt, sondern noch die weitere Wirkung, daß bei überschüssigem Azetat auch die Dissoziation der Essigsäure selbst noch in sehr erheblichem Maß herabgedrückt wird. Ein solcher Zusatz hat also den Erfolg, daß man eine Flüssigkeit erhält, die fast wie eine neutrale sich verhält, während sie doch sauer reagiert und diesen annähernd neutralen Zustand auch nicht verliert, wenn im angeführten

Falle der Zersetzung eines Zinksalzes durch Schwefelwasserstoff fortwährend freie starke Säure durch die Reaktion in
Freiheit gesetzt wird. Denn diese Säure erleidet stets sofort
die geschilderten Umwandlungen, und die Konzentration
der vorhandenen kleinen Menge Wasserstoffion wird nur
um unverhältnismäßig geringe Beträge vermehrt.

Ähnliche Betrachtungen sind anzustellen, wenn eine
schwache Basis nebst einem ihrer Neutralsalze sich in
der Lösung befindet. Desgleichen gehört hierher die
Wechselwirkung zwischen einer starken und einer
schwachen Säure (bzw. Base), wobei immer die Dissoziation
des schwächeren Teiles herabgedrückt wird. Analytisch
kommen diese Fälle weniger in Betracht.

12. Hydrolyse.

Wasser ist zwar ein außerordentlich wenig dissoziierter
Stoff, doch haben messende Versuche gezeigt, daß es in der
Tat in bestimmtem Maß in Wasserstoff- und Hydroxylionen
zerfallen ist, und sie haben auch den Betrag der Dissoziation
kennen gelehrt. Danach enthält das Wasser ein Mol seiner
Ionen in rund zehn Millionen Liter. Mit steigender Temperatur nimmt die elektrolytische Dissoziation des Wassers
schnell zu.

Durch diesen Umstand wird bewirkt, daß der S. 69
geschilderte Vorgang bei der Neutralisation nicht vollständig
verläuft, sondern daß zuletzt noch soviel Wasserstoff- und
Hydroxylion unverbunden bleiben, als im Wasser gewöhnlich vorhanden sind. Dieser Rest ist, wie angegeben, äußerst
gering und kommt für gewöhnlich nicht in Betracht. Doch
sind Umstände möglich, unter denen diese geringe Größe
eine meßbare Wirkung ausübt, und diese treten ein, wenn
entweder die Säure oder die Basis, oder gar beide sehr
wenig dissoziiert oder sehr schwach sind.

Die Gegenwart von Wasserstoffion in der Lösung eines
neutralen Salzes bewirkt nämlich nach den Gesetzen des

chemischen Gleichgewichtes, daß neben dem freien Anion des Salzes auch eine entsprechende Menge nicht dissoziierter Säure vorhanden ist, entsprechend der mehrfach gebrauchten Gleichung $a\,b = k\,c$. Hat nun k, wie bei den starken Säuren, einen großen Wert, so ist c sehr klein, da das Produkt $a\,b$, welches durch die Dissoziation des Wassers bedingt ist, seinerseits sehr klein ist. Ist aber der Wert von k gering, so wächst c, die Konzentration des nicht dissoziierten Anteiles der Säure, in gleichem Maß, und nähert sich k in seiner Größenordnung der Dissoziationskonstante des Wassers, so tritt c in das Gebiet der Meßbarkeit, und man kann in der Lösung des Neutralsalzes einer solchen Säure ihre Gegenwart in nicht dissoziiertem Zustand erkennen. Ein Beispiel hierfür ist Zyankalium: Blausäure hat eine äußerst kleine Dissoziationskonstante, deshalb enthält eine wässerige Lösung von Zyankalium eine meßbare Menge nicht dissoziierten Zyanwasserstoffes, welchen man durch den Geruch wahrnehmen kann.

Ein anderer Umstand, welcher solchen Salzen eigen ist, ist ihre alkalische Reaktion. Alkalische Reaktion beruht auf der Gegenwart von Hydroxylion; damit sie merklich wird, muß dessen Konzentration einen gewissen Betrag überschreiten, der von der Empfindlichkeit des Prüfmittels (Farbstoff oder dergleichen) abhängig ist. Nun haben wir gesehen, daß bei den Salzen schwacher Säuren eine gewisse Menge nicht dissoziierter Säure entsteht, für die das erforderliche Wasserstoffion aus dem Wasser genommen wird. Da im Wasser, welches ein Stoff von konstanter Konzentration ist, nach dem Gleichgewichtsgesetz das Produkt der Konzentrationen des Hydroxyl- und des Wasserstoffions einen konstanten Wert haben muß, so muß, wenn letztere auf den n-ten Teil vermindert werden, die erstere auf den n-fachen Betrag wachsen und geht, wenn n eine große Zahl ist, in das Gebiet der Meßbarkeit über.

Ganz die gleichen Betrachtungen lassen sich für die Salze

schwacher Basen anstellen; solche werden sauer reagieren
und die Gegenwart nicht dissoziierter Basen erkennen lassen.

Sind sowohl Säure wie Basis schwach, so unterstützen
sich die geschilderten Vorgänge wechselseitig in der Richtung, daß merkliche Mengen von nicht dissoziierter Säure
wie Basis entstehen; die Bildung überschüssigen Hydroxyl-
und Wasserstoffions erfährt aber eine gegenseitige Einschränkung, da die Kationen der Basis das eine, die
Anionen der Säure das andere verbrauchen.

Da mit steigender Temperatur die Dissoziation, d. h.
die Konzentration des Wasserstoff- und Hydroxylions im
Wasser zunimmt, so findet auch eine Verstärkung der
Hydrolyse statt.

13. Heterogenes Gleichgewicht. Das Verteilungsgesetz.

Ist das Gebilde, in welchem Gleichgewicht herrscht,
durch physische Unstetigkeitsflächen in mehrere Phasen
getrennt, so gilt der Satz, *daß in zwei angrenzenden Gebieten
oder Phasen die Konzentrationen jedes Stoffes, der in beiden
Gebieten vorkommt, in einem konstanten Verhältnis stehen.*
Bezeichnet man daher die Konzentration eines Stoffes A
im ersten Gebiet mit a', im zweiten Gebiet mit a'', so gilt

$$a' = k \, a'',$$

wo k ein Koeffizient ist, welcher von der Natur der Stoffe
und der Temperatur abhängt.

Solche Gleichungen sind für jeden vorhandenen Stoff
aufzustellen. Hier gilt wiederum die Bemerkung, daß Ionen
wie selbständige Stoffe zu behandeln sind; ebenso sind
verschiedene Modifikationen eines Stoffes als verschiedene
Stoffe zu betrachten.

Auch für dieses Gesetz gilt ähnliches, wie es beim
vorigen bemerkt worden ist; es ist ein Grenzgesetz für
verdünnte Lösungen oder Gase, während für konzentrierte
Lösungen die Konzentrationsfunktion unbekannt ist.

Einzelne Fälle dieses Gesetzes sind bereits früher erörtert worden. So ist das Absorptionsgesetz der Gase (S. 43) nur ein besonderer Fall, wie aus dem Vergleich der beiden Formulierungen unmittelbar ersichtlich wird. Ebenso gehört hierher das Gesetz von der Löslichkeit fester Stoffe in Flüssigkeiten sowie das Dampfdruckgesetz. In diesen beiden Fällen bleibt der Zustand des Stoffes in einer der beiden Phasen stets derselbe; der feste Stoff neben seiner Lösung und die Flüssigkeit neben ihrem Dampf ändern beide zwar ihre Menge, nicht aber ihre Beschaffenheit, und daher auch nicht das, was ihre Konzentration genannt worden ist. In der Gleichung bleibt daher einer der beiden Faktoren α' oder α'' konstant, und daher muß es auch der andere bleiben: daher kommt jedem Stoff eine bestimmte Löslichkeit und ein bestimmter Dampfdruck zu, der von der Natur der Stoffe und der Temperatur, nicht aber von den vorhandenen Mengen und Volumen abhängt.

Der gleiche Umstand tritt auch im Falle des homogenen Gleichgewichtes häufig auf. Man unterscheidet daher zweckmäßig von vornherein *Zustände konstanter Konzentration* von denen *veränderlicher Konzentration*. Konstante Konzentration besitzen feste Stoffe fast allgemein, und von flüssigen die einheitlichen, die keine Lösungen sind. Veränderliche Konzentration kommt dagegen den Gasen sowie den gelösten Stoffen zu. Als Stoffe von angenähert konstanter Konzentration lassen sich ferner solche Bestandteile flüssiger oder gasförmiger Lösungen betrachten, welche im Verhältnis zu den andern Stoffen in sehr bedeutender Menge vorhanden sind; sie ändern durch den Vorgang ihre Konzentration allerdings, aber in einem um so geringeren Grade, als ihre Menge die der andern Stoffe überwiegt, und können daher in vielen Fällen wie reine Stoffe betrachtet werden.

Diese beiden einfachen Gesetze, das Massenwirkungs- und das Verteilungsgesetz, gestatten nun, grundsätzlich die ganze Mannigfaltigkeit der Erscheinungen der chemischen (einschließlich der sog. physikalischen) Gleichgewichtszustände zu umfassen In der Folge wird sich vielfältig die Gelegenheit bieten, zu der abstrakten allgemeinen Fassung die belebende Anschauung durch die Untersuchung einzelner Fälle zu liefern.

§ 3.   Der Verlauf chemischer Vorgänge.

14. Die Reaktionsgeschwindigkeit.

Neben der Kenntnis des Gesetzes der chemischen Gleichgewichtszustände bedarf der Analytiker noch der des *Verlaufes* chemischer Vorgänge. Denn wenn auch die meisten analytisch verwerteten Vorgänge Ionenreaktionen sind, welche in unmeßbar kurzer Zeit zu Ende gehen, so kommen doch einzelne Prozesse vor, welche nicht in diese Gruppe gehören, und zu deren Beurteilung jene Kenntnis erforderlich ist.

Für die Geschwindigkeit einer Reaktion gilt ein ähnlicher Ausdruck, wie er für das Gleichgewicht aufgestellt worden ist, wie denn der Gleichgewichtszustand in der Tat sich als der Zustand definieren läßt, in welchem die Geschwindigkeit der entgegengesetzt verlaufenden Vorgänge gleich groß geworden ist. Es ist nämlich die Geschwindigkeit eines Vorganges direkt proportional der Konzentration jedes beteiligten Stoffes, wobei, wenn mehrere Molekeln eines Stoffes beteiligt sind, seine Konzentration auf die entsprechende Potenz zu erheben ist. Unter der Geschwindigkeit des Vorganges wird dabei das Verhältnis der umgewandelten Stoffmenge zu der dabei verlaufenen Zeit verstanden. Die Stoffmengen sind hier wie immer nicht in absoluten Gewichtsmengen, sondern nach Molen zu rechnen.

Die verschiedenen Fälle des Reaktionsverlaufes, wie sie sich je nach der Zahl der reagierenden Stoffe und je nach ihrem ursprünglichen Mengenverhältnis gestalten, haben das Gemeinsame, daß sie mit dem größten Wert der Geschwindigkeit beginnen, worauf die Geschwindigkeit immer kleiner wird. Sie geben sämtlich das theoretische Resultat, daß die Reaktion erst nach unendlich langer Zeit vollständig wird. Für die praktische Anwendung kann man sich die Regel merken, daß nach einer Zeit, die zehn- bis zwanzigmal so groß ist, wie die zum Ablauf der Hälfte der Reaktion erforderliche, der noch ausstehende Rest unter den Betrag des Meßbaren herabgegangen zu sein pflegt.

15. Einfluß der Temperatur.

Die Temperatur hat eine ungemein große Wirkung auf die Geschwindigkeit chemischer Vorgänge; in vielen der bisher gemessenen Fälle verdoppelt sich die Geschwindigkeit durch eine Temperaturerhöhung von etwa zehn Graden. Man wird also in allen Fällen, wo es sich um langsam verlaufende Vorgänge handelt, bei höherer Temperatur weitaus schneller zum Ende gelangen.

16. Katalyse.

Einen ganz besonderen Einfluß auf die Reaktionsgeschwindigkeit üben in einzelnen Fällen gewisse Stoffe aus, obwohl sie sich an dem Vorgange nicht sichtlich beteiligen; man nennt diese Wirkung eine katalytische und die fraglichen Stoffe Katalysatoren. Neben spezifischen Katalysatoren, welche bei bestimmten Reaktionen wirksam sind (z. B. Eisensalze bei Oxydations- und Reduktionsvorgängen), lassen sich als ziemlich allgemeine Katalysatoren die Säuren nennen. Man darf den Satz aussprechen, daß in sehr vielen Fällen langsam verlaufende Vorgänge durch die Gegenwart von Säuren beschleunigt werden (vorausgesetzt, daß die Säuren nicht irgendwelche chemische Verbindungen mit den reagierenden Stoffen eingehen), und zwar ist diese Wirkung proportional der „Stärke" der Säuren oder, genauer gesprochen, proportional der Konzentration des freien Wasserstoffions in der Flüssigkeit. So wird beispielsweise die Umwandlung der Pyro- und der Metaphosphorsäure zu Orthophosphorsäure in wässeriger Lösung durch die Gegenwart von Salpeter- oder Salzsäure sehr beschleunigt, während die wenig dissoziierte Essigsäure fast ohne jede Wirkung ist.

17. Heterogene Gebilde.

Die vorstehenden Bemerkungen galten für homogene Gebilde. In heterogenen ist die Geschwindigkeit der Vorgänge außerdem noch der Größe der Berührungsfläche proportional. Da der Vorgang nur an der Berührungsfläche selbst erfolgt, wo die Geschwindigkeit infolge der Sättigung sehr schnell abnimmt, so ist zur Beschleunigung eine kräftige mechanische Vermischung der gesamten Reaktionsmasse wesentlich, nachdem man durch feines Pulvern oder ähnliche Maßnahmen für eine möglichst ausgedehnte Oberfläche gesorgt hat.

Auch bei Gasen sind katalytische Wirkungen bekannt, die oft von chemisch indifferenten Stoffen mit großen Oberflächen auszugehen pflegen. Insbesondere wirkt fein zerteiltes Platin, Iridium und Palladium außerordentlich beschleunigend auf Oxydationsvorgänge.

§ 4. Die Fällung.

18. Allgemeines.

Es wurde schon bei früherer Gelegenheit erwähnt, daß von den möglichen Zusammenstellungen zum Behuf der Trennung der Fall fest-flüssig sich technisch am leichtesten und vollkommensten behandeln läßt. Demgemäß sind die Maßnahmen der chemischen Vorbereitung ganz vorwiegend

auf die Herstellung dieses Falles gerichtet, und ist die
Operation der *Fällung* eine der häufigsten der analytischen Chemie.

Eine Fällung entsteht, wenn in einer Lösung die Bestandteile eines Stoffes zusammentreffen, der unter den
vorhandenen Umständen nicht vollständig löslich ist. Jeder
Fällung geht somit ein *Übersättigungszustand* voraus, und
nach vollzogener Fällung ist die Flüssigkeit in bezug auf
den gefällten festen Stoff *gesättigt*, oder mit ihm im Gleichgewicht. Grundsätzlich gesprochen ist keine Fällung jemals
vollständig, und die Aufgabe des Analytikers ist es, geeignete Verhältnisse aufzusuchen, um den gelösten bleibenden
Rest so klein als möglich zu machen.

19. Die Übersättigung.

Wenn eine Lösung von einem festen Stoff oder seinen
Bestandteilen mehr enthält, als dem Zustande des Gleichgewichtes entspricht, so nennt man sie in bezug auf den
festen Stoff übersättigt. Die Abscheidung des festen Stoffes
aus einer solchen Lösung ist innerhalb einer gewissen
Grenze so lange nicht notwendig, als noch keine Spur des
Stoffes in festem Zustande zugegen ist, und man kann eine
übersättigte Lösung, die man gegen eine derartige Berührung schützt, häufig beliebig lange aufbewahren, ohne daß
sich etwas ausscheidet. Ist etwas von dem festen Stoffe
zugegen, so ist die Ausscheidung bis zur Herstellung des
Gleichgewichtes notwendig. Da diese aber nur an der Berührungsfläche zwischen dem festen Stoff und der Lösung
erfolgt, so kann unter Umständen, nämlich wenn die Berührungsfläche gering ist und mechanische Bewegung
vermieden wird, die Übersättigung auch unter dieser
Bedingung unter langsamer Abnahme noch sehr lange
bestehen bleiben.

Auch ohne die Gegenwart des festen Stoffes kann aus
übersättigten Lösungen die Ausscheidung erfolgen. Dies

geschieht um so leichter und sicherer, je größer das Verhältnis zwischen der augenblicklichen Konzentration und
der schließlichen, dem Gleichgewicht entsprechenden ist.
Ferner wird häufig die Bildung der ersten Ausscheidung
durch lebhafte Bewegung, wie Umschütteln, Durchrühren
und dergleichen, befördert.

Hiernach tritt Übersättigung unter sonst gleichen Umständen um so leichter ein, je löslicher der Stoff ist. Die
drei Sulfate des Bariums, Strontiums und Kalziums sind
gute Beispiele dafür; während der Niederschlag des ersten
Salzes auch in sehr verdünnten Lösungen fast augenblicklich entsteht, braucht der des zweiten eine meßbare
Zeit, und beim Gips kann eine mäßige Übersättigung
Wochen und Monate andauern. Doch ist auch ein Einfluß der besondern Natur des Stoffes unverkennbar, durch
welchen einzelne Verbindungen besonders leicht, andere
besonders schwer Übersättigungserscheinungen zeigen.

Zur Aufhebung der Übersättigung ist das wirksamste
Mittel eine ausgiebige Berührung der Lösung mit dem fraglichen Stoff im festen Zustande, wie sie durch andauerndes
Umrühren (nachdem sich bereits ein Niederschlag gebildet
hat) zu erreichen ist. Im übrigen ist diese Aufhebung
eine Zeiterscheinung von dem allgemeinen Charakter
solcher, wie er früher (S. 77—78) geschildert worden ist.

20. Das Löslichkeitsprodukt.

Nur in sehr seltenen Fällen sind die bei der Analyse
auftretenden Niederschläge in unverändertem Zustande
löslich. Vielmehr sind sie fast ausnahmelos Elektrolyte
oder Salze, und ihre wässerigen Lösungen enthalten im
wesentlichen die Ionen der Verbindung neben einem sehr
kleinen Teil des nichtdissoziierten Salzes. Da es sich in
unserm Falle stets um sehr schwer lösliche Stoffe handelt,
so kann man ihre Lösungen stets mit genügender Annäherung als ganz dissoziiert ansehen.

Der Analytiker hat nun die Aufgabe, behufs möglichst vollständiger Abscheidung seiner Niederschläge in der Lösung einen solchen Zustand herzustellen, daß der Niederschlag darin möglichst wenig löslich ist. Im Falle einheitlich löslicher oder indifferenter Stoffe ist der Weg dazu einerseits niedrige Temperatur, anderseits können Zusätze zum Lösungsmittel dienen, welche die Löslichkeit vermindern. Solche Zusätze bestehen aus Stoffen, in denen der feste Stoff noch weniger löslich ist, als in dem Hauptbestandteil der Flüssigkeit; so wird manche organische Verbindung aus ihrer ätherischen Lösung durch leichtes Petroleum, oder Harz aus alkoholischer Lösung durch Wasser gefällt.

In dem Falle, daß der Niederschlag ein Elektrolyt ist, gibt es nun ein sehr ausgiebiges Mitttel, seine Löslichkeit zu vermindern; es besteht dies in dem *Zusatz eines andern Elektrolyts, welcher ein Ion mit dem Niederschlage gemein hat.*

In der gesättigten wässerigen Lösung eines Elektrolyts besteht nämlich ein zusammengesetztes Gleichgewicht. Einmal steht der feste Stoff im Gleichgewicht mit dem nicht dissoziierten Anteil des in Lösung befindlichen gleichen Stoffes; sodann ist aber dieser nichtdissoziierte Anteil seinerseits im Gleichgewicht mit dem dissoziierten Teil oder den Ionen des gleichen Stoffes. Das erste Gleichgewicht ist durch das Gesetz der proportionalen Konzentration geregelt; da es sich hier um einen Stoff von unveränderlicher Konzentration (den festen) handelt, so muß die Konzentration des nicht dissoziierten Anteiles in der Lösung einen ganz bestimmten Wert haben. Für das zweite Gleichgewicht haben wir im einfachsten Falle, daß die Ionen der Verbindung einwertig sind, wenn wir die Konzentration der Ionen mit a und b, und die des nicht dissoziierten Anteiles mit c bezeichnen (S. 66),

$$a\,b = k\,c.$$

Da c wie wir eben gesehen haben bei gegebener
Temperatur konstant ist, so muß es auch k c und somit
a b sein. Es findet also Gleichgewicht zwischen dem
Niederschlag und der darüber stehenden Flüssigkeit statt,
wenn das Produkt der Konzentration der beiden Ionen,
in die der Niederschlag zerfällt, einen bestimmten Wert
hat. Wir können dies Produkt kurzweg das *Löslichkeitsprodukt* nennen.

Besteht der Elektrolyt aus mehrwertigen Ionen in der
Zusammensetzung $A_m B_n$, so nimmt das Löslichkeitsprodukt die Gestalt an

$$a^m\, b^n = \text{konst.}$$

*Jedesmal, wenn in einer Flüssigkeit das Löslichkeits-
produkt eines festen Salzes überschritten ist, ist die Flüssigkeit in bezug auf das feste Salz übersättigt; jedesmal, wenn
in der Flüssigkeit das Löslichkeitsprodukt noch nicht erreicht
ist, wirkt diese lösend auf den festen Stoff.* In diesen einfachen Sätzen steckt die ganze Theorie der Niederschläge,
und alle Erscheinungen, sowohl die der Löslichkeitsver-
minderung, wie die der sogenannten abnormen Löslich-
keitsvermehrung finden durch sie ihre Erklärung und
lassen sich gegebenenfalls voraussehen.

Was zunächst die Anwendung des Satzes auf die Vollständigkeit der Abscheidung eines gegebenen Stoffes anlangt, so ist zu beachten, daß die analytische Aufgabe
stets darin besteht, ein bestimmtes *Ion* abzuscheiden. So
wird der Niederschlag von Bariumsulfat entweder erzeugt,
um das vorhandene Sulfation SO_4'', oder das Bariumion
$Ba^{\cdot\cdot}$ zu bestimmen, und man bringt die Abscheidung
im ersten Falle durch den Zusatz eines Bariumsalzes, im
zweiten Falle durch den eines Sulfats hervor. Denken
wir uns, es handle sich um den ersten Fall. Setzen wir
genau die dem SO_4'' äquivalente Menge Bariumsalz hinzu,
so bleibt etwas SO_4'' gelöst, nämlich so viel, daß die Menge
mit dem gleichfalls noch vorhandenen Ion $Ba^{\cdot\cdot}$ das

Löslichkeitsprodukt des Bariumsulfats ergibt. Setzen wir nun noch etwas Bariumsalz hinzu, so wird der entsprechende Faktor des Produkts vermehrt, der andere muß daher kleiner werden, und es schlägt sich noch etwas Bariumsulfat nieder. Durch weitere Vermehrung des Bariumsalzes wird eine weitere Wirkung in demselben Sinne hervorgebracht, doch kann die Menge des Sulfations nie gleich Null werden, da man die Konzentration des Bariumions nie unendlich machen kann.

Daraus ergibt sich die Bedeutung der altbekannten Regel, die Fällung stets mit einem Überschuß des Fällungsmittels zu bewirken. Es ergibt sich aber auch die weitere Regel, daß dieser Überschuß um so beträchtlicher sein muß, je löslicher der Niederschlag ist. Denn um die Konzentration des zu fällenden Ions auf den n-ten Teil derjenigen herabzubringen, welche es in der rein wässerigen Lösung des Niederschlages hat, bedarf es der n-fachen Menge des andern Ions; somit hat für diesen Zweck die Menge des andern Ions in demselben Verhältnis zuzunehmen, wie die Löslichkeit. Stellt man gar die Aufgabe so, daß die Löslichkeit auf einen gegebenen *absoluten* Betrag des zu fällenden Ions herabgedrückt werden soll, so muß die Konzentration des fällenden Ions noch weiter in dem Verhältnis der beiden Löslichkeitsprodukte vervielfacht werden, damit der Zweck erreicht wird.

Im übrigen genügen bei den meisten Niederschlägen schon ziemlich kleine Überschüsse des Fällungsmittels, um den Zweck erreichen zu lassen. Ein für analytische Zwecke geeigneter Niederschlag muß eben von vornherein ein kleines Löslichkeitsprodukt besitzen.

Was für die Fällung der Niederschläge gilt, behält auch für das Auswaschen seine Bedeutung bei. Wenn der Niederschlag in reinem Wasser merklich löslich ist, so kann man Verluste dadurch vermeiden, daß man mit einer Lösung auswäscht, welche ein Ion des Niederschlages enthält. So wäscht man Bleisulfat besser mit verdünnter Schwefelsäure als mit reinem Wasser, und ebenso Merkurochromat mit einer Lösung von Merkuronitrat aus. Diese Waschflüssigkeiten sind aus naheliegenden Gründen am einfachsten verdünnte Lösungen des Fällungsmittels; man wählt sie so, daß sie bei der nachfolgenden Behandlung des Niederschlages keine oder möglichst geringe Störungen verursachen.

21. Einige Fällungsreaktionen.

Fällung erfolgt den eben dargelegten Grundsätzen gemäß jedesmal, wenn sich in einer Flüssigkeit Ionen zusammenfinden, welche zu einem Stoff von geringer Löslichkeit oder kleinem Löslichkeitsprodukt gehören. Am einfachsten gestalten sich die Verhältnisse bei den Neutralsalzen, welche, wie angegeben (S. 62) meist annähernd gleich stark dissoziiert sind; dann genügt es, wenn zwei Salze, welche je eines der fraglichen Ionen neben je einem ganz beliebigen andern enthalten, zusammengebracht werden; so gibt jedes beliebige Bariumsalz mit jedem beliebigen Sulfat einen Niederschlag von Bariumsulfat.

Verwickeltere Verhältnisse treten auf, wenn Säuren oder Basen ins Spiel kommen, da bei diesen alle Grade der Dissoziation, von der stärksten bis zur schwächsten, auftreten können, wodurch unter Umständen Fällungen ausbleiben können, welche bei Anwendung der entsprechenden Neutralsalze auftreten. So werden Kalziumsalze durch alle Karbonate gefällt; freie Kohlensäure ist aber ohne Wirkung auf sie. Dies rührt daher, daß die löslichen Karbonate normal dissoziiert sind; bringt man ihre Lösung zu der eines Kalziumsalzes, so ist das Produkt des Karbonations und des Kalziumions sehr viel größer als das Löslichkeitsprodukt des Kalziumkarbonats, und der

Niederschlag erfolgt. Eine wässerige Lösung von Kohlensäure enthält aber, da die Kohlensäure eine äußerst
schwache Säure ist, nur einen verschwindend kleinen
Anteil von Karbonation; trotz der reichlichen Menge von
Kalziumion wird der Wert des Löslichkeitsproduktes nicht
erreicht, und es kann sich kein Niederschlag von Kalziumkarbonat bilden.

Etwas verwickelter ist der Fall bei den Bleisalzen.
Bleikarbonat ist weniger löslich als Kalziumkarbonat, und
daher wird bei Lösungen von mäßiger Konzentration, in
die man Kohlensäure einleitet, der Wert des Löslichkeitsproduktes trotz der geringen Dissoziation der Kohlensäure
in CO_3'' und $2\,H\cdot$ erreicht, so daß eine Fällung eintritt.
Dadurch verschwindet einerseits $Pb\cdot\cdot$-ion, anderseits CO_3''-
ion, und es bleiben übrig Wasserstoffion aus der dissoziierten Kohlensäure und das Anion des Bleisalzes, also
$2\,NO_3'$, wenn Bleinitrat genommen war, d. h. es entsteht
freie Salpetersäure. Wird nun die Reaktion fortgesetzt,
so vermehrt sich die Konzentration der letztern, d. h. des
Wasserstoffions; dieses aber hindert die hinzukommende
Kohlensäure zunehmend an der Dissoziation und der Bildung von Karbonation (S. 71), so daß nach einiger Zeit
ein Grenzzustand erreicht wird, bei welchem sich kein
neues Karbonation mehr bildet, und also kein Bleikarbonat
mehr gefällt werden kann.

Wann dieser Zustand eintritt, hängt vom Anion des
Bleisalzes ab. Ist es das einer starken Säure, so bleibt
das Wasserstoffion in seinem Zustand und erreicht bald
die kritische Konzentration. Ist es dagegen das einer
schwachen Säure, so verbindet sich das Wasserstoffion
zu größerem oder geringerem Teile mit dem Anion zu
nicht dissoziierter Säure, und die Zersetzung kann viel
weiter gehen. So wird Bleiazetat durch Kohlensäure
zu zwei Dritteln zersetzt, Bleinitrat dagegen nur spurenweise.

Setzt man von vornherein etwas von einer starken
Säure zum Bleisalz, so kann jede Fällung vermieden
werden, indem wegen des vorhandenen Wasserstoffions
die eingeleitete Kohlensäure sich nicht so weit dissoziieren
kann, um mit dem Bleiion den Wert des Löslichkeitsproduktes zu ergeben. Anderseits kann man die Zersetzung
des Bleiazetats bedeutend vermehren, wenn man ein anderes lösliches Azetat hinzufügt. Dadurch wird nämlich
das Anion der Essigsäure vermehrt und ist imstande, viel
mehr von dem frei werdenden Wasserstoffion zu nicht
dissoziierter Essigsäure zu binden, bevor deren kritische
Konzentration erreicht wird, bei welcher die Dissoziation
der Kohlensäure und somit die Fällung von Bleikarbonat
aufhört.

Ganz gleiche Betrachtungen lassen sich für die analytisch so wichtige Fällung der Metallsalze durch Schwefelwasserstoff anstellen. Da ohnedies im speziellen Teil
auf diese Fragen eingegangen werden soll, so mag hier
die Andeutung genügen.

Von gleichen Ursachen sind die Verschiedenheiten in
der Wirkung basischer Fällungsmittel bedingt; das stark
dissoziierte Ätzkali fällt alle schwerlöslichen Hydroxyde,
während das schwache Ammoniak nur die schwachbasi-
schen unter ihnen zu fällen vermag, aus Kalziumsalzen
aber beispielsweise kein Hydroxyd trotz dessen Schwerlöslichkeit fällt.

22. Auflösung der Niederschläge.

Die Sätze vom Löslichkeitsprodukt gestatten uns, auch
über die Frage, durch welche Ursachen Niederschläge
wieder löslich werden, vollständige Auskunft zu erhalten.
Wir werden erwarten, daß alle Ursachen, welche einen
der Bestandteile des Niederschlages in der Lösung (nämlich
eines der Ionen, oder auch den nicht dissoziierten Teil)

vermindern oder zum Verschwinden bringen, die Löslichkeit des Niederschlages vermehren müssen. Und zwar
wird auf Zusatz eines derartigen Stoffes so viel vom
Niederschlag in Lösung gehen, bis sich der bestimmte
Wert des Produktes wiederhergestellt hat.

Der einfachste und bekannteste hergehörige Fall ist
die Auflösung einer „unlöslichen" Basis in einer Säure.
Wenn beispielsweise Magnesiumhydroxyd mit Wasser in
Berührung ist, so bildet sich eine Lösung, welche neben
sehr geringen Mengen nichtdissoziierten Hydroxyds die
Ionen Magnesium und Hydroxyl enthält. Setzt man eine
Säure dazu, z. B. Chlorwasserstoff, dessen Lösung wesentlich aus Wasserstoff- und Chlorion besteht, so vereinigt
sich alsbald das Wasserstoffion mit dem Hydroxylion zu
Wasser[1]). Dadurch wird das „Konzentrationsprodukt"
Magnesium mal Hydroxyl[2]) kleiner als das Löslichkeitsprodukt, und es geht neue Magnesia in Lösung, worauf
sich das frühere Spiel wiederholt. Dies dauert so lange,
bis alles Wasserstoffion der Salzsäure verbraucht ist; in
der Lösung befindet sich die entsprechende Menge von
Magnesiumion neben Chlorion, das unverändert geblieben
ist, d. h. Chlormagnesium. Vom Magnesiumhydroxyd löst
sich in der Salzlösung natürlich weniger auf, als in reinem Wasser, da jetzt eine große Konzentration von
Magnesiumion vorhanden ist.

Ganz ebenso läßt sich die Wirkung einer löslichen
Basis auf eine schwerlösliche Säure (mit der sie ein leicht-
lösliches Salz bildet) erklären.

Auch die lösende Wirkung der Säuren auf manche
schwerlöslichen Neutralsalze ist von ganz ähnlichen Ur-

---

[1]) Wasser ist ein äußerst wenig dissoziierter Stoff und
bildet sich daher stets, wenn Hydroxylion und Wasserstoffion
zusammentreffen.

[2]) Strenggenommen Magnesium mal Hydroxyl im Quadrat,
da die Formel $Mg(OH)^2 \rightleftarrows \overset{.}{Mg} + 2OH'$ ist.

sachen abhängig. Wenn z. B. Salzsäure auf Kalziumphosphat wirkt, so verbindet sich das in der Lösung
vorhandene Phosphation mit dem Wasserstoffion der Salzsäure, und beide treten, da die Phosphorsäure eine viel
schwächer dissoziierte Substanz ist, als Salzsäure, zum
größten Teil zu nichtdissoziierter Phosphorsäure zusammen. Es verschwindet dadurch Phosphation, und neues
Kalziumphosphat muß in Lösung gehen; und so fort.
Nur unterscheidet sich dieser Fall von dem vorigen
dadurch, daß die Salzsäure nicht völlig die äquivalente
Menge von Kalziumphosphat in Lösung bringen kann.
Denn da die Phosphorsäure schon für sich dissoziiert ist,
wenn auch viel weniger, als die Salzsäure, so wird ihr
Anion nicht so vollständig verbraucht, wie im ersten
Beispiel das Hydroxyl, sondern es häuft sich um so
mehr in der Lösung an, je mehr von dem Wasserstoffion
der Salzsäure schon verbraucht ist. Schließlich ist es in
so großer Menge vorhanden, daß es mit dem stark vermehrten Kalziumion den Wert des Löslichkeitsproduktes
ergibt, und dann hört, obwohl noch Wasserstoffion vorhanden ist, die lösende Wirkung der Salzsäure auf.

Wie man aus dieser Darlegung ersieht, ist eine wesentliche Bedingung für den Vorgang, daß die entstehende Säure
wenig dissoziiert ist. Es werden mit andern Worten nur
schwerlösliche Salze *schwacher* Säuren durch stärkere Säuren
gelöst werden, nicht aber die Salze starker Säuren. Auch
wird diese Schlußfolgerung von der Erfahrung durchaus
bestätigt; die Halogenverbindungen des Silbers, Barium-
und Bleisulfat und andere Verbindungen starker Säuren
sind in verdünnten Säuren unlöslich, wenn diese auch zu
den stärksten gehören und mit den Kationen der Niederschläge lösliche Salze bilden. Dagegen sind alle Salze
schwächerer Säuren in starken Säuren löslich, und zwar
gegebenenfalls um so mehr, je schwächer jene Säure ist.
So lösen sich die meisten Phosphate leicht in Essigsäure,

die Oxalate als Salze einer stärkeren Säure dagegen nur
spärlich, dagegen leicht in Salzsäure. Da indessen die
Löslichkeit der Niederschläge in den Säuren nicht nur von
diesem Umstande, sondern auch von dem Zahlenwerte des
Löslichkeitsproduktes abhängt, so ist eine größere Mannigfaltigkeit vorhanden, als nach jenem Umstand allein zu
erwarten wäre. So ist beispielsweise Ferriphosphat wegen
eines sehr kleinen Löslichkeitsproduktes nicht wie die
meisten andern Phosphate in Essigsäure löslich.

Ganz dieselben Betrachtungen finden Anwendung auf
die allerdings selten vorkommende Lösung schwerlöslicher
Salze schwacher löslicher Basen in starken Basen.

Die eben betrachteten Fälle sind nicht die einzigen,
wo durch Reagenzien unlösliche Niederschläge in Lösung
gebracht werden; denn die Ionen können noch andere
Schicksale erfahren, als den Übergang in Wasser oder
in nichtdissoziierte Säuren oder Basen. Jeder Vorgang,
durch den die Konzentration eines Ions vermindert wird,
wirkt, wie erwähnt, in gleichem Sinne. Um über die
Beschaffenheit der möglichen Fälle ein Bild zu geben, seien
noch einige Erscheinungen dieser Art besprochen; im
speziellen Teile sollen alle derartigen analytisch wichti-
geren Reaktionen Erörterung finden.

Tonerde löst sich in Alkalien leicht auf, während sie
in Wasser sehr schwer löslich ist. Die rein wässerige
Lösung enthält die Ionen $Al^{...}$ und $3 (OH)'$, und der
Niederschlag ist mit diesen sowie mit nichtdissoziiertem
gelöstem Aluminiumhydroxyd im Gleichgewicht. Durch
den Zusatz des Kalis bildet sich mit letzterem Kaliumaluminat, AlO_3K_3, dessen Ionen AlO_3''' und $3 K^{.}$ sind, und
von der gefällten Tonerde muß sich ein Teil lösen, um
den umgewandelten Anteil zu ersetzen und das Gleichgewicht herzustellen. Auch dieser wird durch das Kali
in gleicher Weise beeinflußt, und dies wiederholt sich, bis
das Kali nicht mehr fähig ist, Aluminiumhydroxyd in

Kaliumaluminat zu verwandeln. Hier beruht also die Wirkung darauf, daß das Kation $Al^{...}$ durch Hydroxylion nach der Gleichung $Al^{...} + 6\,OH' = AlO_2''' + 3\,H_2O$ in das Anion AlO_3''' übergeführt wird und somit für das Gleichgewicht verloren geht.

Einfacher noch erklärt sich die lösende Wirkung des Ammoniaks auf Kupfer-, Silber-, Nickelsalze usw. Hier erfolgt zunächst die S. 86 erwähnte Fällung des Hydroxyds. Beim weiteren Zusatz vereinigt sich das Metallion mit dem überschüssigen Ammoniak zu einem zusammengesetzten Ion von der allgemeinen Formel $M \cdot n\,NH_3$; durch das Verschwinden des Metallions wird das Gleichgewicht gestört, es geht neues Hydroxyd in Lösung, dessen Metallion wieder verbraucht wird, und so fort.

Ähnlich erklärt sich die Löslichkeit, welche viele sonst unlösliche Metallverbindungen dem Zyankalium gegenüber zeigen. Ferrohydroxyd wirkt beispielsweise auf Cyankalium unter Bildung von Blutlaugensalz und freiem Kali: $Fe(OH)_2 + 6\,KCN = K_4Fe(CN)_6 + 2\,KOH$. Der Vorgang ist der, daß sich das Ferroion mit Zyanion nach der Gleichung $Fe^{..} + 6\,CN' = Fe(CN)_6''''$ zu Ferrozyanion, dem Anion des Blutlaugensalzes, vereinigt, wodurch in dem Maße, als Ferrohydroxyd in Lösung geht, dieses immer wieder fortgenommen wird, so daß sich stets neues Hydroxyd lösen muß, bis die der Formel entsprechende Menge umgewandelt ist. Die Lösung enthält keine analytisch nachweisbaren Mengen von Ferroion, denn sie gibt keine von den Reaktionen, die den Ferrosalzen zukommen.

23. Komplexe Verbindungen.

Diese letztgenannten Fälle sind dadurch gekennzeichnet, daß von den Ionen des ursprünglichen Salzes eines dadurch zum Verschwinden gebracht wird, daß es als Bestandteil in eine zusámmengesetztere Verbindung eintritt, in welcher es nicht mehr (oder nur in sehr geringem Maße) die Rolle eines Ions spielt. Derartige Fälle sind nicht selten und haben insofern eine besondere Bedeutung für die analytische Chemie, als bei ihrem Auftreten die gewöhnlichen Reaktionen des fraglichen Ions aufhören, um andern Platz zu machen. So haben die ammoniakalischen Silber- und Kupferlösungen wesentlich andere Reaktionen, als die gewöhnlichen Salze dieser Metalle; im Ferrozyankalium ist durch die üblichen Reagenzien kein Eisen nachzuweisen, usw.

Man nennt solche Salze, in welchen Elemente, die sonst als Ionen auftreten können, Bestandteile größerer Komplexe sind, welche das fragliche Ion nicht in nachweisbarem Maß abscheiden, *komplexe Salze*. Man muß von ihnen die gewöhnlichen Doppelsalze, wie Alaun, Kaliummagnesiumsulfat, Karnallit usw. unterscheiden; an diesen sind sämtliche Reaktionen der Bestandteile nachweisbar, und die Verbindungen, die in fester Form sich gebildet haben, sind in der Lösung, wenn nicht gänzlich, so doch zum größten Teil in ihre Bestandteile, bzw. deren Ionen zerfallen. Während daher Doppelsalze keinerlei Änderungen in dem analytischen Nachweis der Bestandteile bedingen, tun es die komplexen Salze.

Was die analytische Behandlung solcher Fälle betrifft, so hat man zwei Wege. Man stellt entweder die analytischen Eigenschaften der komplexen Ionen fest und ermittelt sie, wie einfache Ionen. Oder man zerstört die Komplexe durch passende Eingriffe (Erhitzen mit starken Säuren oder Basen oder dergleichen) und braucht dann die Untersuchung nur auf die einfachen Ionen zu richten.

Endlich sind noch einige Bemerkungen über die relative Beständigkeit der komplexen Ionen zu machen. Diese ist sehr verschieden; während das Ferrozyanion, $Fe(CN)_6''''$, sehr beständig ist und deshalb keine einzige Eisenreaktion gibt, sind andere Komplexe weniger beständig und geben einzelne Reaktionen der einfachen Ionen. So werden die

Salze des komplexen Zyansilberions, z. B. das Kaliumsalz
$KAg\,(CN)_2$, zwar nicht durch Chloride, Bromide und Jodide
zerstört — diese Stoffe geben die Silberreaktion nicht —,
wohl aber durch Schwefelwasserstoff, bzw. Schwefelammonium. Dies zeigt, daß der Komplex $Ag\,(CN)_2{}'$ teilweise,
wenn auch in sehr geringem Grade, in die Ionen $Ag\cdot$ und
$2\,CN'$ zerfällt. Es ist also in der Lösung des Kalium-
salzes ein sehr geringer, aber doch endlicher Betrag an
Silberion vorhanden. Dieser reicht nicht aus, um mit den
Halogenen das Löslichkeitsprodukt der entsprechenden
schwerlöslichen Salze zu ergeben; das sehr viel kleinere
Löslichkeitsprodukt des Schwefelsilbers wird aber bei
Gegenwart von Schwefelammonium erreicht, und daher
scheidet sich Schwefelsilber ab.

Es ist also ganz wohl möglich, daß komplexe Verbindungen einzelne Reaktionen der einfachen Ionen geben, und
andere nicht; erstere werden immer die *empfindlicheren* sein.

Ganz ähnlich verhalten sich oft die Halogene und die
zusammengesetzten Anionen. So sind in solchem Sinne
die Sauerstoffsäuren der Halogene, die Halogensubstitutions-
produkte organischer Verbindungen, die sauren Ester der
Schwefelsäure und anderer mehrbasischer Säuren komplexe Verbindungen, da sie nicht die Reaktionen der genannten einfachen Ionen geben. Doch sind derartige Erscheinungen in diesem Falle so überaus häufig, daß sie
dem Bewußtsein der Chemiker ganz geläufig sind und
nicht den scheinbar widersprechenden Eindruck machen,
wie die relativ selteneren komplexen Metallverbindungen.

Weitere Fälle werden im speziellen Teile behandelt
werden.

§ 5. Reaktionen mit Gasentwicklung oder -absorption.

24. Gasentwicklung.

Der zweite Fall, daß die Trennung flüssig-gasförmig angestrebt wird, kommt viel seltener in Frage, als die Fällung.

Man kann hier zwei entgegengesetzte Operationen unterscheiden: es sind entweder Flüssigkeiten gegeben, und man führt einen Bestandteil in ein Gas über, oder es sind gemengte Gase gegeben, und man verwandelt eines derselben in einen flüssigen bzw. festen Stoff.

Für die Entwicklung eines Gases aus einer Flüssigkeit, in welcher es seinen Bestandteilen nach oder potentiell enthalten ist, gelten ebenso wie bei Fällungen die Gesetze des heterogenen Gleichgewichts. Nur fehlt die Vereinfachung, welche bei der Fällung eintrat, daß einer der Stoffe von konstanter Konzentration ist. Zwar kann man das Gas, solange es rein ist und unter konstantem Drucke (z. B. dem der Atmosphäre) steht, als einen Stoff von konstanter Konzentration betrachten. Durch Beimischung eines andern Gases gelingt es aber leicht, die Konzentration oder den Teildruck auf beliebig kleine Werte herabzubringen, und in dieser Möglichkeit liegt ein wichtiges analytisches Hilfsmittel.

Bei Gaslösungen treten ebenso wie bei Lösungen fester Stoffe sehr leicht Übersättigungserscheinungen ein, die bei geringen Graden lange bestehen können, bei erheblichen dagegen sich freiwillig aufheben und dann zu der Erscheinung des *Aufbrausens* Ursache geben. Das Mittel sie aufzuheben, besteht in der Berührung mit einem *beliebigen* Gas, ist also allgemeiner, als im Falle der festen Körper. Dort, wo die übersättigte Lösung an ein Gas grenzt, findet eine Diffusion des gelösten Gases in das vorhandene statt, die um so schneller erfolgt, je beträchtlicher der Grad der Übersättigung ist. Dadurch dient jede in der Flüssigkeit befindliche Gasblase als Hilfsmittel für die Ausscheidung weiteren Gases. Man macht hiervon Gebrauch, um die letzten Anteile eines Gases, die sich nicht freiwillig entwickeln, mittels Durchleitens eines indifferenten Gasstromes der Flüssigkeit zu entziehen.

Die Menge des Gases, welches ohne dies Mittel in der Flüssigkeit zurückbleiben würde, ist proportional dem Druck, dem Absorptionskoeffizienten des Gases in der Flüssigkeit (der mit steigender Temperatur meist abnimmt) und dem Volum der letztern. Eine freiwillige Gasentwicklung oder ein Aufbrausen wird nur dann eintreten, wenn die entstandene Menge des gasförmigen Stoffes erheblich mehr beträgt, als die gemäß den oben angegebenen Umständen lösliche Menge. Daher ist es in solchen Fällen, wo nur wenig Gas zu erwarten ist, ratsam, mit möglichst konzentrierten Flüssigkeiten und bei erhöhter Temperatur zu arbeiten.

Gase, welche bei der Auflösung in Wasser größtenteils in Ionen übergehen, lassen sich aus einigermaßen verdünnten Lösungen nicht mehr als solche entfernen. Beispiele sind die Halogenwasserstoffsäuren. Um solche Stoffe gasförmig zu erhalten, muß man sie unter Umständen erzeugen, wo die Ionenbildung unmöglich oder doch möglichst eingeschränkt ist, insbesondere bei Abwesenheit von Wasser. Auch die Austreibung von Chlorwasserstoffgas aus wässeriger Salzsäure durch Zusatz von konzentrierter Schwefelsäure, deren man sich gelegentlich zur Reinigung der rohen Salzsäure bedient, beruht zum Teil auf der Rückbildung nicht dissoziierten Chlorwasserstoffes gemäß den Auseinandersetzungen auf S. 71.

Dementsprechend sind auch alle Gase, welche sich vollständig aus der wässerigen Lösung entfernen lassen, entweder indifferenter Natur, oder wenn sie sauer oder basisch sind, so geben sie nur schwache Säuren und Basen. Ammoniak und Schwefeldioxyd bezeichnen ungefähr die Grenze dafür. Dieser Gesichtspunkt ist auch maßgebend für die Überführung vorhandener Stoffe in Gase zum Zweck der Trennung: das entstehende Gas muß möglichst indifferenter Natur sein, denn Ionen sind nicht flüchtig.

Eine schwache Dissoziation erschwert zwar die Trennung, hebt ihre Möglichkeit aber nicht auf. Denn wenn auch nur der nichtdissoziierte Anteil Gasform annimmt und entfernt werden kann, so wird doch durch Verminderung dieses Anteiles das Gleichgewicht stets in dem Sinne gestört, daß sich neue nichtdissoziierte Substanz auf Kosten der Ionen bildet, bis diese schließlich verschwunden sind.

25. Gasabsorption.

Das Umgekehrte gilt für die chemische Absorption eines Gases: man muß trachten, es in den Ionenzustand überzuführen; saure Gase werden somit durch alkalische, basische durch saure Flüssigkeiten zu absorbieren sein. Indifferente Gase durch Absorption aus einem Gemisch zu entfernen, hält viel schwerer, weil Reaktionen, bei denen Nichtelektrolyte beteiligt sind, meist langsamer als die Ionenreaktionen verlaufen. Im übrigen ist auch in diesem Falle möglichst ausgiebige Berührung anzustreben, worüber schon früher das Erforderliche gesagt worden ist.

Chemische Gasabsorption durch feste Stoffe findet unter den gleichen Umständen statt. Die wesentliche Rolle der Ionen hierbei tritt durch den Umstand zutage, daß mit vollkommen trockenen Substanzen die gewohnten Reaktionen zwischen Gasen allein, sowie zwischen Gasen und festen Körpern auszubleiben pflegen. Eine besondere Vorsicht in dieser Richtung ist bei der Analyse nur selten zu beobachten erforderlich, da die meisten Stoffe bei ihrer Handhabung genug Feuchtigkeit anziehen, damit sich die erforderliche äußerst geringe Menge der Ionen bilden und die Reaktion eintreten kann. Ob diese Erklärung in allen derartigen Fällen zutrifft, ist allerdings bisher noch nicht eingehend genug untersucht worden.

§ 6. Reaktionen mit Ausschütteln.

26. Einfluß des Ionenzustandes.

Bei Trennungen mit Hilfe zweier nicht mischbarer Lösungsmittel handelt es sich stets einerseits um wässerige Lösungen, und man kann sich wiederum die Regel merken, daß *Ionen* die wässerige Lösung ebensowenig in diesem Falle verlassen, wie sie geneigt sind, Gasgestalt anzunehmen. Um also einen Stoff mit Äther, Benzol oder dergleichen aus seiner wässerigen Lösung zu entfernen, muß er in einen Zustand übergeführt werden, in welchem er weder selbst ein Ion, noch auch ein Bestandteil eines solchen ist.

Bei teilweise dissoziierten Stoffen gelten gleichfalls die Betrachtungen von S. 71. Der Ausschüttelung unterliegt praktisch nur der nichtdissoziierte Anteil, und auf ihn allein bezieht sich der Teilungskoeffizient und das S. 74 dargelegte Gesetz. Um also solche Stoffe möglichst vorteilhaft auszuschütteln, wird man die Umstände so zu regeln suchen, daß der nichtdissoziierte Anteil möglichst groß ist. Hierzu dient einerseits möglichste Konzentration der wässerigen Lösung, sodann ist aber bei mittelstarken Säuren ein Zusatz von sehr starker Säure, z. B. Salzsäure, bei mittelstarken Basen ein Zusatz von Alkali von großem Nutzen. Denn durch solche Zusätze wird gemäß den Darlegungen auf S. 71 der nichtdissoziierte Anteil erhöht, und eine gegebene Menge des zweiten Lösungsmittels entzieht der wässerigen Lösung mehr von dem fraglichen Stoff, als ohne den Zusatz.

Es ist zu erwarten, daß man die Trennungsmethoden durch Ausschütteln, z. B. in bezug auf Alkaloide, noch mehr wird ausbilden können, als es zurzeit geschehen ist. Insbesondere wird man Unterschiede zwischen starksaurer Lösung (Salzsäure) und schwachsaurer (Essigsäure plus Natriumazetat) machen können, von denen die eine Stoffe zurückhalten wird, welche sich aus der andern werden ausschütteln lassen.

§ 7.   Das elektrische Verfahren.

27. Reaktionen an den Elektroden.

Verschieden von allen bisher besprochenen Trennungs-
und Scheidungsmethoden sind die elektrolytischen, da bei
ihnen die chemische Umwandlung und die mechanische
Trennung in einem Akt zusammenfällt. Das Verfahren beruht darauf, daß durch die Einwirkung eines elektrischen
Stromes die mit positiver Elektrizität behafteten Kationen
sich im Sinne des positiven Gefälles der elektrischen
Spannung, die Anionen im entgegengesetzten Sinne bewegen. Solange diese Bewegungen innerhalb der elektrolytischen Flüssigkeit stattfinden, stehen sie unter dem
Gesetze, daß in jedem Raume gleichviel positive und
negative Elektrizität, also auch äquivalente Mengen positiver und negativer Ionen sich befinden müssen. Denn
nach dem Faradayschen Gesetz sind äquivalente Mengen
beliebiger Ionen mit gleichen Mengen Elektrizität verbunden, die Kationen mit positiver, die Anionen mit
negativer. Dadurch wird bewirkt, daß, solange der Strom
nur innerhalb der Flüssigkeit verläuft, durch ihn überhaupt
keine Trennung hervorgebracht wird; die Ionen verschieben sich zwar gegeneinander, aber es tritt in jedem
Raume der Flüssigkeit genau so viel von jeder Ionenart
wieder ein, als durch den Einfluß des Stromes eben aus-
getreten war.

Ganz andere Verhältnisse machen sich geltend, wenn
der elektrische Strom veranlaßt wird, aus der Flüssigkeit
herauszutreten. Wieder kann dies nur so geschehen, daß
gleiche Mengen positiver und negativer Elektrizität die
Flüssigkeit gleichzeitig verlassen; man nennt die Stelle,
an der das erste geschieht, die Kathode, die andere die
Anode. Indem die Elektrizität aus der Flüssigkeit tritt,
muß eine entsprechende Menge der Ionen, an denen sie
bisher gehaftet hatte, in den unelektrischen oder Nicht-

Ionen-Zustand übergehen. Dies geschieht ausschließlich
an der Stelle, wo der Austritt der Elektrizität aus dem
Elektrolyt erfolgt, die elektrolytischen Reaktionen erfolgen
daher nur in der Berührungsfläche der Elektroden mit
dem Elektrolyt.

Die Art der Vorgänge, welche an den Elektroden erfolgen können, ist nicht immer die gleiche. Der einfachste
Fall ist der erwähnte, daß gleichzeitig äquivalente Mengen
des Kations und des Anions in den unelektrischen Zustand
übergehen. Dies liegt z. B. bei der Elektrolyse des geschmolzenen Chlormagnesiums vor: das Anion ist das Chlor,
welches aus dem Ionenzustande, in welchem es im geschmolzenen Salze vorhanden ist, in den Zustand des gewöhnlichen unelektrischen Chlors übergeht, welches sich
an der Anode, die man aus Kohle zu nehmen pflegt, gasförmig entwickelt. An der Kathode geht ganz der gleiche
Prozeß mit dem Magnesiumion vor sich: es geht in das
nichtelektrische Magnesium, d. h. das gewöhnliche Metall,
über, das sich dort abscheidet.

Die Bedingung, daß in jedem Raumteil des Elektrolyts
gleiche Mengen positiver und negativer Elektrizität vorhanden sein müssen, läßt sich aber noch auf andere Weise
erfüllen. Wenn an der Stelle, wo infolge des Stromes eine
bestimmte Menge negativer Elektrizität austreten muß, statt
dessen die gleiche Menge positiver Elektrizität *eintritt*, so
ist die Bedingung gleichfalls erfüllt, da sich allgemein jede
Bewegung positiver Elektrizität durch eine gleiche entgegengesetzte Bewegung negativer Elektrizität ersetzen läßt. Der
chemische Vorgang, welcher dem zweiten Fall entspricht,
ist aber ein ganz anderer, denn jetzt bleibt das Anion in
der Flüssigkeit, und es tritt neu die entsprechende Menge
eines Kations dort auf. Man erreicht dieses Resultat, wenn
man die Elektrode aus einem Stoff macht, welcher durch
die Aufnahme positiver Elektrizität in den Ionenzustand
übergehen kann. Ist z. B. die **Anode** in dem eben er-

wähnten Fall aus Eisen oder einem andern unedeln Metall, so wird das Chlor nicht den Ionenzustand verlassen, sondern es wird umgekehrt eine äquivalente Menge Eisen in den Zustand des entgegengesetzten Ions übergehen.

Da man den Übergang eines Metalls in das entsprechende Kation mit dem Namen der Oxydation, und den entgegengesetzten mit dem Namen der Reduktion bezeichnet, so kann man allgemein sagen: die Anode wirkt oxydierend, die Kathode reduzierend. Dies trifft auch für die Stoffe zu, welche aus dem unelektrischen Zustand in den negativer Ionen übergehen können, wie Chlor und Jod; auch diese werden an der Kathode reduziert, an der Anode oxydiert.

Endlich ist noch eine dritte Möglichkeit der Reaktion an der Elektrode vorhanden. Die nötige Änderung der Elektrizitätsmenge kann auch dadurch erfolgen, daß ein Ion in ein anderes übergeht, welches eine größere oder kleinere elektrische Ladung hat, ohne daß seine chemische Zusammensetzung eine andere ist. Solche Ionen mit verschiedener Ladung und entsprechend verschiedener Wertigkeit kommen insbesondere bei den Metallen vor: so kann Quecksilber und Kupfer ein- und zweiwertig, Zinn zwei- und vierwertig, Eisen und Chrom zwei- und dreiwertig, Thallium und Gold ein- und dreiwertig auftreten. Dementsprechend geht ein Ferrosalz an der Anode in das Ferrisalz, ein Merkurisalz an der Kathode in ein Merkurosalz über, wenn die Bedingungen solche sind, daß die entstehenden anderswertigen Ionen beständig sein können.

28. Die Spannungsreihe.

Von diesen verschiedenen Möglichkeiten wird in der Elektroanalyse nur ein geringer Gebrauch gemacht, denn diese beschränkt sich zurzeit fast ausschließlich auf die erste Reaktion, die Überführung von Metallionen in den unelektrischen Zustand oder die Ausscheidung gelöster me-

7*

tallischer Elemente im regulinischen Zustande. Hierbei sind
folgende Umstände maßgebend:

Jedes Metall hat gegen die Lösung irgendeines seiner
Salze einen bestimmten Potentialunterschied, welcher bei gegebener Temperatur nur von der Konzentration des Metallions in der Lösung abhängig ist. Dieser Unterschied kann
positiv oder negativ sein, dementsprechend kann der Übergang des Metalls in den Ionenzustand entweder unter Gewinn
oder unter Aufwand von Arbeit erfolgen. Das erstere findet
bei den leicht oxydierbaren, d. h. leicht in den Ionenzustand
übergehenden Metallen statt; hierher gehören die Metalle
vom sogenannten positiven Ende der Spannungsreihe, vom
Kalium ab bis zum Blei. Umgekehrt erfordert der Übergang der Metalle vom Blei ab, also des Kupfers, Quecksilbers, Silbers usw., aus dem metallischen in den Ionenzustand Arbeit, und der umgekehrte Übergang der Ionen
in die Metalle findet unter Arbeitsgewinn statt; man nennt
daher diese Metalle leicht reduzierbar. Stellt man sich daher
ein Gemisch aus den Elektrolyten sämtlicher Metalle vor,
auf welches immer größere und größere elektromotorische
Kräfte wirken, so werden die Metalle nach der Reihe der
Spannungsunterschiede abgeschieden werden, welche
zwischen ihnen und ihren Elektrolyten bestehen. Es werden
die sogenannten edeln Metalle zuerst erscheinen, bei
höherer Spannung das Kupfer, dann das Blei, Eisen, Zinn,
Kadmium, Zink usw.

29. Einfluß des Wassers.

Bestände dies Gemisch nur aus den metallischen Kationen und den erforderlichen Anionen, so wäre diese
Analyse unbegrenzt bis zum Kalium durchzuführen. In
wässeriger Lösung tritt aber eine frühere Grenze ein,
welche darin liegt, daß auch im Wasser ein Kation vorhanden ist, welches bei einem bestimmten Potential ausgeschieden wird: es ist dies der Wasserstoff. Wenn die

Spannung bis zu dem Werte gestiegen ist, welcher für seine
Ausscheidung unter den vorhandenen Umständen erforderlich ist, so können die auf ihn folgenden Metallionen nicht
mehr entladen werden, und die Möglichkeit der elektrolytischen Ausscheidung hat an dieser Stelle ein Ende.

Die Stellung des Wasserstoffes in der Spannungsreihe
ist nun keine so bestimmte, wie die der festen Metalle, was
mit seinem gasförmigen Zustande zusammenhängt. Dieser
bedingt die Möglichkeit ungemein bedeutender Übersättigungserscheinungen, so daß sich bei geeigneter Anordnung
die Stellung des Wasserstoffes weit nach der positiven oder
Zinkseite verschieben läßt.   Tatsächlich hat er unter normalen Verhältnissen seine Stelle in der Nähe des Bleies,
und bei der Elektrolyse der Salze aller positiveren Metalle,
z. B. des Kadmiums oder Zinks, müßte man an Stelle des
Metalls aus wässerigen Lösungen nur Wasserstoff erhalten.
Dies geschieht auch, wenn man die Elektrolyse mit einem
sehr schwachen Strome führt, so daß die eintretenden Über-
sättigungen sich auszugleichen Zeit haben. Vergrößert man
aber die Stromstärke oder genauer die Stromdichte, d. h.
die Stromstärke dividiert durch die Elektrodenfläche, so tritt
diese Reaktion zurück, und man erhält statt der Elektrolyse
des Wassers hauptsächlich die des vorhandenen Metallsalzes.
Weiter als bis zum Zink kann man auf diese Weise unter
gewöhnlichen Umständen kaum gehen, doch hat Bunsen
gezeigt, daß man unter Benutzung besonders großer Strom-
dichten aus konzentrierten Lösungen in der Wärme auch
Barium und andere Erdalkalimetalle fällen kann. Hierbei
ist die Anwendung einer Elektrode aus Quecksilber von
besonderm Nutzen, da an der glatten Oberfläche des
flüssigen Metalls die Übersättigung des Wasserstoffes viel
höhere Werte annehmen kann, als an gewöhnlichen festen
Elektroden.

Das Potential, bei welchem die Ausscheidung eines bestimmten Metalls erfolgt, ist, wie schon erwähnt, von der

Konzentration seines Ions abhängig, und es muß daher um
so mehr sich nach der Zinkseite verschieben, je geringer
die Konzentration des betreffenden Kations wird. Für die
Konzentrationen, welche analytisch in Betracht kommen, ist
indessen der Unterschied nicht groß; die Verminderung der
Ionenkonzentrationen auf den tausendsten Teil des anfäng-
lichen Wertes, welche die Grenze der meisten quantitativen
Bestimmungen ist, bedingt im äußersten Falle, bei einwertigen Metallen, eine Spannungsänderung von 0,17
Volt; in dem Fall eines zweiwertigen Metalls nur eine halb
so große. Die zwischen den verschiedenen Metallen
bestehenden Unterschiede sind meist viel größer.

30. Einfluß komplexer Verbindungen.

Ganz anders werden die Verhältnisse, wenn die Konzentration des Metallions dadurch eine Änderung erleidet,
daß es in eine komplexe Verbindung, d. h. eine solche, in
welcher es nicht die Reaktionen seines Ions zeigt, übergeht.
Obwohl wir auch in einem solchen Fall annehmen müssen,
daß die Lösung eine gewisse Menge des Metalls im Zustand
eines gewöhnlichen Ions enthält, so kann dieser Betrag
doch unter Umständen außerordentlich gering sein, so
gering, daß er bei weitem alle Grenzen des analytischen
Nachweises hinter sich läßt (S. 92). Dann finden allerdings
bedeutende Verschiebungen in der scheinbaren elektrochemischen Stellung des Metalls statt, und zwar ausnahmslos
nach der Zinkseite; das Metall verhält sich mit andern
Worten weniger edel. So wird z. B. Gold von dem Sauerstoff der Luft nicht angegriffen, auch nicht, wenn es mit
Säuren in Berührung ist. Eine verdünnte Lösung von Zyankalium greift dagegen das Gold an, wenn die Luft Zutritt
hat; ohne Sauerstoffzutritt ist sie ohne Wirkung. Dies rührt
daher, daß das Gold mit Zyankalium ein komplexes Salz,
das Kaliumsalz das Aurozyanions, bildet. In den Lösungen

dieses Salzes ist das Gold fast ausschließlich im Zustande des komplexen Anions Au $(CN)_2'$ vorhanden, und die Konzentration des Goldions darin ist so gering, daß zwischen dem Metall und der Lösung ungefähr der Potentialunterschied besteht, wie zwischen Kupfer und Salzsäure, die etwas Kupfer enthält; infolgedessen wirkt der Luftsauerstoff auf dies System wie auf Kupfer in Salzsäure, d. h. das Metall wird unter Aufnahme von Sauerstoff aufgelöst.

31. Zusammenfassung.

In diesen Darlegungen sind die wesentlichsten Umstände enthalten, welche für die analytische Anwendung der Elektrolyse in Betracht kommen. Der wichtigste Vorteil des Verfahrens besteht darin, daß durch den Übergang der Metallionen in das Metall die *mechanische Abscheidung* des letztern ohne alle weitere Arbeit, wie Filtrieren und dergleichen, stattfindet. Allerdings wird dieser Vorteil nur erreicht, wenn das Metall in Gestalt einer dichten Masse ausfällt, was nicht unter allen Umständen eintritt; für die Praxis der Elektroanalyse ist es daher wesentlich, die Verhältnisse zu wissen, unter denen das Metall die gewünschte Form annimmt. Allgemeines läßt sich hierüber zurzeit noch nicht sagen, und man ist hier noch auf die empirische Ermittlung der vorteilhaften Bedingungen angewiesen. In vielen Fällen gestaltet sich die Abscheidung aus komplexen Verbindungen besser, als aus einfachen Salzen.

Ferner erfolgt die Abscheidung an einer vorher bestimmten Stelle, nämlich an der Kathode; man kann also den gesuchten Stoff zwingen, sich aus einer beliebig großen Flüssigkeitsmasse an einen bestimmten Punkt hinzubegeben, und erspart sich dadurch die Behandlung der gesamten Flüssigkeitsmasse durch Filtrieren u. dgl. Endlich bedürfen die elektrolytischen Vorgänge, wenn einmal die erforderlichen Bedingungen hergestellt sind, zu ihrer Beendigung

oft keiner Arbeit oder Aufsicht, wodurch das Ergebnis der
Analyse in viel geringerem Grade von der Geschicklichkeit
des Arbeitenden abhängig gemacht wird, als bei den gewöhnlichen mechanischen Methoden. Dadurch, daß man
den Elektrolyt sich schnell gegen die Elektroden bewegen
läßt, kann man die Geschwindigkeit der Ausscheidung sehr
bedeutend beschleunigen, weil die örtliche Verarmung an
den Elektroden, welche durch die Ausscheidung entsteht,
und durch welche unerwünschte Nebenreaktionen bewirkt
werden, hierdurch aufgehoben wird. Alsdann kann man
auch viel stärkere Ströme anwenden und die Analyse
entsprechend schneller zu Ende führen.

Die Elemente, welche bisher in der Elektroanalyse metho-
disch behandelt worden sind, beschränken sich fast ausschließlich auf die Schwermetalle. Die Leichtmetalle nehmen
in der elektrochemischen Spannungsreihe eine Stelle ein,
welche vom Wasserstoff zu weit entfernt ist, als daß man
ihre elektrolytische Abscheidung aus wässeriger Lösung bequem bewerkstelligen könnte. Die meisten Metalle scheiden
sich an der Kathode aus; doch ist zu bemerken, daß die
Metalle, welche elektrisch leitende Peroxyde zu bilden ver-
mögen, namentlich Mangan und Blei, sich sehr gut in dieser
Gestalt an der Anode ausscheiden lassen, wie das schon
vor vielen Jahren von Becquerel gezeigt worden ist.

32. Die Trennung.

Die quantitative *Trennung* der Metalle auf elektrolytischem
Wege beruht auf den eben erörterten Unterschieden der
Spannung, welche zur Ausscheidung im metallischen Zustand erforderlich sind. Man kann entweder dadurch, daß
man gewisse vorhandene Metalle in komplexe Verbindungen
überführt, deren Fällungsspannung sehr hoch liegt, diese an
der Ausscheidung unter den gewöhnlich eingehaltenen
Bedingungen verhindern; dies ist das bisher gewöhnlich be-

nutzte Verfahren. Oder man kann auch von vornherein eine
bemessene elektromotorische Kraft anwenden, welche höher
ist, als die zur Fällung des edelsten der vorhandenen Metalle
erforderliche Spannung, aber niedriger, als die Zersetzungs-
spannung der folgenden Metalle. Auf Grund des Umstandes,
daß die Beständigkeit und daher auch die Zersetzungs-
spannung der komplexen Salze, welche verschiedene Metalle
unter gleichen Umständen bilden, häufig sehr verschieden
sind, kann man vielfach die Bedingungen weit genug abändern, um die vorteilhaftesten Verhältnisse zu wählen.

Auf die Trennung von Halogenen ist das Prinzip der be-
messenen elektromotorischen Kräfte gleichfalls anwendbar.

§ 8.   Ein Gesetz über Stufenreaktionen.

In vielen Fällen ist das Ergebnis einer chemischen
Reaktion zwischen gegebenen Stoffen nicht eindeutig,
sondern es können unter gleichen Verhältnissen mehrere
verschiedene Ergebnisse eintreten. Diese stehen untereinander meist in dem Verhältnis, daß zwischen ihnen auch
die Möglichkeit der Umwandlung besteht, so daß man alle
einzelnen Formen, die sich aus dem gegebenen Anfangszustande bilden können, schließlich in eine Reihe ordnen
kann, die mit dem Anfangszustande beginnt, und in der
dann alle weiteren möglichen Zustände nach Maßgabe
ihrer geringeren und größeren Beständigkeit auftreten.
In einer solchen Reihe würde eine freiwillige Umwandlung
nur in einem Sinne, von der weniger beständigen Form
zu der beständigeren, eintreten können, nie aber im entgegengesetzten Sinne.

Man kann nun die Frage aufstellen, welche von den
möglichen Formen erreicht wird, wenn man z. B. die unbeständigste Anfangsform durch irgendeinen Vorgang
erzeugt und nun der freiwilligen Umwandlung überläßt.
Man sollte glauben, daß die unter den gegebenen Verhält-

nissen beständigste Form, also die letzte in der erwähnten
Reihe entstehen müßte. Die Beobachtung lehrt, wie das von
verschiedenen Forschern in einzelnen Fällen, und dann von
mir allgemein ausgesprochen worden ist[1]), *daß nicht die
beständigste Form unter solchen Umständen zuerst aufgesucht
wird, sondern im Gegenteil die unbeständigste, die noch möglich ist, oder mit andern Worten die nächstliegende in der
Reihe der Beständigkeiten.*

Beispiele für den Satz finden sich überall. So wird durch
Fällungsreaktionen stets zunächst eine übersättigte Lösung
erzeugt, die dann erst später, zuweilen nach längerer Zeit,
z. B. bei der Fällung der Kaliumsalze durch Weinsäure, die
feste Form entstehen läßt. Wenn mehrere feste Formen
möglich sind, so bildet sich zunächst die unbeständigere und
löslichere; darum fallen die Niederschläge in dem ersten
Augenblick fast alle amorph aus, und wenn man sie sofort
abfiltrieren wollte, würde man erhebliche Mengen des zu
fällenden Stoffes in der Lösung lassen. Wird Quecksilberchlorid durch Zinnchlorür gefällt, so fällt nicht metallisches
Quecksilber aus, welches das letzte Stadium der Reaktion
darstellt, sondern, wie groß auch der Überschuß des Re-
duktionsmittels ist, es fällt zunächst immer Kalomel. Ebenso
bilden sich bei der Einwirkung der Oxydationsmittel auf
oxydierbare Stoffe nicht sofort die Produkte der vollständigen Oxydation, sondern die Zwischenstufen, selbst
wenn diese schneller oxydierbar sind, als die ersten. Ein
bekanntes Beispiel ist die Oxydation des Alkohols durch
Chromsäure, welche zuerst Aldehyd gibt, obwohl dieser
weit oxydierbarer ist, als der Alkohol selbst, indem er
sich mit dem Luftsauerstoff verbinden kann, was der
Alkohol ohne Ferment oder Katalysator nicht tut.

Die Wirksamkeit dieses Gesetzes bedingt, daß die
analytischen Fällungen und manche andere Reaktionen,

---

[1]) Zeitschr. f. phys. Chemie 22, 306. 1897.

obwohl sie in der Lösung meist schnell verlaufende
Ionenreaktionen sind, eine erhebliche Zeit erfordern, wenn
sie in quantitativer Genauigkeit durchgeführt werden
sollen. Die Notwendigkeit, den Schüler dazu anzuhalten,
daß er sich die erforderliche Zeit bei seiner Arbeit nimmt,
ist jedem Lehrer bekannt, ebenso wie die Abneigung des
Anfängers, so zu verfahren. Mit der Einsicht in die Ursache dieser Regel, die vorstehend auseinandergesetzt
worden ist, wird der Lehrer seinen Schüler wirksamer
in dieser Hinsicht beeinflussen können, wie auch der
Schüler sich leichter einer Regel fügt, deren Grund er
begreift.

Fünftes Kapitel.

Die Messung der Stoffe.

1. Allgemeines.

MIT der Erkennung des Stoffes, welche häufig nicht ohne vorhergegangene Trennung ihrer Bestandteile ausführbar ist, schließt die Aufgabe der *qualitativen* Analyse ab. Soll aber außerdem noch die Frage beantwortet werden, *wieviel* von jedem Stoff vorhanden ist, so stellt sich eine neue Aufgabe ein, die *Messung* der Stoffmenge.

Der Messung der Stoffe hat ebensowenig wie dem Erkennen derselben die Trennung stets notwendig vorauszugehen; vielmehr kann man häufig die Menge eines Stoffes ermitteln, während er den Bestandteil eines Gemisches ausmacht. Eine sehr häufig vorkommende Aufgabe der quantitativen Analyse geht sogar dahin, den Gehalt der vorgelegten Probe an einem bestimmten Stoffe allein, ohne Rücksicht auf andere vorhandene Stoffe, zu bestimmen. Es sind daher die Methoden gesondert zu betrachten, welche die Mengenbestimmung nur nach vorgängiger Trennung, und die, welche sie ohne Trennung ermöglichen.

Damit ein Stoff bequem und genau meßbar ist, muß er gewisse Bedingungen erfüllen. Soll er beispielsweise gewogen werden, so muß er an der Luft unveränderlich,

nicht wasseranziehend sein, und womöglich Rotglühhitze
ohne chemische Änderung ertragen können. Es ist offenbar,
daß von den existierenden Stoffen nur wenige diesen Bedingungen genügen werden. Diesem Umstande gegenüber macht man in der analytischen Chemie den weit-
gehendsten Gebrauch von dem stöchiometrischen Gesetz
der konstanten Gewichtsverhältnisse. Man führt eine zur
Messung ungeeignete Verbindung in eine andere über,
welche die verlangten Eigenschaften besitzt, und berechnet
die Menge der ersteren aus der gemessenen Menge der
letzteren nach dem Gesetz, daß das Gewicht des ursprünglichen Stoffes zu dem des umgewandelten in einem konstanten Verhältnis steht. Dieses Verhältnis läßt sich nach
dem Gesetz der Verbindungsgewichte berechnen, demzufolge alle chemischen Vorgänge zwischen beliebigen
Elementen nach Maßgabe bestimmter, jedem Element in-
dividuell zukommender Relativzahlen erfolgen, die man
die Verbindungsgewichte nennt. Die Summe der Verbindungsgewichte der Elemente eines zusammengesetzten
Stoffes ist dessen Verbindungsgewicht, und das Verhältnis
der Verbindungsgewichte zweier Stoffe, von denen einer
aus dem andern hergestellt werden kann, ist das Verhältnis der Gewichte, in welchem die verbrauchte Menge
des ersteren Stoffes zur entstandenen des zweiten Stoffes
steht.

Daher läßt sich aus der Kenntnis der Verbindungsgewichte der Elemente und der Formelgleichung für die
fragliche Umwandlung stets der Koeffizient berechnen,
welcher die Menge des gesuchten Stoffes auf die des Um-
wandlungsproduktes reduziert und umgekehrt.

Es ist nicht notwendig, daß in dem Umwandlungs-
produkt überhaupt irgendein Bestandteil des ursprünglichen Stoffes vorhanden ist. So kann man die Menge
Salzsäure, welche in einer Lösung enthalten ist, berechnen,
wenn man diese auf überschüssigen Marmor einwirken

läßt, das entstandene Kohlendioxyd ohne Verlust in Barytwasser leitet, und das gefällte Bariumkarbonat zur Wägung
bringt. Gemäß den Gleichungen

$$2\,HCl + CaCO_3 = CaCl_2 + H_2O + CO_2,$$
$$Ba(OH)_2 + CO_2 = BaCO_3 + H_2O$$

weiß man, daß aus zwei HCl ein $BaCO_3$ geworden ist, und
kann somit den Umrechnungsfaktor gemäß den Formel-
gewichten $2\,HCl = 72.92$ und $BaCO_3 = 197.4$ berechnen;
$\frac{72.92}{197.4} = 0.3694$ ist der Koeffizient, mit welchem die Menge
des Bariumkarbonats zu multiplizieren ist, um die des
Chlorwasserstoffes zu ergeben.

Was für die Wägung gilt, läßt sich auf jede andere
Art der Mengenbestimmung in gleicher Weise anwenden.
Hierdurch entsteht eine sehr große Mannigfaltigkeit der
Meßmethoden. Im folgenden soll stets vorausgesetzt sein,
daß gegebenenfalls von dem Verfahren der Umwandlung
Gebrauch gemacht ist. Für die Anwendung derselben
kommt wesentlich in Betracht, daß die vorzunehmenden
Umwandlungen leicht und vollständig erfolgen; wo nötig,
muß an gewogenen Mengen des Ausgangsmaterials die
Übereinstimmung des theoretischen Faktors mit dem empi-
rischen kontrolliert werden, und alle Methoden, welche
dieser Bedingung nicht entsprechen, bei denen also Nebenreaktionen eintreten, müssen als verdächtig angesehen
und verworfen, bzw. dürfen nur in Ermangelung einer
besseren Methode angewendet werden. Die bei solchen
stöchiometrischen Rechnungen zu benutzenden Verbindungsgewichte der Elemente sind in der folgenden
Tabelle enthalten.

Ag	Silber	107,88	B	Bor	11,0
Al	Aluminium	27,1	Ba	Barium	137,37
Ar	Argon	39,88	Be	Beryllium	9,1
As	Arsen	74,96	Bi	Wismut	208,0
Au	Gold	197,2	Br	Brom	79,92

C	Kohlenstoff	12,005	Ni	Nickel	58,68
Ca	Calcium	40,07	Nt	Niton	222,4
Cd	Cadmium	112,40	O	Sauerstoff	16,00
Ce	Cerium	140,25	Os	Osmium	190,9
Cl	Chlor	35,46	P	Phosphor	31,04
Co	Kobalt	58,97	Pb	Blei	207,20
Cr	Chrom	52,0	Pd	Palladium	106,7
Cs	Cäsium	132,81	Pr	Praseodym	140,9
Cu	Kupfer	63,57	Pt	Platin	195,2
Dy	Dysprosium	162,5	Ra	Radium	226,0
Er	Erbium	167,7	Rb	Rubidium	85,45
Eu	Europium	152,0	Rh	Rhodium	102,9
F	Fluor	19,0	Ru	Ruthenium	101,7
Fe	Eisen	55,84	S	Schwefel	32,06
Ga	Gallium	69,9	Sb	Antimon	120,2
Gd	Gadolinium	157,3	Sc	Scandium	44,1
Ge	Germanium	72,5	Se	Selen	79,2
H	Wasserstoff	1,008	Si	Silicium	28,3
He	Helium	4,00	Sm	Samarium	150,4
Hg	Quecksilber	200,6	Sn	Zinn	118,7
Ho	Holmium	163,5	Sr	Strontium	87,63
In	Indium	114,8	Ta	Tantal	181,5
Ir	Iridium	193,1	Tb	Terbium	159,2
J	Jod	126,92	Te	Tellur	127,5
K	Kalium	39,10	Th	Thor	232,4
Kr	Krypton	82,92	Ti	Titan	48,1
La	Lanthan	139,0	Tl	Thallium	204,0
Li	Lithium	6,94	Tu	Thulium	168,5
Lu	Lutetium	175,0	U	Uran	238,2
Mg	Magnesium	24,32	V	Vanadium	51,0
Mn	Mangan	54,93	W	Wolfram	184,0
Mo	Molybdän	96,0	X	Xenon	130,2
N	Stickstoff	14,01	Y	Yttrium	88,7
Na	Natrium	23,00	Yb	Ytterbium	173,5
Nb	Niobium	93,5	Zn	Zink	65,37
Nd	Neodym	144,3	Zr	Zirkonium	90,6
Ne	Neon	20,2			

2. Reine Stoffe.

Sind die Stoffe getrennt, so ist die einfachste und zu-
verlässigste Mengenbestimmung die *Wägung*. Durch die
Wage bestimmen wir unmittelbar nur die Kraft, mit welcher
das gewogene Objekt zur Erde hinstrebt. Da wir aber
wissen, daß dieser Kraft die Masse des Objekts proportional
ist, so geht die Wägung in eine Massenbestimmung über.
Der Masse sind ihrerseits wieder die andern mit der Menge
veränderlichen Eigenschaften, insbesondere das Volum und
der chemische Energieinhalt, proportional, so daß das, was
man unter der *Substanzmenge* versteht, durch eine Wägung
allerdings sachgemäß gemessen wird.

An die Stelle der Wägung kann die Messung anderer
Eigenschaften treten, welche der Masse proportional sind.
Als solche bietet sich in erster Linie das *Volum* dar, dessen
Messung häufig sehr viel einfacher, und zuweilen auch
genauer erfolgen kann, als die Wägung.

Bei *Gasen* ist die Volummessung der Wägung im allgemeinen vorzuziehen, weil hier das Gewicht nur einen
kleinen Bruchteil von dem Gewicht der unvermeidlichen
Gefäße ausmacht, so daß die Wägungsfehler einen sehr
großen Einfluß gewinnen. Man pflegt den großen Einfluß
von Druck und Temperatur durch Umrechnung auf Normal-
werte derselben 0^0 und 76 cm Quecksilber zu eliminieren
vermöge der Formel

$$v_0 = \frac{pv}{76\,(1 + 0.00367\,t)},$$

in welcher der Druck p in Zentimetern Quecksilbersäule
einzusetzen ist. Aus dem reduzierten Volum v_0 erhält
man das Gewicht durch Multiplikation mit dem Gewicht
der Volumeinheit des Gases. Bei genauen Rechnungen
hat man darauf zu achten, daß 76 cm Quecksilbersäule
keine vollständige Definition des Normaldruckes ist, da
der so bestimmte Druck noch von der Intensität der

Schwere abhängt. Es ist mit andern Worten das Gewicht
der reduzierten Volumeinheit der Gase von der geographi-
schen Breite und der Meereshöhe abhängig. Es wäre
daher vernünftiger, diese veraltete Definition des Normaldruckes allgemein aufzugeben und auf absolutes Maß für
ihn überzugehen.

Die Bestimmung von *Flüssigkeitsmengen* aus dem Volum
verlangt wegen der geringen Kompressibilität der Flüssigkeiten und der geringen Änderungen des Luftdruckes
keine Rücksichtnahme auf diesen, sondern nur die Berücksichtigung der Temperatur. Für letztere gibt es
allerdings kein allgemeines Gesetz; die Wärmeausdehnung
jeder Flüssigkeit muß besonders bestimmt werden. Für
die Messung in Gefäßen kommt im übrigen nur die scheinbare Ausdehnung durch die Wärme, d. h. der Unterschied
zwischen der Ausdehnung der Flüssigkeit und der des
Gefäßes in Betracht. Man reduziert mittels dieses Wertes,
der bekannt sein muß, das beobachtete Volum auf die
Temperatur, für welche die Dichte gemessen ist, oder
bestimmt die Dichten bei den verschiedenen vorkommenden
Temperaturen; das Produkt aus Dichte und Volum gibt
dann das Gewicht.

Bei festen Körpern kommt eine Volummessung zum
Zweck der Gewichtsbestimmung wohl nie zu analytischer
Anwendung, da die Fähigkeit, einen gegebenen Hohlraum
auszufüllen, welche die Volumbestimmung bei den beiden
andern Formarten so bequem macht, hier nicht vorhanden
ist. Die gelegentlich gemachten Versuche, die Mengen
von Niederschlägen ohne Auswaschen zu ermitteln, indem
man einmal das mittlere spezifische Gewicht von Niederschlag plus Flüssigkeit, sodann das der Flüssigkeit ohne
Niederschlag bestimmt, kommen im Prinzip auf eine
Volumbestimmung heraus. Die Anwendung ist an der
Ungenauigkeit der erhaltenen Resultate gescheitert; diese
aber rührt daher, daß die in die Rechnung eingehende

Dichte der Niederschläge veränderlich und durch Adsorption in unkontrollierbarer Weise beinflußt ist.

3. Lösungen.

Mengenbestimmungen in Lösungen, deren Bestandteile beide der Art nach bekannt sind, lassen sich stets ausführen, ohne daß eine Trennung erforderlich ist. Zu diesem Zwecke braucht man nur von irgendeiner Eigenschaft, welche für beide Bestandteile verschiedene Werte hat, die Beträge für eine genügende Anzahl bekannter Zusammensetzungen zu ermitteln, so daß man die Zwischenwerte interpolieren kann; aus dem am Gemenge beobachteten Wert dieser Eigenschaft läßt sich dann die Zusammensetzung unter Benutzung jener Bestimmungen entnehmen.

Das Gesetz, nach welchem die Zahlenwerte der fraglichen Eigenschaft von der Zusammensetzung abhängen, braucht für diesen Zweck nicht in geschlossener mathematischer Form bekannt zu sein. Vielmehr genügt die empirische Zusammensetzung der Zahlen durch eine beliebige Interpolationsformel, oder noch ausgiebiger und bequemer durch eine Kurve, deren Abszissen das Mengenverhältnis (z. B. in Prozenten der Gesamtmenge), deren Ordinaten die Zahlenwerte der fraglichen Eigenschaft darstellen. Man erhält auf diese Weise im allgemeinen eine irgendwie geformte Kurve, in einigen Fällen aber auch eine Gerade welche die Ordinatenwerte, die den reinen Stoffen zukommen, verbindet. Der letzte Fall ist ein Ausdruck der Tatsache, daß durch den Mischungsvorgang kein Umstand eingetreten ist, welcher auf die individuellen Eigenschaftswerte der beiden Bestandteile irgendeinen Einfluß geübt hat; es ist die Eigenschaft der Lösung einfach die Summe der Eigenschaften seiner Bestandteile, oder die Eigenschaft verhält sich *additiv*. Ein solches Verhalten findet sich beispielsweise bei den Gasen.

Da auch die nicht rein additiven Eigenschaften doch
eine mehr oder weniger große Annäherung dazu zeigen,
so ist es häufig zweckmäßig, die Interpolationskurve nicht
auf die Eigenschaftswerte selbst, sondern auf deren Ab-
weichung vom additiven Verhalten zu beziehen; die Ergebnisse werden alsdann bedeutend genauer.

Ein additives Verhalten ist, wie erwähnt, bei flüssigen
Lösungen selten, bei Gasen dagegen allgemein. Man kann
daher die Zusammensetzung binärer Gaslösungen aus der
Messung jeder beliebigen spezifischen Eigenschaft ableiten,
für welche allein die Werte an den reinen Bestandteilen
bekannt sind. Aus technischen Gründen dient hierzu am
ehesten die Dichte.

Die Bestimmungen des Mengenverhältnisses aus der
Messung einer gegebenen Eigenschaft fällt um so genauer
aus, je genauer einerseits die Messung selbst, und je
größer anderseits der Unterschied zwischen den Werten
ist, welche den beiden Bestandteilen einzeln zukommen.
In dieser Beziehung ist als günstiger Fall der Grenzfall
zu bezeichnen, in welchem der Wert für den einen Bestandteil gleich Null wird, oder die fragliche Eigenschaft
überhaupt nur dem einen von beiden Bestandteilen zukommt. Alsdann ist der gemessene Eigenschaftswert nahezu oder auch genau ein Maß für die verhältnismäßige
Menge des Stoffes, dem die Eigenschaft zukommt. Solche
Eigenschaften, die man als *spezielle* den andern, *allgemeinen* gegenüberstellen kann, sind beispielsweise die
Drehung der Polarisationsebene des Lichtes, die Farbe,
die elektrische Leitfähigkeit und andere mehr; sie sind
alle besonders zu Gehaltsbestimmungen geeignet und
werden vielfach für diesen Zweck verwendet.

Die allgemeinen Eigenschaften, welche einen endlichen
Wert für alle Stoffe besitzen, gestatten, wie erwähnt,
unter sonst gleichen Verhältnissen keine so genaue Gehaltsbestimmung, weil bei ihnen der Gehalt (annähernd

8*

oder genau) nur mit dem *Unterschiede* des Wertes der
Lösung gegen den des reinen Bestandteiles parallel geht.
Wenn trotzdem auch diese Eigenschaften vielfältige Anwendung erlangen, so ist das davon abhängig, wie leicht
und wie genau sie sich messen lassen.

Unter den allgemeinen Eigenschaften steht obenan
die *Dichte*, welche einerseits eine sehr genaue Messung
mittels des Pyknometers, anderseits eine sehr schnell und
leicht auszuführende Messung mittels der Senkwage gestattet. Da hier der Fall, daß die Eigenschaft rein additiv ist (S. 114), so gut wie nie eintritt (wässerige Lösungen
geben besonders große Abweichungen), so hat für jeden
Stoff eine Messungsreihe über das benutzte Gebiet vorauszugehen, auf deren Ergebnisse hin die Interpolation
auszuführen ist. Die Temperatur hat einen sehr meßbaren
Einfluß auf die Dichte und muß sorgsam berücksichtigt
werden; am zweckmäßigsten ist daher das Arbeiten bei
einer ganz bestimmten Temperatur.

Von den andern allgemeinen Eigenschaften soll noch
der Brechungskoeffizient genannt werden, welchem ein
ebenso großes Anwendungsgebiet zukommt, wie der Dichte.
Nur ist seine Messung etwas weniger bequem oder weniger genau auszuführen. Weitere Hilfsmittel sind: Siedepunkt oder Dampfdruck, Schmelzpunkt, Ausdehnungs-
koeffizient, innere Reibung, elektrische Leitfähigkeit usw.

4. Indirekte Mengenbestimmung.

Neben dem physikalischen, auf der Messung von
Eigenschaftswerten beruhenden Verfahren zur Mengenbestimmung in binären Lösungen und Gemischen gibt es
noch das chemische Verfahren, bei welchem das Gemisch
nach Feststellung seines Gewichtes in ein anderes Gemisch
oder einen einheitlichen Stoff verwandelt wird. Aus der
dabei auftretenden Gewichtsveränderung läßt sich in ganz
ähnlicher Weise, wie eben dargelegt wurde, auf die Zu-

sammensetzung des Gemisches schließen, wobei die Beziehung zwischen der Gewichtsveränderung und der Zusammensetzung eine einfache lineare ist, da das Gewicht eine streng additive Eigenschaft ist.

Haben wir beispielsweise ein Gemenge von Chlorkalium und Chlornatrium, so können wir seine Zusammensetzung bestimmen, indem wir Chloride in die Sulfate verwandeln. Aus den Verbindungsgewichten berechnen wir, daß 1 g Chlornatrium 1·2147 Sulfat gibt, während Chlorkalium nur 1·1683 liefern kann; ein Gemenge von beiden Salzen muß einen zwischenliegenden Wert ergeben. Ist dieser Wert 1·2015, so wird $\dfrac{1\cdot2147 - 1\cdot2015}{1\cdot2147 - 1\cdot1683} = 0\cdot285$ den Bruchteil an Chlorkalium darstellen, welcher im Gemenge vorhanden ist.

Nach dem gleichen Prinzip lassen sich noch zahlreiche Schemata der indirekten Analyse entwerfen. Das Verfahren hat neben seiner Bequemlichkeit den Nachteil, die Versuchsfehler mehr oder weniger stark zu multiplizieren. Bei dem oben angegebenen, ungünstig gewählten Beispiel ist der ganze Gewichtsunterschied, in dem sich die Resultate bewegen können, 0·0464 g auf 1 g der ursprünglichen Substanz; ein Wägefehler erhält also den 22 fachen Einfluß auf das Endresultat. Kommt man daher in die Lage, die indirekte Analyse anwenden zu müssen, so ist das Verfahren vor allen Dingen so zu wählen, daß der Gewichtsunterschied (oder allgemein der Eigenschaftsunterschied) für die Umwandlungsprodukte der beiden einzeln genommenen Bestandteile so groß als möglich ausfällt.

An die Stelle der direkten Wägung kann die Mengenbestimmung mittels physikalischer oder chemischer Methoden treten. Das Prinzip des Verfahrens bleibt dabei das gleiche.

5. Ternäre und zusammengesetztere Lösung.

Mengenbestimmungen in zusammengesetzteren Lösungen lassen sich ohne vorgängige Trennung ausführen, wenn für den zu messenden Stoff eine *spezielle Eigenschaft* (S. 115) vorhanden ist, aus deren Messung auf die Menge des entsprechenden Stoffes geschlossen werden kann. Doch muß der Anwendung eines solchen Verfahrens stets eine Untersuchung vorangehen, ob das Verhältnis zwischen dem Wert der fraglichen Eigenschaft und der Menge des Stoffes durch die vorhandenen andern Stoffe nicht eine Änderung erfährt. So wäre es ganz falsch, aus der elektrischen Leitfähigkeit einer Lösung von Chlornatrium in einem Gemenge von Wasser und Alkohol den Gehalt an diesem Salz gemäß einer mit einer rein wässerigen Lösung erhaltenen Tabelle berechnen zu wollen. Denn obwohl der Alkohol selbst ein Nichtleiter ist, beeinflußt er doch bedeutend die Leitfähigkeit der Lösungen, zu denen er gesetzt wird, so daß die Beziehung zwischen dieser Eigenschaft und dem Gehalt eine ganz andere wird.

Nur in solchen Fällen, wo keiner der übrigen anwesenden Stoffe einen solchen Einfluß ausübt, läßt sich das Verfahren mit Vorteil verwenden. Denn wenn es auch möglich ist, den Einfluß des fremden Stoffes seinerseits zu ermitteln und zu tabellieren, so setzt doch die Anwendung einer solchen Tabelle, abgesehen von der unverhältnismäßig größeren Arbeit, die ihre Aufstellung verursacht, die Kenntnis der Menge jenes fremden Stoffes voraus, und erfordert somit häufig eine besondere Analyse in bezug auf ihn.

Fälle, in denen das Verfahren praktisch anwendbar ist, sind somit nicht eben häufig, und da fast niemals eine *vollständige* Unabhängigkeit der fraglichen speziellen Eigenschaft von fremden Stoffen vorhanden ist, so sind

die Methoden auch nicht sehr genau. Beispiele sind die
Bestimmung des Rohrzuckers aus dem optischen Dreh-
vermögen der Lösung, und die verschiedenen kolori-
metrischen Analysen. Doch sind gerade im letztern Falle
wiederholt grobe Irrtümer dadurch begangen worden,
daß die Voraussetzung von der Einflußlosigkeit fremder
Stoffe ohne genügende Prüfung stillschweigend gemacht
worden ist, während tatsächlich erhebliche Einflüsse bestanden haben.

6. Titriermethoden.

Weit zuverlässiger und mannigfaltiger, als die physikalischen Methoden zur Analyse zusammengesetzterer
Gemische in bezug auf einen Bestandteil, sind die chemischen.
Sie beruhen auf dem Prinzip, daß man den fraglichen
Stoff durch einen passenden Zusatz einer chemischen
Reaktion unterwirft, derart, daß man entweder den vollständigen Verbrauch des ursprünglichen Stoffes, oder
den ersten Überschuß des Zusatzes an irgendeinem auffallenden Zeichen erkennen kann. Die Bedingung, daß
keiner von den übrigen anwesenden Stoffen einen Einfluß
üben darf (S. 117), läßt sich hier gegenüber den möglichen
chemischen Vorgängen meist viel leichter beurteilen und
einhalten, wodurch diese Methoden einer ungemein aus-
gedehnten Anwendung fähig sind. Die Mengenbestimmung
beruht bei diesen Methoden auf der Messung der Menge
des Reagens, welche man zu der Versuchsflüssigkeit
fügen muß, bis der fragliche Stoff eben vollkommen umgewandelt ist. Die Menge des Reagens wird am bequemsten
nach dem Volum der verbrauchten Lösung (deren Gehalt
bekannt sein muß) bestimmt. Doch ist dies keine wesentliche Eigentümlichkeit der Methode, denn insbesondere
für genauere Messungen ist nicht selten die Volumbestimmung der Reagenslösung durch die Wägung ersetzt

worden, deren Ergebnisse insbesondere von dem Einfluß
der Temperatur unabhängig sind.

Die Titriermethoden lassen sich in zwei Gruppen teilen,
nämlich solche, bei denen das Verschwinden des ursprünglichen Stoffes die Enderscheinung abgibt, und
solche, bei denen der Überschuß des Reagens diesen
Dienst leisten muß. Bei den Methoden der zweiten Gruppe
zeigt sich noch eine Verschiedenheit insofern, als in
einigen Fällen der Überschuß des Reagens unmittelbar
sichtbar wird, während in andern dieser Überschuß erst
durch einen zugesetzten Hilfsstoff, den *Indikator*, sichtbar
gemacht werden muß.

Ein Beispiel aus der ersten Gruppe ist die jodo-
metrische Analyse. Durch die Reaktion
$$J_2 + 2\,Na_2S_2O_3 = 2\,NaJ + Na_2S_4O_6$$
oder in Ionen-Schreibart
$$J_2 + 2\,S_2O_3'' = 2\,J' + S_4O_6''$$
wird das stark gefärbte freie Jod in farbloses Jodion
übergeführt. Man setzt daher von einer Thiosulfatlösung
bekannten Gehaltes so viel zu, bis eben die gelbbraune
Färbung des freien Jods verschwunden ist. Der Übergang läßt sich noch leichter sichtbar machen, wenn man
das Jod vorher durch Zusatz von Stärke in die dunkelblau gefärbte Jodstärke übergeführt hat.

Ein Beispiel aus der zweiten Gruppe ist die Bestimmung des Eisens mit Kaliumpermanganat. Letzteres wird,
solange Ferrosalz vorhanden ist, in farblose Verbindungen,
Manganosalz und Kaliumsalz übergeführt. Hört dieser
Vorgang nach Verbrauch des Ferrosalzes auf, so bleibt
die rote Färbung des Permanganats bestehen und zeigt
das Ende der Analyse an.

Diese Methode ist offenbar nur anwendbar, wo das
Reagens irgendein auffallendes Kennzeichen, hier die rote
Farbe, hat, welches bei der Reaktion verschwindet. Ist

ein solches nicht vorhanden, so hat die *Indikatormethode* einzutreten.

Das typische Beispiel für die Indikatormethode ist das alkalimetrische und azidimetrische Verfahren, durch welches die Mengen von Basen oder Säuren, genauer gesprochen die Menge an Hydroxylion oder Wasserstoffion, in einer Lösung ermittelt werden. Da diese Stoffe keine unmittelbar sichtbaren Zeichen ihrer Anwesenheit geben, so setzt man einen Farbstoff, z. B. Lackmus, hinzu, dessen Farbe davon abhängt, ob in der Flüssigkeit Hydroxyl- oder Wasserstoffionen überschüssig sind. So gibt Lackmus mit Alkali ein blaues Salz, sowie aber Säure in sehr kleinem Überschusse vorhanden ist, geht der Lackmusfarbstoff in die freie Säure über, welche gelbrot gefärbt ist.

Statt der Farbänderung kann auch das Entstehen oder Verschwinden eines Niederschlages oder sonst eine augenfällige Erscheinung benutzt werden. Verträgt sich der Indikator nicht mit der Untersuchungsflüssigkeit, so bringt man Tröpfchen desselben auf eine passende Unterlage (einen weißen Porzellanteller bei Farbreaktionen) und fügt nach stufenweisem Zusatz des Reagens von der Untersuchungsflüssigkeit kleine Mengen zum Indikator, bis die vom Überschuß des Reagens herrührende Reaktion auftritt.

Den Gehalt der bei der Maßanalyse benutzten Lösungen regelt man seit F. Mohr in der Art, daß ein Äquivalentgewicht des Reagens in Grammen zu einem Liter Flüssigkeit oder einem ganzen Multiplum eines Liters aufgelöst wird. Dadurch geben die verbrauchten Kubikzentimeter der Lösung gleichzeitig die der Reaktionsformel entsprechenden Mengen der zu messenden Substanz in Milligramm-Äquivalenten (bzw. einem Submultiplum davon) an, und die Rechenarbeit wird auf ein Minimum beschränkt. Nur in einzelnen Fällen, wo sehr zahlreiche

Analysen gleicher Art auszuführen sind, insbesondere
bei technischen Betrieben, stellt man wohl auch die
Lösungen so ein, daß ein ccm des Reagens ein, zehn
oder hundert Milligramm, oder sonst eine runde Menge
des zu bestimmenden Stoffes anzeigt.

ZWEITER TEIL

ANWENDUNGEN.

UM die im ersten Teil gegebenen Gesetze und Regeln zu lebendigerer Anschauung zu bringen und die Art ihrer Anwendung zu erläutern, habe ich nachstehend eine Reihe von Stoffen in bezug auf ihre analytischen Eigenschaften behandelt. Ich habe mir dabei nicht die Aufgabe gestellt, analytische Chemie als solche den Anfänger zu lehren. Ein derartiges Lehrbuch ist inzwischen von W. Böttcher[1]) verfaßt und herausgegeben worden, und ich kann auf dieses als eine vollständig sachgemäße und hinreichende umfassende Darstellung des ganzen Gebietes verweisen. Für das vorliegende Werk ist angenommen worden, daß der Leser nicht sowohl die Absicht haben wird, analytische Chemie daraus zu lernen, als vielmehr das praktisch Gelernte in bezug auf seine wissenschaftliche Begründung einer vertiefenden Betrachtung zu unterziehen, um es dadurch freier und sicherer anwenden zu können. Zu diesem Zweck ist eine Vollständigkeit des Materials nicht erforderlich, und daher auch nicht angestrebt worden; nur habe ich acht darauf gegeben, von den typischen und charakteristischen Fällen keinen unberücksichtigt zu lassen.

Die Einteilung des Gegenstandes ist die übliche nach den analytisch sich ergebenden Gruppen. Als wesentlich neu und, wie mir scheint, unmittelbar auf den Unterricht übertragbar möchte ich die Berücksichtigung des Ionen-

---

[1]) W. Böttger, Qualitative Analyse vom Standpunkt der Ionenlehre. 3. Aufl. (Leipzig 1913.)

zustandes betonen, welchen das zu suchende Element
annehmen kann. Hält man den schon früher[1]) hervor-
gehobenen Gesichtspunkt fest, daß die analytischen Reaktionen mit ganz wenigen Ausnahmen *Ionenreaktionen*
sind, so ergibt sich alsbald eine außerordentlich erleichterte
Übersicht über die Tatsachen der analytischen Chemie,
deren praktische Brauchbarkeit sich in der allermannig-
faltigsten Weise erwiesen hat, so daß die elektrolytische
Dissoziationstheorie jetzt als allgemein anerkannt gelten
darf.

---

[1]) Zeitschr. f. phys. Chemie 3, 596. (1889.)

Sechstes Kapitel.

Wasserstoff und Hydroxylion.

1. Säuren und Basen.

VERBINDUNGEN, deren wässerige Lösungen Wasserstoff als Ion enthalten, nennt man Säuren, solche, die Hydroxylion enthalten, Basen. Man erkennt sie qualitativ an den Farbänderungen, welche sie bei gewissen Farbstoffen hervorrufen, und benutzt die gleichen Reaktionen als Indikator bei der maßanalytischen quantitativen Bestimmung des Wasserstoffions oder der Säuren und des Hydroxylions oder der Basen.

Die Messung der Mengen vorhandenen Wasserstoff- oder Hydroxylions erfolgt fast immer auf maßanalytischem Wege (S. 118), indem man z. B. zu einer Säure so lange eine basische Lösung von bekanntem Gehalt, etwa Barytwasser, zufügt, bis der vorhandene Indikator den entsprechenden Umschlag zeigt, d. h. bis die anfänglich saure Lösung eben basisch zu reagieren beginnt. Bei der Messung von Basen verfährt man umgekehrt. Der hierbei eintretende Vorgang ist die Verbindung der beiden Ionen Wasserstoff und Hydroxyl zu dem äußerst wenig dissoziierten und neutral reagierenden Wasser.

Wiewohl die verschiedenen Säuren und Basen in sehr verschiedenem Maß in ihre Ionen dissoziiert sind, erhält

man doch beim Vergleich äquivalenter Lösungen unabhängig hiervon die gleichen Ergebnisse. So verbraucht
beispielsweise eine Lösung von 36.47 g oder einem Äquivalent Chlorwasserstoff ebensoviel von einer gegebenen
Barytlösung, wie eine verdünnte Essigsäure, in welcher
60.04 g oder ein Äquivalent dieses Stoffes vorhanden ist.
Da früher (S. 63) mitgeteilt worden war, daß die Essigsäure zu weniger als 10 % dissoziiert ist, so sollte man
erwarten, daß für die Neutralisation ihres Wasserstoffions
weniger als ein Zehntel des Barytwassers genügen sollte.
Man braucht aber gleich viel Baryt, und daraus folgt,
daß durch die Titration mit Baryt oder einer ähnlichen
basischen Flüssigkeit nicht das *freie* Wasserstoffion allein
angezeigt wird, sondern alles Wasserstoffion, welches aus
der vorhandenen Säure frei werden kann, wenn diese
vollständig in ihre Ionen zerfällt.

Die Ursache hiervon liegt in der Massenwirkung. Gesetzt, man habe soviel Barytwasser, d. h. Hydroxylion
zu der Lösung gefügt, daß alles freie Wasserstoffion der
Essigsäure in Wasser verwandelt ist. Dann ist in der
Lösung eine bedeutende Menge nichtdissoziierter Essigsäure übriggeblieben, die nicht in diesem Zustande verbleiben kann, sondern auch ihrerseits so weit in ihre
Ionen zerfallen muß, bis der Gleichgewichtsgleichung S. 66
Genüge geschehen ist. Das auf solche Weise neu entstandene Wasserstoffion reagiert wieder sauer auf den
Indikator. Setzt man weiter Hydroxylion zu, so wiederholen sich diese Vorgänge so lange, bis alle nichtdissoziierte Essigsäure verschwunden ist. Dann kann kein
neues Wasserstoffion entstehen; die saure Reaktion hört
auf und macht der des zugefügten kleinen Überschusses
von Hydroxylion Platz.

Diese Betrachtungen gelten natürlich für alle Säuren,
und in entsprechender Weise auch für alle Basen. Man
kann sie zusammenfassen, indem man sagt, daß durch

die Neutralisation nicht nur die augenblicklich vorhandenen Ionen angezeigt werden, sondern die gesamte
Ionenmenge, welche unter den Umständen der Analyse
sich überhaupt bilden kann, also nicht der Betrag der
aktuellen Ionen, sondern der der *aktuellen* und *potentiellen*
Ionen zusammen.

Man sieht leicht ein, daß sich ganz die gleichen Betrachtungen auf alle andern *chemischen* Methoden anwenden
lassen, durch welche bestimmte Ionenarten analytisch
gemessen werden. In allen Fällen wird durch die Reaktion ein bestimmtes Ion aus der Lösung entfernt, wodurch sein Gleichgewicht mit seinen vorhandenen Verbindungen gestört wird; es entsteht aus diesen dann von
neuem so lange, als letztere noch vorhanden sind, und
man mißt durch die gewöhnlichen analytischen Methoden
daher immer die potentiellen Ionen mit.

Die Messung der unter gegebenen Bedingungen *wirklich*
vorhandenen Konzentration eines bestimmten Ions ist
eine Aufgabe ganz anderer Art, mit deren Lösung wir
uns hier nicht befassen werden, da sie zurzeit nicht als
zur analytischen Chemie gehörig angesehen wird.

2. Theorie der Indikatoren.

Damit ein Farbstoff als Indikator brauchbar sei, muß
er entweder saurer oder basischer Natur sein, und muß
im nichtdissoziierten Zustand eine andere Farbe haben,
als im Ionenzustande[1]. Ferner darf er keine starke
Säure (oder Basis) sein, da er sonst schon in freiem
Zustand in seine Ionen zerfallen wäre und keine Än-

---

[1] Ob die nichtdissoziierte Säure ihrerseits eine „tautomere" Umwandlung erleidet (wie dies inzwischen in vielen
Fällen wahrscheinlich gemacht worden ist), oder nicht, hat
auf die nachfolgenden Darlegungen keinen Einfluß. Siehe
außerdem: Salm, Ztschr. f. phys. Chemie **57**, 471 (1907).

derung seiner Farbe bei der Neutralisation zeigen würde.
Denn bei der Neutralisation einer starken Säure geht
nur ihr Wasserstoffion mit dem Hydroxyl der Basis in
Wasser über, während das Anion keine Änderung erleidet.
Eine schwache Säure existiert aber zum großen Teil
nicht als Ion, sondern undissoziiert in der Lösung, und
erst durch die Neutralisation, d. h. durch den Übergang
in ein Neutralsalz tritt die Ionenbildung ein, da die
Neutralsalze auch der schwachen Säuren sehr vollständig
dissoziiert sind.

Die Eigenschaften eines Indikators hängen im übrigen
wesentlich von dem Dissoziationsgrade ab. Ist er eine
sehr schwache Säure (für basische Indikatoren gelten
vollkommen analoge Betrachtungen), so werden auch
Säuren von geringem Dissoziationsgrade, sowie sie in
geringstem Überschusse zugegen sind, ihm ihren Wasserstoff abgeben, um die Farberscheinung hervorzurufen,
die dem Übergang aus dem Ionenzustand in den der
nichtdissoziierten Molekel entspricht. Solche Indikatoren
werden daher empfindlich sein und sich auch zur Messung
ziemlich schwacher Säuren (wie Essigsäure) verwenden
lassen. Sie sind aber nur mit starken Basen brauchbar,
denn mit schwachen Basen können sie nur unvollkommen
Salze bilden, da diese durch das Wasser hydrolytisch
zersetzt werden (S. 72); sie geben daher mit schwachen
Basen die von der Ionenbildung verursachte Farberscheinung nur unvollkommen und unscharf.

Ein gutes Beispiel für einen sehr schwach sauern Indikator ist Phenolphthalein, welches als Molekel farblos,
als (wahrscheinlich tautomeres) Ion rot ist. Die durch
Alkali rot gefärbte Lösung enthält das Salz des Phenol-
phthaleins, d. h. dessen Ionen und wird nach der Neutralisation durch den geringsten Überschuß freier Säure
entfärbt, indem sich die farblose, nichtdissoziierte Molekel
bildet. Ammoniak ist aber schon eine zu schwache Basis,

um in sehr verdünnter Lösung mit Phenolphthalein ein
normales Salz zu bilden und dessen Ionen entstehen zu
lassen; vielmehr gehört ein merklicher Überschuß von
Ammoniak dazu, um die hydrolytische Wirkung des
Wassers zu überwinden. Daher wird der Farbübergang
bei Gegenwart von Ammoniaksalzen unscharf und tritt
erst bei merklichem Überschuß der Basis ein. Für die
Azidimetrie, insbesondere schwächerer Säuren, bei welcher
man die zur Neutralisation zu verwendende Basis frei
wählen kann und unter den starken wählt (Barytwasser
ist am geeignetsten), ist also Phenolphthalein ein vor-
züglich brauchbarer Indikator; für die Alkalimetrie ist
es dagegen ungeeignet, da eine Anwendung auf die
ganz starken Basen beschränkt ist.

Auf der entgegengesetzten Seite der Verwendbarkeit
steht unter den bekannteren Indikatoren das Methylorange.
Es ist eine mittelstarke Säure, deren Ion gelb gefärbt
ist, während die nichtdissoziierte Verbindung rot ist. Die
reine wässerige Lösung der Säure ist schon für sich
merklich dissoziiert, und zeigt daher eine Mischfarbe;
durch Zusatz einer Spur einer starken Säure geht infolge
der Massenwirkung des Wasserstoffions (S. 71) die Dissoziation zurück, und die Farbe des unzersetzten Stoffes
wird vorherrschend.

Wird nun zu einer basischen Flüssigkeit Methylorange
gesetzt, so bildet sich das Salz, und die gelbe Farbe
des Ions tritt auf. Neutralisiert man mit einer starken
Säure, so tritt, sowie überschüssiges Wasserstoffion vorhanden ist, der eben geschilderte Vorgang ein, und der
Farbenumschlag findet statt. Ist dagegen die Säure
schwach, d. h. wenig dissoziiert (wobei die Dissoziation
noch durch das in der Flüssigkeit gebildete Neutralsalz
zurückgedrängt wird), so ist die Menge des Wasserstoffions bei der Überschreitung des Neutralisationspunktes
zu gering, als daß sich eine sichtbare Menge nichtdisso-

9*

ziierter Verbindung bilden könnte, und die Rötung tritt erst nach erheblicherem Zusatz und folgeweise ein: die Reaktion wird unscharf. Für die Titration beliebiger Säuren ist daher Methylorange ungeeignet.

Handelt es sich aber um die Titration von Basen, auch schwacher, so ist Methylorange der richtige Indikator. Denn bei seiner ausgeprägt sauern Natur bildet dieser Farbstoff auch mit recht schwachen Basen Salze, welche durch Wasser nicht merklich hydrolysiert werden, und gibt daher scharfe Umschläge auch dort, wo schwächer saure Indikatoren versagen.

Die übrigen sauern Indikatoren liegen zwischen diesen beiden Extremen und können danach in ihrer Anwendung beurteilt werden. [Vgl. Salm, Ztschr. f. ph. Ch. 57, 471 (1907).]

Völlig entsprechende Betrachtungen lassen sich über die basischen Indikatoren anstellen. Zur Titration schwacher Säuren wird nur ein stärker dissoziierter Indikator brauchbar sein, während schwache Basen einen möglichst schwach basischen erfordern.

Indessen darf man weder hier, noch bei den sauern Indikatoren in das Extrem der stärksten Dissoziation gehen. Denn ein Indikator, welcher ebenso stark dissoziiert ist wie die stärksten Säuren (Chlorwasserstoff, Salpetersäure), wird in saurer und in alkalischer Lösung *überhaupt keine Farbenverschiedenheit zeigen*. Denn er ist in saurer Lösung bereits praktisch vollständig dissoziiert, und seine Anionen sind daher schon im freien Zustande vorhanden, und nehmen diesen nicht erst durch die Salzbildung an. Da die Anionen demgemäß bei der Neutralisation überhaupt keine Änderung erfahren, können sie auch ihre Farbe nicht ändern. Beispiele für diesen Fall sind die starken Säuren Pikrinsäure, Übermangansäure, die in saurer wie alkalischer Lösung gleiche Farbe zeigen.

3. Gegenwart von Kohlensäure.

Einige Schwierigkeiten bietet bei der Azidimetrie der Umstand, daß durch die Berührung mit der atmosphärischen Luft die in ihr vorhandene Kohlensäure die Möglichkeit hat, auf basische Flüssigkeiten einzuwirken und ihren Titer zu ändern. Solange es sich um die Messung schwacher Säuren handelt, ist diese Fehlerquelle streng auszuschließen; man muß in solchem Falle für einen vollständigen Abschluß der alkalischen Titrierflüssigkeit gegen die atmosphärische Kohlensäure sorgen (z. B. durch Natronkalkröhren) und verwendet am besten Barytwasser, da dieses nicht kohlensäurehaltig werden kann und zudem das Glas der Flaschen sehr viel weniger angreift, als Kali oder Natron.

Kommen dagegen starke Säuren zur Anwendung, so kann man die Wirkung der Kohlensäure, die eine sehr schwache Säure ist, dadurch unschädlich machen, daß man als Indikator eine Säure von mittlerer Stärke anwendet. Am besten ist hierzu Methylorange verwendbar, und es gelingt damit, nicht nur kohlensäurehaltiges Alkali, sondern direkt Karbonate zu titrieren. Und zwar ist der Übergang um so schärfer, je konzentrierter die Lösung ist. Man kann sich durch eingehende Betrachtung der auftretenden Gleichgewichtsverhältnisse leicht von der Richtigkeit dieser letzten Bemerkung überzeugen, doch genügt wohl auch schon der Hinweis darauf, daß bei zunehmender Verdünnung alle schwachen Säuren ihren Dissoziationsgrad vermehren, daß also die Unterschiede der Dissoziation, auf denen das Verfahren beruht, bei wachsender Verdünnung zunehmend verwischt werden.

Ähnlich wie Kohlensäure verhält sich Schwefelwasserstoff.

4. Mehrbasische Säuren.

Während einbasische Säuren, auch wenn sie verhältnismäßig schwach sind, sich scharf titrieren lassen, zeigen einige mehrbasische Säuren von ausgeprägt saurem Charakter bei der Neutralisation unscharfe Übergänge, welche auf eine Hydrolyse ihrer neutralen Salze hindeuten.

Die Ursache dieser auffallenden Erscheinung, für die als Beispiele schweflige Säure und Orthophosphorsäure genannt werden mögen, liegt in der bereits erwähnten *stufenweisen Dissoziation* (S. 67), der zufolge die mehreren Verbindungsgewichte Wasserstoff der mehrbasischen Säuren sehr verschiedene Tendenz haben, in den dissoziierten Zustand überzugehen, und zwar eine zunehmend geringere. Für den Farbübergang des Indikators kommt aber nur die Beschaffenheit des letzten, schwächsten Wasserstoffes in Frage, da das erste bereits durch die ersten Anteile der zugesetzten Basis beseitigt worden ist. Ist die diesem Wasserstoff entsprechende Dissoziationskonstante sehr klein, so findet in bezug auf denselben in der wässerigen Lösung Hydrolyse statt (S. 72), und deren Folge ist, wie soeben dargelegt wurde, ein unscharfer Übergang.

Auf dem gleichen Umstande beruht das verschiedene Verhalten mehrbasischer Säuren gegen verschiedene Indikatoren. Phosphorsäure verhält sich mit Methylorange wie eine einbasische Säure, d. h. nur der erste Wasserstoff der Phosphorsäure ist genügend dissoziiert, um den gelben Säureionen das zur Bildung der roten nichtdissoziierten Verbindung erforderliche Wasserstoffion liefern zu können. Mit Phenolphthalein, welches eine sehr viel schwächere Säure ist, titriert sich die Phosphorsäure dagegen zweibasisch, weil dieser Indikator einer viel geringeren Konzentration des Wasserstoffions bedarf, um sich in die farblose Verbindung zu verwandeln. Der dritte Wasserstoff der Phosphorsäure ist schließlich der einer so schwachen Säure, daß das entsprechende Alkalisalz in wässeriger Lösung in ziemlich weitgehendem Maße hydrolysiert ist, so daß eine Titration nicht ausführbar ist.

Ähnlich erklärt sich die Beobachtung, daß man Kohlensäure mit Phenolphthalein als einbasische Säure titrieren kann.

Da bei allen diesen Vorgängen von verhältnismäßig geringen Unterschieden der Dissoziation Gebrauch gemacht werden muß, so sind die Farbübergänge sämtlich weniger scharf, als bei starken einbasischen Säuren, und die Reaktionsverhältnisse verschieben sich etwas mit der Verdünnung. Sollen derartige Bestimmungen gemacht werden (was im allgemeinen nicht zu empfehlen ist), so ist möglichst auf größere und möglichst gleiche Konzentration der Reaktionsflüssigkeiten zu achten. Auch erweist es sich als nützlich, eine Probe der mit dem Indikator versehenen und zur Reaktion gebrachten Flüssigkeit in einem ähnlichen Gefäß, wie das zur Analyse dienende, zum Vergleich daneben zu haben, und die Titration bis zum Erscheinen eines möglichst übereinstimmenden Farbtones zu führen.

Man hat gelegentlich die oben beschriebenen Erscheinungen auf unsymmetrische Konstitution der fraglichen Säuren zurückzuführen versucht. Indessen treten sie bei manchen unzweifelhaft symmetrisch konstituierten Säuren auf, und bleiben bei andern aus, die ebenso unzweifelhaft unsymmetrisch konstituiert sind. Die Ursachen, welche eine größere oder kleinere Verschiedenheit der aufeinanderfolgenden Koeffizienten bestimmen, sind teilweise bekannt, können aber an dieser Stelle nicht erörtert werden.

Siebentes Kapitel.

Die Gruppe der Alkalimetalle.

1. Allgemeines.

DIE Metalle Kalium, Rubidium, Cäsium, Natrium und
Lithium kommen in Lösungen ausschließlich in
Gestalt einwertiger Kationen vor und bilden keinerlei
andere Verbindungen. Sie zeigen daher die diesen zu-
kommenden Reaktionen immer, und sogenannte anomale
Reaktionen kommen bei ihnen nicht vor. Ihre Hydroxyde
sind in Wasser leicht löslich und sehr vollständig dissoziiert, so daß sie die stärksten bekannten Basen sind.
Sie bilden mit den gewöhnlichen Fällungsreagenzien lauter
lösliche Salze, und bleiben nach Abscheidung der übrigen Metalle in der Lösung zurück; auf diesem Umstande
beruht ihre Trennung von diesen.

2. Kalium, Rubidium, Cäsium.

Schwerlösliche Salze bilden die Alkalimetalle mit Kiesel-
fluorwasserstoffsäure und Platinchlorwasserstoffsäure.
Erstere fällt sowohl Kalium-(Rubidium- und Cäsium-)ion
wie Natriumion, kann also nicht zur Trennung dienen.
Platinchlorion $PtCl_6''$ bildet mit K$\cdot$, Rb$\cdot$ und Cs$\cdot$ schwerlösliche Salze von der Formel Me_2PtCl_6, mit Na$\cdot$ und Li.
leichtlösliche. Um Kalium und Natrium zu trennen, ver-
dampft man die Chloride mit überschüssigem Platinchlor-

wasserstoff zum Sirup und nimmt mit Alkohol auf, worin das Natriumplatinchlorid leicht löslich ist. Da sowohl Chlornatrium, wie auch entwässertes Natriumplatinchlorid in Alkohol schwer löslich sind, hat man einerseits für überschüssige Platinchlorwasserstoffsäure, anderseits dafür zu sorgen, daß der Verdampfungsrückstand auf dem Wasserbade nicht vollständig trocken wird. Das bei 110° getrocknete Kaliumplatinchlorid enthält noch Spuren eingeschlossenen Wassers und hat deshalb ein etwas zu hohes Gewicht.

Für die Trennung von Kalium, Rubidium und Cäsium ist kein analytisches Verfahren bekannt; man bedient sich der verschiedenen Löslichkeit ihrer Platinchloride oder sauern Tartrate, um eine „Fraktionierung" oder annähernde Trennung zu erreichen. Zur Analyse ist hier nur das indirekte Verfahren anwendbar, indem man beispielsweise erst die Chloride, dann die Platinchloride wägt. Doch setzt die Anwendung dieses Verfahrens voraus, daß nur zwei von den Elementen gleichzeitig vorhanden sind.

Kalium läßt sich ferner als saures Tartrat durch Zusatz von Weinsäure abscheiden. Da hierdurch aus dem Kaliumsalz die entsprechende freie Säure gebildet wird, welche, wenn sie stark ist, auf den Niederschlag nach S. 84 lösend einwirkt, d. h. seine Entstehung beeinträchtigt, so hat man sie entweder mit Natriumazetat unschädlich zu machen (S. 77), oder man wendet besser als Fällungsmittel statt freier Weinsäure eine Lösung von sauerm Natriumtartrat an, wodurch die Bildung freier Säure vermieden wird. Das letztere Verfahren ist auch insofern vorzuziehen, als es gestattet, mehr Weinsäureion in die Lösung zu bringen, als bei Anwendung der (mäßig dissoziierten) freien Weinsäure möglich ist, wodurch die Löslichkeit des entstehenden Weinsteines wirksamer vermindert wird.

Weinstein zeigt in hohem Maße Übersättigungserscheinungen. Man führe daher die Reaktion in möglichst konzentrierter Lösung aus, und lasse unter Umschütteln längere Zeit stehen. Dadurch, daß man „Keime" des festen Salzes in die Flüssigkeit einträgt, kann man die Reaktion viel bestimmter und empfindlicher machen. Solche Keime erhält man, wenn man Weinstein mit der hundertfachen Menge eines leichtlöslichen Natriumsalzes, z. B. Natriumnitrat, sehr fein verreibt und eine geringe Menge des Pulvers in die Flüssigkeit einträgt. Während das Natriumsalz sich sofort auflöst, bewirken die Stäubchen des Weinsteines eine Ausscheidung des Salzes, falls die Lösung kaliumhaltig ist; im andern Falle lösen sich diese (mit bloßem Auge nicht sichtbaren) Stäubchen gleichfalls auf.

Der qualitative Nachweis des Kaliums erfolgt durch die Flammenreaktion. Die Kaliumflamme enthält violette und rote Strahlen und erscheint, durch Kobaltglas betrachtet, welches hauptsächlich die letztern durchläßt, rot. Das gelbe Natriumlicht, welches die Kaliumflamme für das bloße Auge schon bei minimalen Natriummengen verdeckt, wird vom Kobaltglas vollständig zurückgehalten, so daß die gelbe Flamme, welche durch ein Gemenge von Kalium- und Natriumverbindungen hervorgebracht wird, durch Kobaltglas rot erscheint, während die reine Natriumflamme unsichtbar wird.

Ein Spektroskop zeigt beim Gemenge die rote und violette Linie (letztere schwer sichtbar) des Kaliums neben der hellen gelben Doppellinie des Natriums.

3. Natrium

wird quantitativ bestimmt, indem man das bei der Analyse erhaltene Gemenge von Chlorkalium und Chlornatrium wägt, ersteres mit Platinchlorwasserstoff abscheidet, auf

Chlorkalium zurückberechnet, und von der Gesamtmenge
der Chloride abzieht; der Rest ist das Chlornatrium.

Der qualitative Nachweis des Natriums beruht auf der
gelben Flammenfärbung. Da das Natrium in der Natur
weitverbreitet ist, und die Flammenfärbung überaus
empfindlich ist, so muß man auf die *Dauer* der Reaktion
achten. Spuren von Natrium, wie sie im Staub vorhanden
sind, geben eine kurzdauernde Färbung; meßbare Mengen
von Natriumverbindungen lassen dagegen die Erscheinung
minutenlang andauern. Auch kann man Natrium durch
Fällung als Metantimoniat erkennen.

4. *Lithium*

zeigt eine intensiv rote Flammenfärbung und bei der
spektralen Zerlegung eine rote Linie neben einer orange-
gelben. Das rote Lithiumlicht ist von kleinerer Wellen-
länge, als das des Kaliums, und wird vom Kobaltglas
absorbiert.

Die Reaktionen des Lithiums erinnern mehr an die
der Erdalkalimetalle, als an die der Alkalimetalle. Es
bildet ein schwerlösliches Karbonat und Phosphat; sein
Chlorid ist in wasserfreiem Ätheralkohol löslich, was die
Alkalichloride nicht sind, und wird beim Glühen an
feuchter Luft alkalisch, wie Chlorkalzium oder Chlormagnesium. Mit Platinchlorwasserstoffsäure und Weinsäure
gibt es keine Niederschläge.

Die quantitative Bestimmung erfolgt als Phosphat,
Li_3PO_4, durch Fällung der Lösung mit Trinatriumphosphat
(gewöhnliches phosphorsaures Natron plus Natronlauge).

5. *Ammoniak.*

In den Salzen, welche sich bei der Verbindung des
Ammoniaks mit den Säuren bilden, ist das Ion Ammonium,
NH_4· enthalten, welches in vieler Beziehung sich dem Kaliumion ähnlich verhält. Wie dieses bildet es ein schwer-

lösliches Chloroplatinat und Bitartrat; seine Salze sind den Kaliumsalzen vielfach isomorph.

In Wasser löst Ammoniak sich zu Ammoniumhydroxyd NH_4OH auf, welches zum Teil dissoziiert ist. Seine Dissoziationskonstante in der Formel $\frac{a^2}{(1-a)\,v} = k$ beträgt, wenn v in Litern ausgedrückt ist, $k = 0.000023$; in seiner $^1/_{10}$-normalen Lösung ist es zu 1.5 Prozent dissoziiert. Ammoniak gehört daher zu den schwächeren Basen.

In der wässerigen Lösung ist neben Ammoniumhydroxyd sein Anhydrid Ammoniak vorhanden, welches beim Erhitzen zum Teil entweicht. Durch Sieden läßt sich alles Ammoniak aus einer wässerigen Lösung austreiben; jede Dampfblase bildet für das Ammoniak ein Vakuum, in welchem sein Teildruck zunächst Null ist, so daß das Gas aus der Flüssigkeit alsbald hineindiffundiert und fortgeführt wird. Hierauf beruht die Bestimmung des Ammoniaks in seinen Salzen: man destilliert sie unter Zusatz einer stärkeren Basis, und fängt das Ammoniak in vorgelegter Säure auf. Um es quantitativ zu bestimmen, legt man eine gemessene Menge titrierter Säure vor und titriert mit Barytwasser unter Benutzung von Methylorange die nicht neutralisierte Säure zurück.

Ammoniak hat in hohem Maße die Fähigkeit, mit andern Elementen, insbesondere Metallen, komplexe Ionen von der allgemeinen Formel $Me + n\,NH_3$ zu bilden, welche häufig dieselbe Valenz haben, wie die Metallionen für sich. An diesen komplexen Verbindungen zeigt sich im Grenzfalle weder die Reaktion des Metalls, noch die des Ammoniaks. Doch sind derartige Komplexe von allen Stufen der Beständigkeit vorhanden; die leichter zersetzbaren unter ihnen sind als Salze am beständigsten; die freien Basen spalten sich leichter in Metallhydroxyd und Ammoniak, da ersteres sich in fester Gestalt abscheidet und so das Gleichgewicht stört. Durch Erhitzen entwickeln die meisten Ammoniak mehr oder weniger leicht schon für sich; beim schwachen Glühen mit Ätzalkalien oder Natronkalk werden sie vollständig zersetzt, und aller Stickstoff geht als Ammoniak über.

Eine charakteristische Verbindung, das Jodid des Dimerkurammoniums ($NHg_2J + H_2O$) bildet sich als gelbbrauner Niederschlag beim Zusammenbringen einer alkalischen Lösung von Kaliumjodmerkurat K_2HgJ_4 (Neßlers Reagens) mit Ammoniumverbindungen schon in sehr verdünnter Lösung. Das Quecksilbersalz muß im Überschuß vorhanden sein, da sich sonst löslichere quecksilberärmere Ammoniumverbindungen bilden, auch muß die Flüssigkeit ziemlich stark basisch reagieren. Da es sich hier nicht um eine einfache Ionenreaktion, sondern um die Bildung eines zusammengesetzten Stoffes handelt, so erfolgt der Vorgang nicht augenblicklich, und man muß die gemischten Flüssigkeiten einige Zeit stehen lassen bis die Wirkung vollständig ist. Die Reaktion dient zum qualitativen Nachweis geringer Mengen Ammoniak, kann aber auch durch Messung der Färbung annähernd quantitativ gemacht werden.

Achtes Kapitel.

Die Erdalkalimetalle.

1. *Allgemeines.*

DIE fünf Metalle Kalzium, Strontium, Barium, Magnesium und Beryllium bilden zweiwertige Kationen; sie kommen analytisch nur als solche vor, und komplexe Ionen von einiger Beständigkeit sind von ihnen nur beim Beryllium bekannt. Die drei ersten bilden in Wasser weniger oder mehr lösliche starke Basen, die annähernd ebenso dissoziiert sind wie die Alkalihydroxyde. Über die Dissoziation der beiden andern Hydroxyde läßt sich nicht viel sagen, da sie in Wasser zu wenig löslich sind, doch kann nach dem Verhalten der Salze Magnesia nur noch als eine mäßig starke Base bezeichnet werden, während Berylliumhydroxyd eine schwache Base ist, da seine Salze sauer reagieren und somit durch das Lösungswasser hydrolytische Zerlegung erfahren. Im allgemeinen Verhalten zeigt Beryllium, das Metall mit dem kleinsten Verbindungsgewicht, ebenso einen Anschluß an die dreiwertigen Metalle der nächsten Gruppe, wie Lithium, das Alkalimetall mit dem kleinsten Verbindungsgewicht, eine Ähnlichkeit mit den zweiwertigen Metallen aufwies.

Sämtliche Metalle dieser Gruppe geben schwerlösliche Karbonate und Phosphate, die drei ersten auch Sulfate

von zunehmender Schwerlöslichkeit. Die Sulfide des
Kalziums, Strontiums und Bariums sind in Wasser zunehmend löslicher, werden aber hydrolytisch gespalten,
indem in der Flüssigkeit statt des zweiwertigen Schwefelions S″ das einwertige Ion HS′ und Hydroxyl OH′
neben dem metallischen Kation vorhanden sind; bei
passenden Verhältnissen zum Lösungswasser kristallisieren
die Hydroxyde heraus. Magnesium- und Berylliumsulfid
erfahren diese Hydrolyse in so hohem Maße, daß Schwefelwasserstoff entweicht und das schwerlösliche Hydroxyd
sich abscheidet.

2. Kalzium.

Kalziumsalze werden durch Karbonate, Phosphate
und Oxalate gefällt. Kalziumkarbonat fällt zuerst amorph
und ist dann in Wasser merklich löslich; beim Stehen,
schneller in der Wärme, wird der Niederschlag kristallinisch, indem er die rhomboedrischen Formen des Kalk-
spates annimmt, und gleichzeitig sehr viel schwerer löslich
wird. Der Niederschlag löst sich leicht auch in schwachen
Säuren, ebenso unter Entweichen von Ammoniumkarbonat
beim Sieden mit Lösungen von Ammoniaksalzen, z. B.
Salmiak. Das amorphe Kalziumkarbonat wird vermöge
seiner größeren Löslichkeit schon von kalter Salmiak-
lösung aufgenommen; deshalb werden Kalziumsalze bei
Gegenwart von genügendem Ammoniaksalz durch Karbonate nicht gefällt.

Kalziumoxalat ist eine sehr schwer lösliche Verbindung.
Freie Oxalsäure fällt Kalziumsalze starker Säuren unvollkommen, da das Oxalat in freier Salz- oder Salpetersäure löslich ist. Oxalsaures Ammon bewirkt eine
praktisch vollständige Fällung, auch bei Gegenwart von
freier Essigsäure; letztere wirkt auf reines Kalziumoxalat
etwas lösend, bei Gegenwart von essigsaurem Salz und
überschüssigem Oxalat wird die Löslichkeit verschwindend

klein, da ersteres die lösende Wirkung der Säure, letztere
die Löslichkeit des Kalziumoxalats vermindert.

Gewogen wird das als Oxalat gefällte Kalzium entweder als Karbonat nach schwachem, oder zweckmäßiger
als Oxyd nach starkem Glühen. Der qualitative Nachweis
erfolgt nach Abscheidung von Barium und Strontium
gleichfalls als Oxalat.

Ammoniak fällt Kalziumsalze nicht, da es eine zu
schwache Basse ist. Dagegen fällt Kali- oder Natronlauge,
insbesondere etwas konzentrierte, schwerlösliches Kalzium-
hydroxyd. In reinem Wasser löst sich dies auf etwa
500 Teile; ist ein Alkali zugegen, so nimmt wegen Vermehrung des einen Ions, des Hydroxyls, die Löslichkeit
sehr stark ab, so daß in Lauge von etwa 10 Prozent
Kalk praktisch unlöslich ist. Dieser Umstand ist von
Belang für die Herstellung von Ätzlaugen aus den Alkali-
karbonaten durch Kochen mit Kalk.

In der Bunsenflamme geben Kalziumsalze insbesondere
nach dem Befeuchten mit Salzsäure eine gelbrote Färbung,
die bei der Auflösung mit dem Prisma ein ziemlich zusammengesetztes Spektrum zeigt.

3. Strontium.

Strontium wird als Sulfat gefällt; zur vollständigeren
Abscheidung ist ein Zusatz von Alkohol dienlich, auch
wirkt ein Überschuß des fällenden Sulfats in bekannter
Weise günstig. Da die Schwefelsäure merklich weniger
dissoziiert ist, als Salz- und Salpetersäure, so wirken
letztere deutlich lösend auf die schwerlöslichen Sulfate,
indem sie (S. 87) zur Bildung des Ions HSO_4' sowie von
nichtdissoziierter Schwefelsäure Anlaß geben. Diese Erscheinung ist bei dem löslichsten der drei Erdalkalisulfate,
dem Kalziumsulfat, naturgemäß am auffälligsten: Gips
löst sich recht gut in Salzsäure auf. Aber auch beim
Strontiumsulfat macht sich der gleiche Vorgang geltend,

und man tut gut, bei der Abscheidung dieses Stoffes
einen Überschuß starker Säure zu vermeiden und die
Flüssigkeit neutral oder essigsauer zu halten.

Strontiumsulfat kann durch Digerieren mit löslichen
Karbonaten leicht und vollständig in Karbonat verwandelt
werden. Die Gesetze, denen solche Umwandlungen unterliegen, lassen sich leicht aus dem allgemeinen Gleichgewichtsgesetz ableiten. Diese Umwandlungen sind immer
reziprok: ebenso wie das Sulfat durch lösliche Karbonate
in Karbonat verwandelt wird, so wandeln lösliche Sulfate
das Karbonat in Sulfat um; es muß daher ein bestimmtes
Verhältnis zwischen den Ionen SO_4'' und CO_3'' geben, bei
welchem keine von beiden Umwandlungen stattfinden kann.
Dieses Verhältnis ist notwendig das, in welchem sich die
beiden schwerlöslichen Salze gleichzeitig in Wasser auflösen. Denn in diesem Falle kann offenbar keine gegenseitige Umwandlung eintreten, und die Konzentration der
Ionen SO_4'' und CO_3'' stehen im Verhältnis der Löslichkeitsprodukte, weil die Menge des Ions $Sr^{\cdot\cdot}$, welche als
Faktor in beide Produkte eingeht, für beide dieselbe ist.
Letzteres gilt auch für den Fall, daß lösliche Karbonate und
Sulfate zugegen sind; folglich müssen auch in diesem Falle
die Ionen SO_4'' und CO_3'' in demselben Verhältnis stehen.

Hieraus ergibt sich, daß eine Lösung mit überschüssigem
Karbonat auf das feste Karbonat keine Wirkung ausüben
wird; ebenso wirkt eine Lösung mit überschüssigem Sulfat
nicht auf festes Sulfat. Ist im letztern Falle gleichzeitig
festes Karbonat zugegen, so wird von diesem so viel umgewandelt, bis in der Lösung sich das kritische Verhältnis
beider Ionen hergestellt hat. Auf die Menge oder das Verhältnis der festen Stoffe kommt es dabei in keiner Weise an.

Im Falle des Strontiums sind die in Betracht kommenden
Löslichkeiten sehr verschieden, indem die des Sulfats viel
bedeutender ist, als die des Karbonats; daher erfolgt die
Umwandlung des ersteren viel leichter, als die des zweiten,

Ostwald, Analyt. Chemie. 7. Aufl.   10

und in der Lösung muß, damit Gleichgewicht stattfindet, das Sulfat bedeutend überwiegen. Beim Barium sind die beiden Löslichkeiten annähernd gleich, und daher auch das Verhältnis der beiden löslichen Salze im Gleichgewichtszustande.

Aus verdünnter Lösung fällt Strontiumsulfat nicht augenblicklich aus, und man kann auf dies Verhalten eine Unterscheidung von Strontium und Barium gründen, indem man das fällende Sulfat in verdünnter Lösung anwendet; gesättigte Gipslösung gibt eine zweckmäßige Konzentration. Man darf nicht annehmen, daß die Bildung des Sulfats so langsam erfolge; dieses bildet sich vielmehr augenblicklich, wie man aus der Messung der elektrischen Leitfähigkeit beim Vermischen verdünnter Lösungen von Strontiumhydroxyd und Schwefelsäure ersehen kann. Vielmehr handelt es sich nur um die Verzögerung der Abscheidung des festen Salzes, d. h. eine gewöhnliche Übersättigungserscheinung.

In der Bunsenflamme gibt Strontium eine purpurrote Färbung, die sich im Spektroskop in ein ziemlich zusammengesetztes Spektrum auflöst; eine blaue Linie ist besonders charakteristisch. Am deutlichsten reagiert das Chlorid, so daß gegebenenfalls das Spektrum erst erscheint, nachdem man die Probe mit Salzsäure befeuchtet hat.

4. Barium.

Von den Sulfaten der Erdalkalimetalle ist die Bariumverbindung die am schwersten lösliche. Sie dient daher ganz allgemein zur Erkennung und Abscheidung des Sulfations SO_4'', bei dessen Anwesenheit Bariumsalze einen weißen, feinpulverigen Niederschlag geben. Dieser ist in verdünnten Säuren, auch wenn sie zu den starken gehören, kaum löslicher als in reinem Wasser. Da das Barium außerdem gar keine komplexen Ionen bildet, so gibt es überhaupt kein wässeriges Lösungsmittel für Bariumsulfat, und dieses kann daher in solchem Sinne als der unlöslichste aller analytischen Niederschläge bezeichnet werden.

Um Barium von Strontium, dessen Nachweis es verhindert, zu trennen, fällt man es mit Kieselflußsäure, welche Strontium nicht fällt. Zu gleichem Zwecke kann man neutrale Chromate benutzen. Bariumfluosilikat ist, da die Kieselflußsäure eine ziemlich starke Säure ist, in verdünnten Säuren nicht erheblich löslicher als in reinem Wasser; Bariumchromat ist aus dem entgegengesetzten Grunde (sowie auch wegen der leichten Umwandlung des Chromations CrO_4'' in Dichromation Cr_2O_7'') in starken Säuren löslich, und seine Fällung muß daher in neutraler oder essigsaurer Lösung vorgenommen werden.

Auch kann man beide Elemente auf Grund der oben auseinandergesetzten Gesetze für das Gleichgewicht löslicher und unlöslicher Salze trennen. Eine Lösung, welche annähernd gleiche Äquivalente lösliches Karbonat und Sulfat enthält, ist auf Bariumsulfat ohne Einfluß, während sie Strontiumsulfat leicht in Karbonat umwandelt. Hat man beide Metalle als Sulfate gefällt, so kann man das Gemenge durch Digerieren mit der genannten Lösung in ein Gemenge von Bariumsulfat und Strontiumkarbonat umwandeln, aus dem man letzteres mit Salzsäure ausziehen kann.

In der Bunsenflamme geben die Bariumsalze ein grünes Licht, das sich im Spektroskop in eine größere Anzahl von Banden (nicht Linien) auflöst.

5. Magnesium.

Magnesiumhydroxyd ist eine erheblich schwächere Basis, als die andern Hydroxyde dieser Gruppe; es vermag schon kein normales Karbonat mehr zu bilden, wenn die Bestandteile bei Gegenwart von Wasser zusammentreffen; die hydrolytische Wirkung des letztern läßt ein Gemenge von Karbonat und Hydroxyd entstehen. Fällt man in der Kälte, so bleibt lösliches Bikarbonat in großer Menge in Lösung, aus dem erst beim Erwärmen Karbonat herausfällt.

Magnesiumhydroxyd ist für sich zwar löslich genug, um rotes Lackmuspapier zu bläuen, doch wird es durch die Gegenwart von überschüssigem Alkali infolge der vermehrten Konzentration des Hydroxylions so schwerlöslich, daß man dieses zur quantitativen Abscheidung des Magnesiums benutzen kann.

Versetzt man ein Magnesiumsalz mit Ammoniak, so fällt das Hydroxyd nur teilweise aus, und ist von vornherein genügend Ammoniaksalz zugegen, so entsteht überhaupt kein Niederschlag. Dagegen kann auch in solchen Lösungen durch einen genügenden Überschuß von Kali oder Natron wieder ein Niederschlag von Hydroxyd erhalten werden.

Die Erklärung dieser Erscheinung ist ähnlich der der Einwirkung der Kohlensäure auf Bleisalze (S. 85) und der des Schwefelwasserstoffs auf Zinksalze (s. unten). Ammoniak ist eine wenig dissoziierte Base, doch ist die Konzentration des Hydroxylions noch groß genug, um mit der des Magnesiumions in einer Magnesiumsalzlösung das Löslichkeitsprodukt des Hydroxyds zu überschreiten. Es fällt demnach Magnesiumhydroxyd aus. Durch die Reaktion entsteht eine dem nunmehr überschüssigen Anion des Magnesiumsalzes entsprechende Menge von Ammoniumion, die auf die Dissoziation des zugefügten Ammoniaks rückwirkt, und die Konzentration des Hydroxylions mehr und mehr vermindert. Es wird daher bald ein Zustand erreicht, wo die verminderte Konzentration des Hydroxylions nicht mehr genügt, um mit dem vorhandenen Magnesiumion das Löslichkeitsprodukt des Hydroxyds zu ergeben, und dann bleibt die Fällung aus.

Fügt man von vornherein ein Ammoniaksalz, d. h. Ammoniumion, in genügender Menge zu, so geht die Konzentration des Hydroxylions in dem zugesetzten Ammoniak alsbald unter den kritischen Wert, und das Löslichkeitsprodukt des Hydroxyds wird überhaupt nicht erreicht.

Setzt man dagegen Kali oder Natron zu einer solchen Flüssigkeit, so kann man dadurch die Konzentration des Hydroxylions steigern, bis das Löslichkeitsprodukt erreicht wird. Wieviel Alkali dazu nötig ist, hängt von der Menge des Ammoniaksalzes ab. Denn die ersten Zusätze des Hydroxylions werden dazu verbraucht, mit dem vorhandenen Ammoniumion nichtdissoziiertes Ammoniumhydroxyd, bzw. Ammoniak zu bilden, und erst wenn dieser Vorgang nahezu zu Ende ist, kann eine Steigerung der Konzentration des Hydroxylions bis zur Fällung von Magnesia hervorgebracht werden.

6. Anhang.

Aluminium. Das dreiwertige Ion des Aluminiums hat nur einen schwach basischen Charakter. Seine Salze reagieren alle sauer, und in die mit schwächeren Säuren zerfallen in der Siedehitze in basische Salze, die sich unlöslich abscheiden, und freie Säure, die gelöst bleibt. Auch wirkt das Hydroxyd nicht auf Lackmuspapier.

Den löslichen Basen gegenüber verhält sich Aluminiumhydroxyd entgegengesetzt wie Magnesiumhydroxyd, denn es ist in Ammoniak unlöslich, in den Ätzalkalien dagegen löslich. Die Löslichkeit in letzteren rührt daher, daß es sich als Säure betätigen kann; die Ionen derselben sind $3\,H^{\cdot}$ und AlO_3''', durch die Bildung der letztern wird Al-Ion verbraucht, und das Hydroxyd muß in Lösung gehen.

Beim Aluminium tritt zuerst eine Eigentümlichkeit auf, die sich bei den meisten der später zu besprechenden Metalle wiederfindet: die Fällung des Hydroxyds wird durch die Gegenwart nichtflüchtiger organischer Säuren verhindert. Die Ursache dieser Erscheinung ist hier und später die Bildung komplexer Verbindungen durch den Eintritt des Metalls in das Hydroxyl der Säure. Denn die nichtflüchtigen organischen Säuren, die diese Wirkung zeigen, sind sämtlich hydroxyliert; und daß das Hydroxyl die Ursache der Erscheinung ist, geht daraus hervor, daß auch nichtsaure Stoffe, wenn sie nur mehrere Hydroxylgruppen enthalten, die gleiche fällungsverhindernde Wirkung üben. Beispiele sind Zucker, Glyzerin u. a. m.

Neuntes Kapitel.

Die Metalle der Eisengruppe.

1. Allgemeines.

DIE Metalle der Eisengruppe bilden Schwefelverbindungen, welche meist vom Wasser nicht zersetzt werden, wohl aber von verdünnten Säuren. Sie werden daher durch Schwefelwasserstoff aus sauern Lösungen nicht gefällt, wohl aber durch Schwefelammonium.

Die Gesetze, von denen die Löslichkeit der Schwefelmetalle in verdünnten Säuren abhängt, sind dieselben, welche im allgemeinen für die Löslichkeit von Salzen schwacher Säuren gelten (S. 87), nur tritt hier eine Vereinfachung der Verhältnisse insofern ein, als vermöge des gasförmigen Zustandes des Schwefelwasserstoffes die Konzentration des letztern einen bestimmten, durch den Absorptionskoeffizienten gegebenen Betrag nicht überschreiten kann, solange man bei Atmosphärendruck arbeitet. Durch Behandeln mit Schwefelwasserstoff unter Druck würde man z. B. Zink auch aus sauern Lösungen fällen können; umgekehrt würden in einem Raume, wo der Schwefelwasserstoff nur einen bestimmten, sehr kleinen Druck annehmen könnte, Schwefelblei und Schwefelantimon in Säuren löslich sein. Die selbsttätige Regulierung der Konzentration durch den Gaszustand des Schwefelwasserstoffes bedingt teilweise die Bedeutung dieses Reagens in der analytischen Chemie.

Die Löslichkeit der in Wasser unlöslichen Schwefelmetalle in Säuren beruht auf dem die Dissoziation zurückdrängenden Einflusse, den letztere auf den Schwefelwasserstoff haben, und ist daher ihrer Stärke oder Dissoziation proportional. Ebenso nimmt sie mit der Konzentration der Säuren zu. Beide Umstände lassen sich in den einen Ausdruck zusammenfassen, daß die lösende Wirkung der Konzentration des Wasserstoffions in der Lösung proportional ist. Durch die Vermehrung der Konzentration des Wasserstoffions wird die des Schwefelwasserstoffions vermindert, und es muß zur Herstellung des Gleichgewichtes festes Sulfid in Lösung gehen.

Im übrigen bilden die Metalle dieser Gruppe meist zweiwertige Ionen vom Typus des Magnesiums, einige auch dreiwertige vom Typus des Aluminiums. Die Neigung, komplexe Ionen zu bilden, ist ziemlich ausgesprochen; eine Anzahl anomaler Reaktionen ist die Folge davon. Insbesondere Zyan und Ammoniak beteiligen sich am Aufbau solcher Verbindungen. Auch wird bei vielen die Fällung des Hydroxyds durch die Gegenwart nichtflüchtiger organischer Säuren verhindert. Die Fällung durch Schwefelammonium wird durch sie nicht verhindert, was auf die entsprechenden Löslichkeitsverhältnisse, bzw. die Konzentration des Metallions zurückzuführen ist.

2. Eisen.

Das Eisen bildet eine besonders große Anzahl verschiedener Ionen. Abgesehen davon, daß es sowohl zwei- wie dreiwertig als Kation auftreten kann, bildet es mit Vorliebe komplexe Ionen mannigfaltiger Art, von denen einige eine bemerkenswerte Beständigkeit besitzen. Durch Erhitzen mit konzentrierter Schwefelsäure kann

man indessen alle Eisenverbindungen in Ferrosulfat,
das Salz des zweiwertigen Eisens, verwandeln; sind
Oxydationsmittel zugegen, so bildet sich Ferrisulfat, das
an den charakteristischen Reaktionen des Ferriions leicht
erkannt werden kann.

Das *Ferroion* Fe·· schließt sich in seinen Reaktionen
am meisten dem Magnesiumion an. Es bildet ein
amorphes Hydroxyd, das übrigens äußert leicht in das
des dreiwertigen Eisens übergeht, wobei sich die Farbe
durch grünschwarz in gelbbraun verwandelt. Ferner
bildet es ein schwerlösliches Ammoniumphosphat, das
unter denselben Bedingungen wie die Magnesiumverbin
dung entsteht. Vom Magnesium unterscheidet sich das
Eisen hauptsächlich durch seine Fällbarkeit mit Schwefelammonium, welches einen grünschwarzen Niederschlag
von hydratischem Schwefeleisen gibt, der in verdünnten
Säuren, auch ziemlich schwachen, löslich ist. Er entsteht
daher nicht in sauern Lösungen; auch die Neutralsalze
des Eisens pflegen sauer genug zu reagieren, um die
Entstehung des Niederschlages mit Schwefelwasserstoff
zu verhindern. In sehr verdünnten Lösungen entsteht
der Niederschlag in kolloider Form, auch geht das Sulfid
beim Auswaschen bald in den gleichen Zustand über,
und kann deshalb und wegen seiner leichten Oxydier-
barkeit nicht zur Abscheidung des Eisens benutzt werden.
Zur quantitativen Bestimmung des Eisens benutzt man
das Eisenoxyd, welches man mit Ammoniak aus den
Lösungen der Ferrisalze in Gestalt eines rotbraunen
Niederschlages erhält; man fällt heiß, da sonst basische
Salze entstehen und die Fällung unvollständig wird. Mit
Ätzalkalien darf die Fällung nicht vorgenommen werden.
Eisenoxyd adsorbiert diese sehr reichlich und kann durch
Auswaschen nur unvollkommen von ihnen befreit werden.
Hat man aus irgendwelchen Gründen mit Kali oder Na-
tron fällen müssen, so muß man den Niederschlag wieder

in Salzsäure auflösen und von neuem mit Ammoniak
fällen. Infolge der sehr geringen Menge des nun vorhandenen festen Alkalis erfolgt die Adsorption dann nur
in verschwindend geringem Maße.

Das *Ferriion* Fe$^{\cdots}$ schließt sich in seinen Reaktionen
am meisten dem Aluminiumion an. Wie dieses ist es
eine sehr schwache Base, die aus wässeriger Lösung kein
Karbonat zu bilden vermag; die Salze, auch die mit
starken Säuren, sind in wässeriger Lösung mehr oder
weniger in freie Säure und kolloid gelöstes Eisenoxyd
hydrolytisch gespalten; diese Spaltung nimmt wegen der
zunehmenden elektrolytischen Dissoziation des Wassers
(S. 74) mit steigender Temperatur schnell zu, und führt,
wenn die Säure schwach ist, zur völligen Abscheidung
des Eisens als Hydroxyd oder basisches Salz. Man kann
diesen Zustand leicht durch Zusatz von Natriumazetat zur
Lösung erreichen. In diesem Falle ist es besonders
wichtig, heiß zu filtrieren, da beim Erkalten wegen Abnahme der Hydrolyse ein Teil des Oxyds wieder in
Lösung gehen würde. Man benutzt dies Verfahren, wenn
man aus irgendwelchen Gründen die Lösung nicht alkalisch machen darf.

Schwefelwasserstoff reduziert das Ferriion zu Ferroion
unter Abscheidung von Schwefel, welcher als weiße
Trübung erscheint, und der Bildung von Wasserstoffion;
Schwefelammonium reduziert gleichfalls und gibt dann
eine Fällung von schwarzgrünem hydratischem Eisen-
sulfür, in sehr verdünnter Lösung nur eine schwarzgrüne
Färbung von kolloidem Sulfür.

Von den komplexen Ionen, in denen das Eisen einen
Bestandteil bildet, sind die Verbindungen mit Zyan, das
Ferrozyanion Fe(CN)$_6''''$ und das Ferrizyanion Fe(CN)$_6'''$,
besonders wichtig. Sie gehören zu den beständigsten
komplexen Ionen, die es gibt; die in ihren Lösungen
vorhandene Menge von Eisenionen ist geringer als in

der wässerigen Lösung auch der schwerlöslichsten Eisensalze, so daß in Zyankalium sämtliche Eisenverbindungen
löslich sind. Die Lösung erfolgt allerdings nicht augenblicklich, wie oft, wenn keine reine Ionenreaktion vorliegt,
doch immerhin schnell genug, um analytisch verwendbar
zu sein. Auch zeigt die Lösung in Zyankalium keine
einzige von den gewöhnlichen Reaktionen des Eisens,
was eine notwendige Folge des erstgenannten Umstandes ist.

Hierdurch entsteht das merkwürdige Verhältnis, daß
man Eisen mit Hilfe eines Reagens nachweisen kann,
welches selbst Eisen enthält. Die Salze des Ferrozyanions
und des Ferrizyanions bilden nämlich mit den Schwermetallen schwerlösliche, meist lebhaft gefärbte Salze; so
auch mit dem Eisen. Ferrozyanion gibt mit Ferroion
einen weißen, sich äußerst leicht durch Oxydation blau
färbenden Niederschlag, mit Ferriion einen dunkelblauen;
Ferrizyanion gibt mit Ferroion einen blauen Niederschlag,
mit Ferriion dagegen nur eine dunkelbraune Färbung,
die dem nichtdissoziierten Anteil des gebildeten löslichen
Ferri-Ferrizyanids zukommt. Die Niederschläge sind
amorph und gehen sehr leicht in den Zustand kolloider
Aufschlämmung über, so daß sie sich nicht auswaschen
lassen; sie eignen sich daher nur zur qualitativen, nicht
zur quantitativen Bestimmung.

Die quantitative Bestimmung des Eisens läßt sich maßanalytisch sehr bequem und genau mit Hilfe von Kaliumpermanganat ausführen, wenn das Eisen als Ferrosalz
vorliegt; nötigenfalls kann es durch Reduktion mit Zink,
am besten in Form von (eisenfreiem) Zinkstaub, in diesen
Zustand gebracht werden. Der Vorgang besteht in dem
Übergange des Ferroions in das Ferriion einerseits, und
in der Verwandlung des Permanganats in das Manganosalz anderseits und entspricht der Formel: $2\,KMnO_4 + 10$
$FeSO_4 + 8\,H_2SO_4 = K_2SO_4 + 2\,MnSO_4 + 5\,Fe_2(SO_4)_3 + 8\,H_2O$,

oder in Ionenschreibart: $MnO_4' + 5 Fe^{\cdot\cdot} + 8 H^{\cdot} = Mn^{\cdot\cdot} + 5$
$Fe^{\cdot\cdot\cdot} + 4 H_2O$. Ein Verbindungsgewicht Permanganat
gibt also fünf Verbindungsgewichte Eisen an. Da $8 H^{\cdot}$
verbraucht werden, so muß die Lösung reichlich sauer,
darf aber nicht salzsauer sein, da bei Gegenwart von
Eisensalzen Permanganat auf Salzsäure oxydierend wirkt.
Es handelt sich hier um eine „induzierte" Reaktion, deren
Gesetze noch nicht vollständig erforscht sind[1]). Von der
Salzsäure und dem Permanganat allein hängt die Reaktion nicht ab, denn man kann Oxalsäure ganz scharf
und ohne eine Spur einer Chlorentwicklung mit Permanganat in salzsaurer Lösung titrieren.

3. Chrom.

Noch mannigfaltiger, als beim Eisen, zeigt sich die
Bildung verschiedenartiger Ionen beim Chrom; denn
außer dem zwei- und dem dreiwertigen Kation $Cr^{\cdot\cdot}$ und
$Cr^{\cdot\cdot\cdot}$ existiert noch das zweiwertige Anion der Chromsäure CrO_4'' und das gleichfalls zweiwertige Anion der
Dichromsäure Cr_2O_7''. Die beiden letztern sind durchaus
als verschiedene Verbindungen zu betrachten.

Analytisch kommt das zweiwertige Chromoion nicht
in Betracht, da es so leicht in das dreiwertige Chromiion
übergeht, daß es überhaupt nur unter besondern Vor-
sichtsmaßregeln erhalten werden kann. Das dreiwertige
Chromiion schließt sich in seinem Verhalten den andern
dreiwertigen Ionen, dem Aluminium- und dem Ferriion
an; es ist etwas schwächer als das erste und etwas
stärker als das zweite. Durch Kondensation entstehen
aus dem Chromoxyd mehrere Basen von der allgemeinen
Zusammensetzung $n\,CrO_3H_3 - m\,H_2O$, die als Hydroxyde

---

[1]) Vgl. Schilow, Ztschr. f. phys. Chemie **42**, 641 (1903);
ferner Luther und Schilow, ebenda **46**, 777 (1903).

zusammengesetzter Chromsauerstoffionen zu betrachten
sind. Daß es sich um neue Ionen und nicht um bloße
basische Salze handelt, geht daraus hervor, daß die Farbe
und die analytischen Eigenschaften andere geworden
sind, und daß der Übergang der einen Art Salze in die
andere nicht augenblicklich, sondern nur allmählich erfolgt. Für die analytische Praxis ist ferner wichtig, daß
das Chromoxyd sich mit verschiedenen Säuren mehrfach
zu komplexen Säuren vereinigt, die weder die Reaktionen
des Chroms, noch die der betreffenden Säure mehr zeigen.
Dies tritt beispielsweise sehr leicht bei der Schwefelsäure
ein; das Kaliumsalz eines Chromsulfations entsteht beim
Erhitzen von kristallisiertem Chromalaun, und die wässerige Lösung des Produktes reagiert weder auf Chromiion
noch auf Sulfation. Durch Schmelzen mit Kalium-Natriumkarbonat lassen sich solche Verbindungen leicht zerlegen.

Frisch gefälltes Chromoxyd ist in Alkalien mit grüner
Farbe löslich; der Grund ist derselbe, wie beim Aluminium. Durch Kochen wird diese Lösung gefällt; das
gleiche erfolgt in der Kälte bei längerem Stehen. Es
entsteht dabei ein wasserärmeres Oxyd, dessen Löslichkeitsprodukt viel kleiner ist, als das des frischgefällten
Hydroxyds. Diese ist daher übersättigt in bezug auf die
zweite Form des Oxyds, und letzteres muß sich ausscheiden. In Ammoniak löst sich Chromoxyd nur spurenweise;
die komplexen Chromammoniakverbindungen, deren es
eine große Zahl gibt, entstehen auf andere Weise. Zur
Bildung eines Salzes, wie bei den Alkalien, ist das Ammoniak zu schwach.

Das Chromation CrO_4'', ist gelb gefärbt und schließt
sich in den Löslichkeitsverhältnissen seiner Salze dem
Sulfation an. Es ist nur in neutraler oder basischer
Lösung beständig; trifft es mit Wasserstoffion zusammen,
so entsteht unter Wasserbildung Dichromation Cr_2O_7'',
welches eine rote Farbe hat: $2\,CrO_4'' + 2\,H^\cdot = Cr_2O_7''$

$+ H_2O$. Deshalb verhält sich die Chromsäure wie eine
schwache Säure, und die in Wasser schwerlöslichen
Chromate werden daher leicht von Säuren gelöst. Bariumchromat ist zur Abscheidung des Chromations schlecht
geeignet, weil es sich nicht gut auswaschen läßt; besser
ist Merkurochromat, doch muß man es wegen seiner
Löslichkeit mit einer Lösung von Merkuronitrat auswaschen. Beim Glühen hinterläßt es Chromoxyd.

Mit Zyan bildet das Chrom ähnliche komplexe Ionen
wie das Eisen, doch von geringerer Beständigkeit.

4. Mangan.

Entgegen den Verhältnissen beim Chrom ist beim
Mangan das zweiwertige Ion das beständigere; das dreiwertige ist so schwach, daß seine Salze in wässeriger
Lösung überhaupt nicht bestehen, da sie alsbald hydrolytisch zersetzt werden. Nur einige unlösliche Mangani-
salze existieren als wohldefinierte Verbindungen, insbesondere das Phosphat und das Fluorid.

Manganion ist blaßrosa gefärbt und verhält sich von
seinen Verwandten dem Magnesiumion am ähnlichsten;
insbesondere stimmt das Verhalten zum Ammoniak fast
völlig mit dem des Magnesiumions überein. Nur trübt
sich beim Mangan die ammoniakalische Lösung, wenn
sie an der Luft steht, indem sich unlösliches Mangani-
hydroxyd von brauner Farbe abscheidet.

Schwefelmangan ist von den Schwefelmetallen der
Gruppe das löslichste und scheidet sich daher nur bei
Gegenwart von überschüssigem Schwefelammonium und
nach längerem Stehen hinreichend vollständig ab; auch
muß es mit Schwefelammonium ausgewaschen werden,
damit nichts in Lösung geht. Anderseits wird die Entstehung des Niederschlages schon durch sehr geringe
Mengen Säure, auch wenn sie nicht zu den starken ge-
hörten, verhindert.

Das Mangan bildet mit Sauerstoff zwei verschiedene Ionen von der Formel MnO_4, die beide gleich zusammengesetzt sind und sich nur durch ihre verschiedene Wertigkeit unterscheiden: das eine ist ein-, das andere zweiwertig. Trotz der gleichen Zusammensetzung haben sie sehr verschiedene Eigenschaften; das einwertige Permanganation $MnO_4{}'$ ist intensiv violettrot gefärbt und schließt sich in seinem Verhalten dem Ion der Überchlorsäure, dem Perchloration $ClO_4{}'$, an, während das zweiwertige Manganation $MnO_4{}''$ ebenso intensiv grün ist und Analogie mit dem Sulfation hat. Das zweiwertige $MnO_4{}''$ ist nur in alkalisch reagierenden Flüssigkeiten beständig; in sauern geht es in das einwertige über. Da hierbei die Hälfte des äquivalenten Wasserstoffions verschwinden muß, so wird der für dessen Oxydation zu Wasser erforderliche Sauerstoff von einem andern Teile der Verbindung hergenommen, der dadurch zu Manganperoxyd reduziert wird.

Die starke Färbung der Manganate und Permanganate gewährt ein bequemes Hilfsmittel zur Erkennung von Mangansalzen aller Art. In Manganate führt man sie durch Schmelzen mit Kalium-Natriumkarbonat über; eine grüne Färbung der Schmelze zeigt die Gegenwart von Mangan an. Übermangansäure bildet sich, wenn man Manganverbindungen mit Salpetersäure und Bleiperoxyd erhitzt, wobei sich die Flüssigkeit rot färbt. Chlorverbindungen stören diese Reaktion, müssen daher vorher abgeschieden werden.

Kaliumpermanganat dient wegen seiner geschwinden Oxydationswirkung zur maßanalytischen Bestimmung oxydierbarer Stoffe, wie Eisen, Oxalsäure usw. Eisen oxydiert sich fast augenblicklich, Oxalsäure braucht dagegen eine leicht zu beobachtende Zeit, bis die Wirkung abgelaufen ist; gegen Ende der Titration nimmt die Geschwindigkeit der Reaktion sehr deutlich zu. Dies

rührt von der Anhäufung des durch die Reduktion gebildeten Mangansalzes her, durch welches die Oxydation
katalytisch beschleunigt wird; setzt man von vornherein
Mangansulfat hinzu, so nimmt der Vorgang alsbald einen
geschwinderen Lauf. Auch überschüssige freie Säure
beschleunigt den Prozeß nach Maßgabe der Konzentration
des Wasserstoffions.

Infolge der starken Färbung des Permanganations
bedarf es keines besondern Indikators, wenn man damit
titriert; es ist dies einer der wenigen Fälle der Titration
ohne Indikator.

Noch empfindlicher, als mit freiem Auge, kann man
das Permanganation durch das Spektroskop erkennen.
Sein Spektrum, das den Lösungen aller Salze der Säure
in vollkommen gleicher Weise zukommt, weil in allen das
gleiche farbige Ion enthalten ist, enthält fünf dunkle
Streifen im Gelb und Grün, und zeigt sich noch in einer
Verdünnung deutlich, bei welcher das Auge versagt.

5. Kobalt und Nickel.

Bei Kobalt und Nickel ist die Fähigkeit, dreiwertige
Kationen zu bilden, schon völlig geschwunden. Sie vermögen allerdings noch höhere Oxyde zu geben; doch
sind diese nicht mehr basischer Natur, sondern vom
Charakter der Peroxyde, die in verdünnten Säuren unlöslich sind und mit Salzsäure Chlor entwickeln.

Wir haben es bei diesen Metallen daher nur mit den
zweiwertigen Ionen, und daneben mit einigen komplexen
Verbindungen von besondern Reaktionseigenschaften zu
tun. Das Kobaltion $Co^{..}$ ist rot, das Nickelion $Ni^{..}$
smaragdgrün gefärbt. Die nichtdissoziierten Kobaltsalze
sind meist dunkelblau gefärbt; in konzentrierten Lösungen
geht daher durch alle Ursachen, welche die Dissoziation
herabdrücken, die rote Farbe in die blaue über. Hierzu

gehört einerseits Erwärmen, anderseits der Zusatz stärker
dissoziierter Salze mit gleichem Anion. Am deutlichsten
ist die Wirkung beim Zusatz von konzentrierter Salzsäure zu Kobaltchlorid. Indessen spielt die Bildung von
Hydraten und Doppelverbindungen bei diesen Farbänderungen gleichfalls eine bedeutende Rolle, indem die
niederen Hydrate blau gefärbt sind. Gleichzeitig bilden
sich hierbei komplexe Ionen.

Eine sehr auffallende Eigentümlichkeit des Kobalts und
Nickels besteht darin, daß die Sulfide zwar aus saurer
Lösung durch Schwefelwasserstoff nicht gefällt werden,
daß aber die einmal gefällten Sulfide in verdünnten
Säuren nicht mehr löslich sind. Wie diese Anomalie zu
deuten ist, läßt sich zurzeit noch nicht sicher sagen.
Vermuten läßt sich einerseits, daß die Sulfide alsbald
nach ihrer Fällung eine Umwandlung in eine weniger
lösliche Form erleiden, anderseits, daß die Sulfide nur
in der schwerlöslichen Form existieren, daß aber in den
sauern Lösungen Übersättigungserscheinungen (vielleicht
kolloide) in bezug auf das sich bildende Schwefelmetall
vorliegen. Die letztere Vermutung ist weniger wahrscheinlich, da die Sulfide aus essigsaurer Lösung ohne
Schwierigkeiten ausfallen.

Die Fähigkeit, komplexe Ionen zu bilden, ist bei den
Kobaltsalzen stärker ausgebildet, als bei denen des
Nickels. Auf diesem Unterschiede beruhen die Methoden,
die beiden sonst sehr ähnlichen Metalle zu trennen. Die
bequemste dieser Methoden besteht in der Behandlung
der gemengten Lösungen mit Kaliumnitrit in essigsaurer
Lösung. Es bildet sich dann Kaliumkobaltnitrit, das
Kaliumsalz eines Nitrokobaltions $Co(NO_2)_6'''$, das in überschüssigem Kaliumsalz genügend schwerlöslich ist. Die
Bildung des Salzes geht nur langsam vor sich; man muß
die Flüssigkeit mehrere Stunden stehen lassen, um eine
hinreichend vollständige Abscheidung zu erreichen. Es

ist dies ein Beweis, daß es sich nicht um eine gewöhnliche Ionenreaktion, sondern um die Bildung eines komplexen Salzes handelt. Nickel bildet unter gleichen Umständen keine derartige unlösliche Verbindung.

Eine andere Methode der Unterscheidung beruht auf dem verschiedenen Verhalten der komplexen Zyanverbindungen. Die des Kobalts ist äußerst beständig und wird durch Säuren auch beim Kochen nicht zersetzt, während die entsprechende Nickelverbindung unter diesen Umständen schwerlösliches Nickelzyanür abscheidet.

Der gleiche Unterschied in der Beständigkeit der komplexen Ionen zeigt sich bei den Ammoniakverbindungen. Beide Metalle werden aus ihren Lösungen durch Ammoniak erst als Hydroxyde gefällt, und dann durch einen Überschuß des Reagens gelöst. Während aber die Nickelammoniakverbindungen so zersetzlich sind, daß sie im festen Zustande schon an der Luft Ammoniak verlieren, so bildet das Kobalt unter Oxydation derart beständige Komplexe, daß sie auch beim Erwärmen mit Alkali nicht zersetzt werden. Auch entsprechen die Verbindungen ganz verschiedenen Typen.

6. Zink.

Das Zink bildet nur ein zweiwertiges Kation; höhere Oxydationsstufen sind bei ihm nicht bekannt. Ferner vermag das Zinkhydroxyd Wasserstoff als Ion abzuspalten, wobei es das sehr schwache negative Zinkation $ZnHO_2'$, bzw. ZnO_2'' bildet, und schließlich tritt es als Bestandteil komplexer Ionen mit Zyan, Ammoniak usw. auf.

Dementsprechend löst sich das in Wasser unlösliche Zinkoxyd sowohl in Alkalien wie im Ammoniak auf; der Grund der Löslichkeit ist aber in beiden Fällen verschieden: im ersten Falle beruht sie auf der Bildung der negativen Ionen ZnHO$_2'$ und ZnO$_2''$, im zweiten auf der positiver komplexer Zink-Ammoniakionen. Letztere sind ziemlich beständig, daher wird das Hydroxyd nicht hydrolytisch gespalten, und Zinkoxyd ist in Ammoniak auch ohne die Gegenwart überschüssigen Ammoniaksalzes löslich[1]).

Schwefelzink ist weniger löslich, als die andern Sulfide dieser Gruppe. Auch aus neutralen Salzen der starken Säuren fällt beim Einleiten von Schwefelwasserstoff der größte Teil des Zinks aus, und von der Natur der Säure des Zinksalzes hängt es ab, wieviel noch in Lösung bleibt. Denn das Gleichgewicht der Lösung mit dem festen Schwefelzink ist durch das Produkt der Konzentrationen des Zink- und des Schwefelions bestimmt; letztere steht wieder, da Schwefelwasserstoff eine sehr schwache Säure ist, im umgekehrten Verhältnis zu der Konzentration des freien Wasserstoffions aus der entstandenen Säure. Die Konzentration der Gesamtmenge des Schwefelwasserstoffes kann aus den früher (S. 151) angegebenen Gründen als konstant angesehen werden. Je schwächer also die Säure dissoziiert, und je konzentrierter die Lösung des Zinksalzes ist, um so weniger Zink entgeht der Fällung. Da ferner die Dissoziation der schwachen Säuren durch die Gegenwart ihrer Neutralsalze beliebig herabgedrückt werden kann, so erweist sich die alte Praxis, die Fällung des Zinks bei Gegenwart eines Überschusses von Natriumazetat zu bewerkstelligen, als völlig zweckentsprechend.

Um die Fällung der Zinksalze durch Schwefelwasserstoff ganz zu verhindern, braucht man nur eine genügende Menge einer starken Säure zuzufügen. Das Wasser-

---

[1]) Diese Auffassung ist nicht ganz sicher, vgl die Darlegungen über Magnesium S. 148.

stoffion derselben drückt die Dissoziation des Schwefelwasserstoffes dann so weit herab, daß trotz des reichlich
vorhandenen Zinkions der Wert des Löslichkeitsproduktes
nicht erreicht wird. Der Säurezusatz muß, wie hieraus
hervorgeht, der Menge des Zinksalzes (bzw. der Qua-
dratwurzel daraus) annähernd proportional sein.

Zehntes Kapitel.

Metalle der Kupfergruppe.

VON den Metallen der Eisengruppe unterscheiden sich die nun zu besprechenden Metalle durch die Unlöslichkeit ihrer Sulfide in verdünnten starken Säuren. Nach dem früher Gesagten ist dieser Unterschied nur einer des Grades; auch lassen sich die zu erwartenden Zwischenstufen am Kadmium und Blei nachweisen. Im übrigen sind die Metalle dieser Gruppe voneinander ziemlich verschieden, und allgemeines läßt sich kaum über sie sagen.

Von den hier zu besprechenden Metallen gehören einige zu den sogenannten edeln, und auch die andern wird man geneigt sein, den Metallen der Eisengruppe gegenüber als edler zu bezeichnen. Durch dies etwas unbestimmte Wort wird eine ganz bestimmte Eigenschaft der Metalle angedeutet, die man ihre Ionisierungstendenz nennen kann; als Maß derselben dient die auf ein Mol berechnete Arbeit, welche beim Übergange des Metalls in den Ionenzustand gewonnen werden kann. Je größer diese ist, um so leichter und schneller wird das Metall sich ionisieren, und umgekehrt. Beim Kalium hat diese Tendenz einen sehr großen Wert; beim Aluminium, Zink, Zinn, Kadmium ist sie geringer, beim Blei fast Null, und bei den Metallen Kupfer, Antimon, Wismut, Silber, Gold usw. ist sie negativ, d. h. bei diesen Metallen kann um-

gekehrt Arbeit gewonnen werden, wenn die Ionen sich
in Metall verwandeln. Doch ist zu bemerken, daß diese
Darlegungen nur für meßbare Konzentration der Ionen
gelten; ist diese sehr klein (unterhalb der Grenze des
analytischen Nachweises), so verschieben sich alle Metalle
nach der Seite der weniger edeln. Die Grenze der
„edeln" Metalle wird übrigens nicht durch diesen Umstand
bestimmt, sondern dadurch, ob sich das Metall durch
gasförmigen Sauerstoff oxydieren läßt oder nicht.

Wie man sieht, sind die Metalle mit positiver Ionisierungstendenz die, welche sich unter Wasserstoffentwicklung in Säuren auflösen; dies rührt daher, daß die
Ionisierungstendenz des Wasserstoffs nahezu Null ist. Im
übrigen fällt die Reihe der Ionisierungstendenz mit der
elektrischen Spannungsreihe der Metalle zusammen und
ist ein Ausdruck der gleichen Eigenschaft.

Einige Metalle zeigen in bestimmten Lösungen Abweichungen von der gewöhnlichen Spannungsreihe. Dies
findet in allen den Fällen statt, wo die fraglichen Metalle
sich in der Flüssigkeit zu komplexen Verbindungen lösen,
und die Verschiebung erfolgt stets in dem Sinne, daß
das Metall sich wie ein weniger edles verhält. Die Ursache liegt darin, daß die obenerwähnte Arbeitsgröße
von der Konzentration des Ions in der Flüssigkeit abhängt, und zwar im umgekehrten Sinne: sie wird größer,
je kleiner die Konzentration des Ions wird. Ist also in
der Flüssigkeit ein Reagens vorhanden, welches dies
entstehende Ion in dem Maße, wie es sich bildet, wieder
wegfängt, so bleibt dauernd eine vergrößerte Ionisierungstendenz bestehen, und das Metall verhält sich wie ein
weniger edles. Der umgekehrte Fall kann nicht eintreten,
denn die Konzentration der Ionen läßt sich zwar in jedem
beliebigen Maße vermindern, ihrer Vermehrung ist aber
wegen der begrenzten Löslichkeit der Metallsalze sehr
bald eine unüberschreitbare Grenze gesetzt und deshalb

kommt eine Verschiebung der Stellung des Metalls nach der Seite der edleren nicht vor.

Die auffallendsten Erscheinungen dieser Art bietet das Zyankalium dar. Daß sie auf der besondern Fähigkeit des Zyans zur Bildung komplexer Verbindungen mit den Metallen beruhen, braucht nach dem Gesagten kaum hervorgehoben zu werden.

1. Kadmium.

Kadmium ist in seinen Reaktionen dem Zink sehr ähnlich, nur ist sein Sulfid weniger löslich, als das des Zinks, und fällt daher aus sauern Lösungen vollständiger aus als dieses. Anderseits bedarf es schon einer ziemlich bedeutenden Konzentration des Wasserstoffions, um die Fällung zu verhindern, bzw. gefälltes Kadmiumsulfid wieder aufzulösen. Im übrigen bestehen dafür genau dieselben Gesetze, wie beim Zink.

In einer andern Beziehung macht sich beim Kadmium eine Erscheinung geltend, die, beim Zink schwach angedeutet, beim Kadmium deutlicher wird, um beim Quecksilber die Reaktionen entscheidend zu beeinflussen: die geringe Dissoziation der Halogenverbindungen. Während bei den bisher erörterten Metallen zwischen Sauerstoffsalzen und Halogensalzen in dieser Beziehung kein Unterschied merklich war, tritt er hier auf, und man muß auf die neuen Verhältnisse achthaben, wenn man das analytische Verhalten richtig beurteilen will.

Die Wirkung, welche eine geringe Dissoziation eines löslichen Salzes ausübt, besteht darin, daß aus demselben die Niederschläge schwerlöslicher Verbindungen unvollkommener und schwieriger entstehen, und daß diese Niederschläge umgekehrt in solchen Reagenzien, durch welche dies schwach dissoziierte Salz entsteht, z. B. in den zugehörigen Säuren, viel löslicher sind, als unter gewöhnlichen Umständen. Beim Kadmium ist dieser

Unterschied noch nicht sehr deutlich; das Chlorid verhält
sich fast genau, wie die andern Salze, und nur das Jodid,
dessen Dissoziation die geringste ist, läßt Abweichungen
erkennen. Jodwasserstoffsäure löst Schwefelkadmium viel
reichlicher auf, als Salz- oder Salpetersäure von gleicher
Konzentration, und aus Lösungen von Jodkadmium läßt
sich durch Schwefelwasserstoff Schwefelkadmium nur
langsam und unvollständig ausfällen, wie schon vor längerer Zeit Hittorf angegeben hat.

Die Neigung des Kadmiums, komplexe Ionen zu bilden,
ist nicht groß. Das Hydroxyd ist allerdings in Ammoniak löslich, die schwerer löslichen Salze, wie z. B. das
Karbonat, sind es aber nicht mehr in beträchtlichem Maße.
Auch die komplexe Zyanverbindung, deren Kaliumsalz
nach der Formel $K_2 Cd (CN)_4$ zusammengesetzt ist, ist
weniger beständig, als viele ähnliche Verbindungen, d. h.
das Ion $Cd (CN)_4''$ ist zu einem merklichen Maße in $Cd^{··}$
und 4 CN' gespalten. Denn es wird trotz der verhältnismäßig großen Löslichkeit des Kadmiumsulfids von
Schwefelwasserstoff unter Abscheidung des Sulfids zersetzt; in seiner Lösung ist daher Kadmiumion in erheblich
größerer Konzentration vorhanden, als in der wässerigen
Lösung des Kadmiumsulfids allein.

2. Kupfer.

Kupfer kann ein- und zweiwertige Ionen, Kupro- und
Kupriion, bilden. Das einwertige $Cu^{·}$ ähnelt dem des
Silbers und dem einwertigen Quecksilberion, das zweiwertige $Cu^{··}$ schließt sich den Kationen der Magnesium-
gruppe an. Umwandlungen zwischen beiden Ionen
finden mehrfach und leicht statt.

Von den Salzen des einwertigen Kupfers, den Kupro-
salzen, kennt man nur die Halogenverbindungen, welche
mit zunehmendem Verbindungsgewicht des Halogens
schwerer löslich werden. Das Jodür ist schwerlöslich

genug, um zur analytischen Abscheidung des Kupfers
brauchbar zu sein. Setzt man zu einem Kuprisalz Jodkalium, so reagieren Kupriion und Jodion derart aufeinander, daß sich Kuprojodür und freies Jod bilden:
$Cu\cdot\cdot + 2\,J' = CuJ + J$. Die Reaktion ist unvollständig,
indem gleichzeitig der entgegengesetzte Vorgang stattfinden kann; soll sie vollständig werden, so muß eines
der Reaktionsprodukte entfernt werden. Man setzt deshalb schweflige Säure hinzu, welche das Jod in Jodion
verwandelt; hierdurch wird gleichzeitig die Konzentration
einer der Komponenten auf der linken Seite der Reak-
tionsgleichung erhöht, und die Abscheidung des schwerlöslichen Salzes vollständiger gemacht.

Der gleichen Reaktion kann man sich zur Abscheidung
des Jods aus einem Gemenge der Halogenverbindungen
bedienen, indem man dieses mit überschüssigem Kupfervitriol destilliert. Hier wird die Vollständigkeit der
Reaktion durch die mechanische Entfernung eines der
beiden Reaktionsprodukte, des freien Jods, erzielt.

Ähnliche Vorgänge entstehen beim Zusammentreffen
von Kupriion mit Zyan- und Rhodanion. Im ersten Falle
wird wie beim Jod die Hälfte des Zyans frei und es
entweicht gasförmig. Im zweiten entstehen mannigfaltige
Zersetzungsprodukte, wenn man nicht durch den Zusatz
von Reduktionsmitteln dafür sorgt, daß das Rhodan wieder
in den Ionenzustand übergeführt wird. Alsdann ist die
Reaktion analytisch brauchbar und wird vielfach angewendet.

Der umgekehrte Vorgang, die Umwandlung von
Kupro- in Kupriion tritt ein, wenn Kupferoxydul mit
starken Sauerstoffsäuren übergossen wird. Dann erfolgt
die Reaktion $2\,Cu\cdot = Cu\cdot\cdot + Cu$, d. h. es bildet sich aus zwei
Verbindungsgewichten einwertigen Kuproions ein Verbindungsgewicht zweiwertigen Kupriions und metallisches,
nicht ionisiertes Kupfer. In sehr geringer Menge kann

indessen Kuproion neben Kupriion und metallischem Kupfer bestehen.

Mit dem Schwefel bildet das Kupfer gleichfalls zwei Verbindungen, die den beiden Oxydationsstufen entsprechen, doch wird in wässeriger Lösung die zweite nicht rein erhalten, sondern der Niederschlag besteht zum Teil aus Kupfersulfür und freiem Schwefel. Man muß ihn daher, wenn man ihn zu quantitativen Bestimmungen benutzen will, durch Glühen im Wasserstoffstrom in Kupfersulfür überführen.

Schwefelkupfer ist zwar bedeutend weniger löslich als Schwefelkadmium, doch kann man immerhin noch durch mittelstarke Salzsäure die Fällung verhindern. Die Fällung läßt sich in solchen Fällen schon durch bloße Verdünnung erreichen, indem dadurch die Konzentration der Salzsäure abnimmt, während die des Schwefelwasserstoffes dieselbe bleibt, wenn man das Gas weiter bis zur Sättigung einleitet.

Beide Kupferionen, das ein- und das zweiwertige, bilden mit Ammoniak komplexe Ionen; die letztern sind blau, die erstern farblos, doch gehen sie äußerst leicht durch Oxydation in die andern über. Die Verbindungen sind so beständig, daß die meisten schwerlöslichen Kupfersalze sich in Ammoniak lösen; die Schwefelverbindung macht eine Ausnahme. Ebenso leicht tritt das Kupfer in das Hydroxyl organischer und anorganischer Oxydverbindungen ein, und wird durch die gewöhnlichen Fällungsreagenzien außer Schwefelwasserstoff unfällbar.

Besonders wenig in bezug auf Kupferionen dissoziiert ist unter den komplexen Verbindungen das Zyankuproion, $Cu(CN)'_2$. Demgemäß sind alle Kupfersalze in überschüssigem Zyankalium löslich, darunter auch das Sulfür. Das letztere Verhalten unterscheidet das Kupfer von allen andern Metallen dieser Gruppe.

3. Silber.

Silber bildet nur ein einwertiges elementares Kation, ist aber sehr geneigt, komplexe Ionen zu bilden. Analytisch ist es durch die Schwerlöslichkeit seiner Halogenverbindungen gekennzeichnet, welche mit dem Verbindungsgewicht der Halogene zunimmt,

Fällt man ein Gemenge verschiedener löslicher Halogenverbindungen mit Silbernitrat, so enthält der Niederschlag haupthächlich das Halogen von höherem Verbindungsgewicht. Doch erfolgt auf diese Weise keine vollständige Abscheidung des letztern, sondern in der Flüssigkeit bleiben die Halogenionen etwa im Verhältnis der Löslichkeitsprodukte ihrer Silberverbindungen nach. Ist daher in einer Lösung, wie z. B. im Meerwasser, eine kleine Menge Brom neben sehr viel Chlor enthalten, so ist die Abscheidung des erstern durch Fällung mit Silbernitrat äußerst unvollständig. Man muß in solchen Fällen durch passende Mittel, z. B. durch Ausziehen der zur Trockne gebrachten Salze mit Alkohol, das Verhältnis des Broms zum Chlor in der zu fällenden Flüssigkeit nach Möglichkeit steigern. Die Verhältnisse werden weiter dadurch verwickelt, daß die Halogensilberverbindungen isomorphe Gemenge bilden.

Mit Ammoniak vereinigt sich das Silber zu komplexen Kationen, hauptsächlich $Ag\,(NH_3)_2\!\cdot$. Die Verbindung gehört zu den beständigeren ihrer Art; in ihrer Lösung hat das Silberion eine geringere Konzentration, als in der wässrigen Lösung des Chlorsilbers, was aus der Löslichkeit des letztern in Ammoniak hervorgeht. Beim Bromsilber ist die Löslichkeit annähernd eine solche, daß die Konzentration der Ionen die gleiche ist, Jodsilber ist erheblich weniger löslich und wird daher von Ammoniak kaum merklich aufgenommen.

Noch etwas beständiger als die Ammoniakverbindung ist das komplexe Ion, welches Silber mit dem Anion der

Thiosulfate bildet, indem es an die Stelle des an Schwefel gebundenen Metalls tritt. Daher lösen sich in thioschwefelsauerm Natrium nicht nur alle Silberverbindungen, die in Ammoniak löslich sind, sondern auch einige, die es nicht oder vielmehr nur in geringer Menge sind, wie z. B Bromsilber.

Die beständigste von den komplexen Silberverbindungen ist das Zyansilberion, dessen Zusammensetzung $Ag(CN)_2{}'$ ist. Seine Bildung erfolgt so leicht und schnell, daß man die Reaktion zum Titrieren des Zyanions benutzen kann. Man macht die Flüssigkeit alkalisch und setzt Silbernitrat dazu; solange Zyanion im Überschusse vorhanden ist, bleibt die Lösung klar; ist das Verhältnis Ag : 2 CN überschritten, so tritt eine Fällung von Zyansilber ein.

Zyankalium löst alle Silbersalze mit Ausnahme des Schwefelsilbers[1]) auf; letzteres ist nächst dem Schwefelquecksilber das schwerlöslichste Sulfid dieser Gruppe. Schon bei den oben dargelegten Verhältnissen der Thiosulfate zum Silber hat sich die große Verwandtschaft des Schwefels zum Silber geltend gemacht. Aus dem gleichen Grunde zersetzt metallisches Silber Schwefelwasserstoff unter Wasserstoffentwicklung, wie Zink Salzsäure zersetzt; der Charakter der „edeln" Metalle ist hier ganz verschwunden. Auch in Zyankalium muß sich Silber unter Wasserstoffentwicklung lösen; der Versuch zeigt wirklich eine merkliche Löslichkeit.

Silbersalze werden allgemein als Reagens auf Halogene benutzt, doch reagieren sie, wie schon erwähnt, nur, wenn diese als Ionen zugegen sind. Die langsame Fällung, welche organische Halogenverbindungen, die man nicht als Salze im gewöhnlichen Sinne betrachten kann,

---

[1]) In sehr konzentrierten Lösungen von Zyankalium ist auch Schwefelsilber löslich.

mit Silber geben, scheint ein Anhalt dafür, daß auch
solche Stoffe spurenhaft dissoziiert sein können.

4. Quecksilber.

Quecksilber bildet ein- und zweiwertige Ionen; die
ersten sind dem Silber, die andern dem Kadmium ähnlich.
Auch mit dem Kupfer zeigen sich manche übereinstim-
mende Verhältnisse. Besonders charakteristisch für das
Quecksilber ist seine Neigung, wenig dissoziierte Verbindungen zu bilden, was zu einer großen Anzahl
„anomaler" Reaktionen Anlaß gibt.

Das einwertige oder Merkuroion[1]) bildet wie das
Silber schwerlösliche Halogenverbindungen, deren Lös-
lichkeitsreihe mit der beim Silber übereinstimmt. Von
den entsprechenden Silberverbindungen unterscheiden
sie sich durch die Bildung unlöslicher schwarz gefärbter
Ammoniakverbindungen; während Chlorsilber sich in
wässerigem Ammoniak auflöst, färbt sich Quecksilber-
chlorür damit nur schwarz. Mit dem Kupfer bestehen
einige Ähnlichkeiten bezüglich der wechselseitigen Umwandlung der ein- und zweiwertigen Ionen, doch auch
auffallende Gegensätze. So geht zwar das Oxydul sehr
leicht in das Oxyd über, von den Halogenverbindungen
sind aber im Gegensatz zum Kupfer beim Quecksilber
die zweiwertigen weit beständiger als die einwertigen.
Merkurosulfid existiert nicht, denn im Augenblicke seiner
Bildung zerfällt es in Merkurisulfid und metallisches
Quecksilber. Merkurisulfid ist dagegen eine äußerst
beständige Verbindung; es ist vermöge seiner Schwerlöslichkeit das einzige Schwefelmetall, welches sich nicht

---

[1]) Der größere Teil des Merkuroions $Hg^·$ geht in mäßig
konzentrierter Lösung in das Doppelion $Hg_2^{··}$ über. [Vgl
Ogg, Ztschr. f. phys. Ch. **21**, 285 (1898)]. Für analytische
Betrachtungen ist die einfache Formel $Hg^·$ bequemer.

in Salpetersäure löst. Einigen Anschluß an die Schwefelmetalle der nächsten Gruppe zeigt es insofern, als es von
Schwefelkalium, allerdings nur in konzentrierter Lösung
und bei Gegenwart von Ätzkali, unter Bildung eines
schwefelhaltigen Anions, vielleicht HgS_2'', aufgelöst wird;
beim Verdünnen fällt es durch Hydrolyse wieder aus;
Schwefelammonium löst es nicht.

Das zweiwertige Merkuriion zeigt sich in den Sauerstoffsalzen (das Nitrat ist normal dissoziiert) als ein sehr
schwach basisches Ion; seine Salze sind in wässeriger
Lösung zum großen Teil hydrolytisch gespalten, denn
man kann nur durch einen Überschuß freier Säure eine
klare Lösung erhalten. Die Halogenverbindungen sind
dagegen beim Auflösen ganz beständig, gleichzeitig sind
ihre Reaktionen in vielen Stücken von denen der Sauerstoffsalze abweichend. Bei der Untersuchung der elektrischen Leitfähigkeit zeigt sich, daß die Halogenverbindungen des zweiwertigen Quecksilbers äußerst wenig
dissoziiert sind, so daß ihre Lösungen Murkuriion nur
in sehr geringer Konzentration enthalten. Da, wie wir
früher gesehen haben, Verbindungen von geringer Dissoziation sich immer bilden, wenn ihre Ionen zusammen-
kommen, so nehmen auch die Sauerstoffsalze des Quecksilbers die Reaktionen der Halogenverbindungen an,
wenn sie mit löslichen Halogensalzen irgenwie zusammentreffen. Auch tritt in diesem Fall eine erhebliche
Wärmeentwicklung ein, während sonst für die Wechselwirkung neutraler Salze das Gesetz der Thermoneutralität
gilt, nämlich die Wärmewirkung Null ist.

Quecksilberoxyd ist den meisten Säuren gegenüber
eine sehr schwache Base; bringt man es aber mit den
Halogenverbindungen der Alkali- und Erdalkalimetalle
zusammen, so nimmt die Flüssigkeit sofort eine stark
alkalische Reaktion an. Die Wirkung ist bei den Chlo-
riden am schwächsten, bei den Jodiden am stärksten;

Jodkalium wird zu 90 Prozent von Quecksilberoxyd umgesetzt. Der Vorgang beruht einerseits auf der geringen Dissoziation der entsprechenden Quecksilberverbindungen, anderseits auf der Vereinigung der letztern mit überschüssigem Halogenion zu sehr beständigen Quecksilberhalogenanionen, deren Alkalisalze unter diesen Bedingungen entstehen. Die Beständigkeit dieser komplexen Verbindungen nimmt gleichfalls mit steigendem Verbindungsgewicht des Halogens zu.

Auf derselben Ursache beruht die umgekehrte Erscheinung, daß die Halogenverbindungen des Quecksilbers durch Alkalien nur schwer zersetzt werden. Quecksilberchlorid braucht dazu einen bedeutenden Überschuß, und Quecksilberjodid wird durch Alkali überhaupt nicht angegriffen. Es kann mit andern Worten wegen der geringen Konzentration des Merkuriions das Löslichkeitsprodukt des Quecksilberoxyds auch bei reichlichem Zusatz von Hydroxylion in Gestalt von Alkalihydroxyd nicht leicht, bzw. gar nicht erreicht werden. Quecksilberjodid kann indessen durch Schwefelwasserstoff oder Schwefelalkalien zerlegt werden.

Die gleichen Umstände erklären schließlich auch die Reaktionen, die dem von Liebig angegebenen Verfahren zur maßanalytischen Bestimmung des Chlorions zugrunde liegen. Eine Lösung von Merkurinitrat in etwas überschüssiger Salpetersäure gibt mit Harnstoff einen Niederschlag, mit Quecksilberchlorid und Harnstoff entsteht keiner. Die Ursache ist, daß in ersterer Lösung mehr Merkuriion enthalten ist, als dem Löslichkeitsprodukt der schwerlöslichen Harnstoffverbindung entspricht; in der Quecksilberchloridlösung dagegen ist Merkuriion nur in sehr geringer Menge vorhanden, und der kritische Wert nicht erreicht. Ist demnach in einer Lösung ein Chlorid neben Harnstoff enthalten und wird Merkurinitrat zugefügt, so tritt so lange keine Fällung ein, als dieses noch

Chlor vorfindet, um Chlorid zu bilden; der erste Überschuß des Nitrats darüber erzeugt Fällung.

Die große Verwandtschaft des Quecksilbers zum
Schwefel bewirkt, daß Quecksilberoxyd auf Natriumthiosulfat und Natriumsulfid ähnlich reagiert, wie auf Jod-
kalium: es entsteht eine stark alkalische Flüssigkeit.
Eine gleiche Wirkung tritt mit Zyankalium, Rhodankalium,
Kaliumnitrit ein; in allen Fällen bilden sich komplexe
Verbindungen, in denen Quecksilberion nur in äußerst
geringer Konzentration vorhanden ist.   Auch in organischen Verbindungen, die Wasserstoff an Schwefel oder
Stickstoff gebunden enthalten, vertritt Quecksilber diesen
mit besonderer Leichtigkeit; aus solchen Lösungen fällt
Alkali gleichfalls kein Quecksilberoxyd, oder fällt es nur
unvollkommen.

Auf gleichen Ursachen beruht die Wirkung des Jod-
kaliums auf Merkurosalze, wobei sich die Hälfte des
Quecksilbers in metallischem Zustand ausscheidet. Die
Reaktion ist ähnlich, wie die Wirkung der Säuren auf
Kuprosalze; zwei Verbindungsgewichte Merkuroion geben
ein Verbindungsgewicht metallisches Quecksilber und
ein Merkuriion, welch letzteres alsbald in Kaliumquecksilberjodid übergeht.

Beim Fällen der Merkurisalze mit Schwefelwasserstoff
entsteht zuerst ein weißer Niederschlag, der allmählich
rot, braun und endlich schwarz wird. Der weiße Stoff
ist eine Verbindung von Schwefelquecksilber mit dem
vorhandenen Quecksilbersalz, die allmählich durch den
überschüssigen Schwefelwasserstoff zersetzt wird. An der
Luft oxydiert sich Schwefelquecksilber nicht, wie es
sonst fast alle Schwefelmetalle tun, weil es, wie aus dem
Mitgeteilten hervorgeht, viel beständiger ist, als das Oxyd
oder das Sulfat.

Ein weiterer Fall, wo das Quecksilber eine komplexe
Verbindung beständigster Art bildet, liegt beim Zyan vor.

Quecksilberzyanid besitzt überhaupt kein meßbares elek-
trisches Leitvermögen mehr; es wird weder durch Ätzkali,
noch durch ein anderes Reagens mit Ausnahme von
Schwefelwasserstoff, bzw. Schwefelalkali gefällt.   Mit
Zyankalium gibt es das sehr beständige Kaliumsalz des
Quecksilberzyanions $Hg(CN)''_4$. Es kann als Typus einer
durch das Fehlen der elektrolytischen Dissoziation reak-
tionsunfähig gemachten Verbindung angesehen werden
und ist auch trotz der großen Giftigkeit seiner Bestandteile (wenn diese als Ionen vorkommen) ohne erhebliche Giftwirkung [1]).

5. Blei.

Im Gegensatz zum Quecksilber hat das Blei nicht viel
Neigung, komplexe Verbindungen zu bilden; seine Reaktionen sind daher fast alle normal.

Das Blei bildet nur eine Art Kationen, nämlich zweiwertige; sein höheres Oxyd ist der elektrolytischen Dis-
soziation nicht in analytisch nachweisbarem Maße fähig.
Außerdem kann das Bleihydroxyd ähnlich wie das Zink-
hydroxyd noch Wasserstoffion unter Bildung eines
sauerstoffhaltigen Anions abspalten, wie aus seiner
Löslichkeit in Alkalien hervorgeht. Die bei den andern
Schwermetallen so allgemein vorhandene Fähigkeit, mit
Ammoniak und Zyan komplexe beständige Verbindungen
zu bilden, besitzt das Blei nicht; fast die einzige anomale
Reaktion, die in Betracht kommt, ist die Vertretung des
Hydroxylwasserstoffes in organischen Oxydverbindungen.
Hierbei entstehen in alkalischen Flüssigkeiten lösliche
Salze komplexer bleihaltiger Säuren; in basisch wein-
sauerm Ammon z. B. lösen sich die schwerlöslichen Blei-
salze auf. Ein gleiches Lösevermögen für solche besitzt
Natriumthiosulfat, welches mit Bleisalzen in das Salz

---

[1]) Paul und Krönig, Zeitschr. f. physik. Chemie **21,** 414 (1896).

einer Bleithioschwefelsäure übergeht; doch zersetzt sich
diese Verbindung bald unter Abscheidung von Schwefelblei, und wird analytisch nicht verwertet.

Zur analytischen Abscheidung des Bleies dient das
Sulfat. Es hat ungefähr die Löslichkeit des Strontium-
sulfats; man muß daher zur Fällung einen genügenden
Überschuß von Schwefelsäure anwenden, und verdrängt
diese beim Auswaschen durch Alkohol. Vom Baryum-
sulfat, dem es ähnlich sieht, unterscheidet man es durch
seine Löslichkeit in weinsaurem Ammon. Auch als
Chromat kann Blei gefällt werden.

Bleisulfid gehört zu den weniger schwer löslichen
Sulfiden; seine Fällung wird schon durch mäßig konzentrierte Salzsäure verhindert. Man tut daher gut, in
verdünnter Lösung zu fällen.

Die Halogenverbindungen des Bleies sind nicht schwerlöslich genug, um analytisch gut verwertbar zu sein.
Das Jodid bildet in konzentrierter Lösung mit Jodkalium
ein lösliches komplexes Salz; durch viel Wasser wird
dieses in seine Bestandteile zerlegt. Daher nimmt in
Jodkaliumlösungen von steigender Konzentration die
Löslichkeit des Jodbleies erst wegen der Vermehrung
der Konzentration des Jodions ab, und sodann wegen
der Bildung des komplexen Salzes zu.

6. *Wismut.*

Dem Typus seiner Verbindungen nach ist das Wismut
zu Arsen und Antimon zu stellen, welche der nächsten
Gruppe der Metalle angehören. Der allgemeinen Regel
gemäß, daß mit wachsendem Verbindungsgewicht die
sauern Eigenschaften abnehmen, hat das Wismut diese
bereits in solchem Grad eingebüßt, das sein Sulfid nicht
mehr imstande ist, mit den Alkalisulfiden lösliche Thiosalze zu bilden, außer in sehr konzentrierter Lösung.

Daher muß es analytisch zur Kupfergruppe gerechnet werden.

Das Wismut bildet ein dreiwertiges Kation von sehr schwach basischem Charakter. Seine Salze werden alle durch Wasser stark hydrolytisch gespalten und geben dabei Niederschläge schwerlöslicher basischer Salze. Diese Reaktion ist für Wismut charakteristisch. In vielen Fällen lassen sich die entstehenden Verbindungen als Salze des einwertigen Ions BiO· auffassen, welches gewisse Ähnlichkeiten mit Silberion oder Merkuroion zeigt. Insbesondere das Chlorid BiOCl gleicht nicht nur in der Schwerlöslichkeit, sondern auch im äußern Aussehen und der Lichtempfindlichkeit dem Chlorsilber und dem Kalomel.

Die Neigung zur Bildung komplexer Salze ist beim Wismut so gut wie gar nicht vorhanden; weder Zyan, noch Ammoniak wirken lösend auf schwerlösliche Wismutsalze ein; Wismut wäre das einzige Schwermetall, welches keine anomalen Reaktionen zeigte, wenn nicht auch durch organische Oxyverbindungen die Fällung des Wismutoxyds verhindert würde. Auch entsteht durch Einwirkung von Thiosulfaten ein komplexes Anion, dessen Kaliumsalz in Alkohol schwerlöslich ist und analytisch verwendet wird.

Elftes Kapitel.

Die Metalle der Zinngruppe.

1. Allgemeines.

DIE Metalle der letzten Gruppe bilden, wie die der
vorigen, Sulfide, die in verdünnten starken Säuren
gleichfalls schwerlöslich sind, die sich aber von denen
der vorigen dadurch unterscheiden, daß sie sich in Schwefelalkalien auflösen. Diese Löslichkeit beruht auf der
Bildung von Thiosalzen, d. h. Salzen, die den Sauerstoffsalzen ähnlich zusammengesetzt sind, nur daß sie Schwefel
an der Stelle von Sauerstoff enthalten. Der Schwefel
bildet demgemäß einen Bestandteil des Anions dieser
Salze. Die Alkalisalze dieser Anionen sind in Wasser
löslich und zerfallen beim Ansäuern unter Abscheidung
der Metallsulfide und Entwicklung von Schwefelwasserstoff. Primär wird die freie Thiosäure gebildet; diese
aber ist unbeständig und zerfällt auf die angegebene
Weise. Man kann fragen, warum dies geschieht, da doch
sowohl im Neutralsalz wie in der freien Säure dasselbe
Ion enthalten ist, dessen Beständigkeit durch die bloße
Gegenwart des andern Ions nicht beeinflußt werden
dürfte. Die Antwort liegt darin, daß es bei Anwesenheit
von Wasserstoffion neben Metallsulfid Schwefelwasserstoff
bilden kann; da letzterer eine sehr wenig dissoziierte
Verbindung ist, so bildet er sich in möglichst großer

Menge, was den Zerfall des Komplexes zur Folge hat.
Ein Überschuß an Säure, d. h. Wasserstoffion, beschleunigt
gemäß der Massenwirkung diesen Vorgang. Auch wirken
die Säuren der Neigung der Sulfide, in den kolloiden
Zustand überzugehen, entgegen. Allerdings muß auch
hier ein Zuviel vermieden werden, da einige der hier in
Betracht kommenden Sulfide in stärkeren Säuren löslich
sind.

Die Fähigkeit, Thiosalze zu bilden, hängt auf das
engste mit der Eigenschaft derselben Metalle zusammen,
mit Sauerstoff vorwiegend Oxyde sauern Charakters zu
bilden. Ebenso wie diese sich in Alkali lösen, lösen sich
Sulfide in Schwefelalkalien.

2. Zinn.

Zinn bildet ein zweiwertiges Kation $Sn^{..}$, seine höhere
Sauerstoffverbindung ist ein Säureanhydrid, doch ist die
Existenz eines vierwertigen Stanniions nicht ausge-
schlossen. Die Eigenschaften des Stannoions sind eigen-
artig und haben keine Ähnlichkeit mit denen der bisher
besprochenen Metalle. Sehr charakteristisch ist der leichte
Übergang der Stannoverbindungen in die der höheren
Reihe, wodurch sie als kräftige Reduktionsmittel wirken.

Stannohydroxyd ist in Alkalien löslich; es kann daher
ein Anion SnO_2'' bilden. Die alkalische Lösung ist ein
kräftiges Reduktionsmittel und reduziert z. B. Wismutsalze aus ihren Lösungen unter Bildung eines charakteristischen Niederschlages von schwarzer Farbe. Aus
der konzentrierten Lösung scheidet sich allmählich metallisches Zinn aus, indem gleichzeitig zinnsaures Salz
gebildet wird. Der Vorgang kann so aufgefaßt werden,
daß das zweiwertige Ion SnO_2'', das Stannition, in das
gleichfalls zweiwertige Ion SnO_3'', das Stannation, übergeht; der dazu erforderliche Sauerstoff wird einem

zweiten SnO_2'' entzogen. In Formeln lautet der Vorgang: $2\,SnO_2'' + H_2O = SnO''_3 + 2\,OH' + Sn$.

Wie aus der Löslichkeit des Stannohydroxyds in Alkalien schon geschlossen werden kann, ist es eine sehr schwache Basis, d. h. eine Substanz, die nur schwierig Hydroxyl abgibt. Die Stannosalze sind daher hydrolytisch gespalten und reagieren sauer.

Schwefelwasserstoff gibt mit Stannosalzen einen schwarzbraunen Niederschlag von Zinnsulfür, der für sich in Schwefelammonium nicht löslich ist; gelbes Schwefelammonium löst ihn dagegen unter Schwefelung auf, indem sich Ammoniumthiostannat, $(NH_4)_2SnS_3$, bildet. Dieser Vorgang ist keine einfache Ionenreaktion und braucht eine meßbare Zeit zu seiner Vollendung; man muß daher einige Zeit schwach erwärmen und das Ausziehen mit erneutem Schwefelammonium wiederholen, um die Reaktion zu vollenden. Aus der Lösung fällt Säure gelbes Zinndisulfid.

Zinnsäure kommt in mehreren Modifikationen vor, die leicht ineinander übergehen. Im Wasser ist sie wohl kaum im eigentlichen Sinne löslich; wohl aber bildet sie sehr leicht kolloide Lösungen, aus denen sie durch die gewöhnlichen Mittel abgeschieden werden kann; als wirksam sind Schwefelsäure und Alkalisulfate erprobt. Die Lösung von Zinntetrachlorid in Wasser enthält zwar, wie aus den thermochemischen Versuchen von Thomsen und den elektrolytischen von Hittorf hervorgeht, keine bestimmbare Menge von vierwertigem Stanniion; doch deuten mehrere Reaktionen, insbesondere die reduzierenden Wirkungen der salzsauern Stannolösungen, auf das Vorhandensein wenigstens einer geringen Menge dieses Ions hin. Gleichzeitig ist in der Lösung eine gewisse Menge nichtdissoziiertes Zinntetrachlorid vorhanden.

Aus der Lösung des Zinntetrachlorids fällt beim Neutralisieren mit Alkali oder Ammoniak gallertartige

Zinnsäure heraus. Da, wie erwähnt, keine erhebliche
Menge dissoziiertes Stannichlorid in der Lösung vorhanden ist, so ist der Vorgang vielleicht darauf zurückzuführen, daß einige Kolloide in saurer Lösung sehr lange
gelöst bleiben können, während sie bald gerinnen, sowie
man die Lösung genau neutralisiert. Kieselsäure verhält
sich ganz ebenso; neutralisiert man verdünntes Wasser-
glas genau, so gerinnt die Flüssigkeit sehr bald, ein
starker Überschuß von Säure läßt sie dagegen klar bleiben.
Aufzuklären bleibt allerdings in bezug auf die Zinnsäure,
daß sie sich nach der Fällung durch Neutralisieren
wieder leicht in Säuren löst. In Alkalien ist die gefällte
Zinnsäure natürlich leicht löslich; Ammoniak ist zu
schwach dazu, oder sie ist für Ammoniak zu schwach,
was dasselbe ist.

3. Antimon.

Antimon bildet ein dreiwertiges Kation von sehr
schwach basischem Charakter. Außerdem gibt es ein
Pentoxyd, welches das Anhydrid einer gleichfalls sehr
schwachen Säure ist. Diese kann wie die Phosphorsäure
in mehreren Modifikationen auftreten, doch gehen sie
viel leichter ineinander über, als bei der Phosphorsäure.

Die Salze des dreiwertigen Antimons werden durch
Wasser so stark hydrolytisch gespalten, daß sie nur bei
einem sehr starken Überschuß freier Säure sich in Lösung
halten können. Um sie bequemer handhaben zu können,
benutzt man die sehr ausgeprägte Fähigkeit des Antimons, mit organischen Oxyverbindungen Komplexe zu
bilden. Die dabei entstehenden Verbindungen sind so
beständig, daß sie auch in saurer Lösung fortbestehen,
was wiederum eine Folge der sehr schwachen basischen
Eigenschaften des Antimonoxyds ist. Am meisten wird
in der Analyse die Weinsäure für diesen Zweck ange-
wandt: die dabei entstehende Antimonweinsäure wird

bei Gegenwart überschüssiger Weinsäure durch Wasser und verdünnte Säuren nicht zersetzt, so daß man mit Weinsäure versetzte Antimonlösungen mit Wasser verdünnen kann, ohne daß Fällung eintritt.

Durch Schwefelwasserstoff werden Antimonlösungen gefällt und gelbrotes Antimontrisulfid scheidet sich ab. Dieses ist in konzentrierter Salzsäure etwas löslich; man muß daher aus verdünnter Lösung fällen. Das Trisulfid löst sich in gelbem Schwefelammonium unter Aufnahme von Schwefel und Bildung von Thioantimoniat auf; aus der Lösung fällen Säuren gelbrotes Antimonpentasulfid unter Entwicklung von Schwefelwasserstoff. Die Theorie aller dieser Reaktionen ist oben gegeben worden.

Löst man in mäßig konzentrierter Salzsäure Antimonsulfid bis zur Sättigung, und verdünnt die Flüssigkeit mit Wasser, so fällt ein gelbroter Niederschlag von Trisulfid aus. Da in der verdünnten Lösung Salzsäure und Schwefelwasserstoff, die sich gegenüber dem Antimon das Gleichgewicht halten, in demselben Verhältnis stehen, wie in der konzentrierten, so scheint kein Grund für die Fällung vorzuliegen. Die Ursache ist darin zu suchen, daß bei steigender Verdünnung die Dissoziation des Schwefelwasserstoffes, welcher eine schwache Säure ist, viel schneller zunimmt, als die der Salzsäure, welche schon in stärkerer Lösung weitgehend dissoziiert ist und daher durch die Verdünnung nicht mehr viel gewinnen kann. Doch ist dies nur einer der mitwirkenden Umstände; die vollständige Lösung der Aufgabe würde auf verwickeltere Betrachtungen führen, die über den Rahmen dieses Buches hinausgehen.

Antimonoxyd löst sich in Alkali auf; es ist also imstande, ein sauerstoffhaltiges Anion zu bilden. Nach der Zusammensetzung des kristallisierten Natriumsalzes ist dies einwertig und hat die Formel SbO_2'. Die Lösung wirkt als Reduktionsmittel, indem SbO_2' in SbO_3' übergeht.

Von den Salzen der Antimonsäure kommt das Natriumsalz in Betracht, welches nach dem Typus der
Pyrophosphate als saures Salz sich bildet und wegen
seiner Schwerlöslichkeit zum Nachweis des Natriums benutzt wird.

Antimontrifluorid wird durch Wasser nicht gefällt.
Bei der Untersuchung der elektrischen Leitfähigkeit der
Lösung erweist es sich, daß diese sehr schlecht leitet:
Antimonfluorid ist also nur in geringerem Grade dissoziiert, und der Gehalt der Lösung an Antimonion ist zu
klein, um mit dem Hydroxylion des Wassers den Wert
des für Antimonoxyd gültigen Löslichkeitsproduktes zu
ergeben. Noch beständiger ist es bei Gegenwart überschüssiger Flußsäure; es bildet sich dabei eine Antimon-
fluorwasserstoffsäure, nach Art der Borfluorwasserstoff-
säure, welche eine noch viel geringere Menge Antimonion abspaltet.

4. Arsen.

Arsen bildet ein Mittelglied zwischen den Metallen
und den Nichtmetallen; es ist kaum mehr imstande, ein
elementares Kation zu bilden, wohl aber bildet es zusammengesetzte Anionen verschiedener Art. Von diesen
sind analytisch wichtig die Ionen der arsenigen, der
Arsensäure und die entsprechenden Schwefelverbindungen.

Arsentrioxyd löst sich in starker Salzsäure reichlicher
als in reinem Wasser. Daraus geht mit Sicherheit hervor,
daß zwischen den Ionen der Salzsäure und denen des
Trioxyds, so wenig von den letztern auch nach der sehr
kleinen Leitfähigkeit vorhanden sind, eine Reaktion
stattfindet. Auf den Rückgang der Säuredissoziation
durch die Salzsäure kann man die Erscheinung nicht
zurückführen; denn wenn auch die verhältnismäßige
Änderung groß ist, so ist doch wegen der äußerst geringen Menge des Säureions die absolute Zunahme des

nichtdissoziierten Anteiles fast Null. Und da das Lösungs-
gleichgewicht ebenso mit diesem Teil wie mit dem dissoziierten stattfindet, so kann sich die Löslichkeit aus
diesem Grunde nicht meßbar ändern. Es bleibt somit
nur die Annahme übrig, daß in der Lösung Arsen-
trichlorid sich im dissoziierten und nichtdissoziierten
Zustand vorfindet. Letzteres wird auch dadurch erwiesen,
daß aus der salzsauren Lösung sich beim Erhitzen Ar-
senchlorür verflüchtigt. Somit dürfte in der fraglichen
Lösung allerdings das elementare Arsenkation As··· anzunehmen sein, wenn auch zurzeit noch nicht versucht ist,
seine Konzentration zu bestimmen[1]).

Schwefelwasserstoff fällt aus sauren Lösungen der
arsenigen Säure Arsentrisulfid; alkalische Lösungen
werden nicht gefällt. In neutralen Lösungen entsteht,
namentlich wenn sie wenig fremde Stoffe enthalten,
kolloides Sulfid, welches durch das Filter geht; durch
Zusatz von Elektolyten kann es zum Gerinnen gebracht
werden. Das Sulfid ist in Säuren sehr schwer löslich;
Salzsäure von solcher Konzentration, daß sie leicht Antimonsulfid löst, ist darauf ohne Einwirkung, was zur
Unterscheidung und Trennung der beiden Stoffe benutzt
werden kann. Dieses Verhalten beruht nicht nur auf
der Schwerlöslichkeit des Arsensulfids, sondern mindestens
ebensosehr auf dem Umstande, daß Arsen nur schwierig
ein Kation bildet.

Arsentrisulfid ist nicht nur in Schwefelammonium,
sondern auch in Ammoniak, ja sogar in Ammoniumkarbonat löslich; auch dieser letzte Umstand kann zu
seiner Trennung von Antimonsulfid benutzt werden. Die
Ursache dieser Reaktion liegt darin, daß in den Anionen
der arsenigen wie der Arsensäure der Sauerstoff in fast

---

[1]) Vgl. Brunner und Toloczko, Ztschr. f. anorg. Chemie
37, 455 (1903).

allen Verhältnissen durch Schwefel ersetzt werden kann, ohne daß die Löslichkeits- und Beständigkeitsverhältnisse eine wesentliche Änderung erfahren.

Arsensäure wird durch Schwefelwasserstoff zunächst nicht gefällt; allmählich beginnt eine Reaktion, indem sich Schwefel abscheidet und Trisulfid gebildet wird. Durch die Gegenwart freier Säuren wird dieser Vorgang beschleunigt, ebenso durch Erwärmen, doch erfolgt er immerhin so langsam, daß es zweckmäßiger ist, die Reduktion der Arsensäure durch ein wirksameres und bequemer anzuwendendes Mittel zu bewerkstelligen; schweflige Säure ist ganz brauchbar dazu.

Aus salzsauren Lösungen von Arsensäure verflüchtigt sich beim Erhitzen kein Arsen, denn ein Arsenpentachlorid bildet sich nicht in meßbarer Menge, und die Arsensäure ist für sich nicht flüchtig.

Zwölftes Kapitel.

Die Nichtmetalle.

1. Allgemeines.

MAN kann es als eine charakteristische Eigenschaft der Metalle bezeichnen, daß sie imstande sind, elementare Kationen zu bilden. Im Gegensatz dazu entstammen die elementaren Anionen ausschließlich der Gruppe der Nichtmetalle. Wie aber Metalle fähig sind, zusammengesetzte Anionen zu bilden, so kommen auch aus Nichtmetallen zusammengesetzte Kationen vor. Freilich ist deren Zahl weit beschränkter; im anorganischen Gebiete haben wir nur das Ammoniak, im organischen dessen Substitutionsprodukte, ferner die der analogen Verbindungen des Phosphors, Arsens, Antimons, Siliziums, Zinns, sowie die Basen der Schwefelgruppe. Hierzu sind schließlich noch die Jodoniumbasen zu rechnen.

Die Einteilung der Anionen macht wegen ihrer zusammengesetzteren Beschaffenheit viel mehr Schwierigkeiten, als die der meist elementaren Kationen: am zweckmäßigsten wird man sie nach der Wertigkeit vornehmen, wodurch wenigstens die zu natürlichen Gruppen gehörigen Stoffe nicht getrennt, wenn auch einige weniger verwandte zusammengebracht werden. Demgemäß behandeln wir zunächst die einwertigen Halogene, deren zusammengesetzte Anionen meist gleichfalls einwertig

sind, ferner die zweiwertige Schwefelgruppe mit gleichfalls zweiwertigen zusammengesetzten Anionen, alsdann
die dreiwertigen zusammengesetzten Anionen der Phosphor-
gruppe (dreiwertige elementare Anionen sind nicht bekannt) und schließlich die vier- und mehrwertigen Anionen.

2. Die Halogene.

Chlor, Brom und Jod bilden eine nahverwandte Gruppe
einwertiger Anionen, deren Eigenschaften sich regelmäßig
nach der Reihenfolge der Verbindungsgewichte abstufen.
Das spezifische Reagens für sie ist Silberion, welches
mit ihnen sehr schwer lösliche helle Niederschläge bildet,
die insbesondere bei Silberüberschuß sich im Lichte
schwärzen. Die gleiche Reaktion zeigt das Merkuroion,
das Thalloion und in geringerem Grade das Kuproion.
Auch das einwertige Bismutylion $BiO^{\cdot}$ läßt sich hier
einreihen.

Die Ionisierungstendenz der Halogene nimmt mit
steigendem Verbindungsgewicht ab. Da aber die Löslichkeit bei den Jodverbindungen am geringsten zu sein
pflegt, so kommt es, daß häufig Jodverbindungen unter
bestimmten Umständen beständiger erscheinen, als die
entsprechenden Brom- und Chlorverbindungen. Man kann
sich in dieser Beziehung die Regel merken, daß bei
Reaktionen, bei denen freies Halogen auftritt, Jod am
schwächsten ist; wo es sich aber um reine Ionenreaktionen, also doppelten Austausch handelt, behält das Jod
die Überhand. Darum geht Jodkalium durch Behandeln
mit Clor in Chlorkalium und freies Jod über, Chlorsilber
aber wird durch Digerieren mit Jodkaliumlösung in Jodsilber verwandelt, während Chlorkalium auf Jodsilber
ohne Einfluß ist.

Die beiden eben genannten Umstände sind denn auch
die Grundlage verschiedener Verfahren, die Halogene zu
trennen, wenn sie nebeneinander vorkommen. So gibt

es eine Anzahl schwacher Oxydationsmittel, wie die
Ferri- oder Kuprisalze, deren Wirkung zwar ausreicht, die
geringe Ionisierungstendenz des Jods zu überwinden,
die aber nicht vermögen, Brom- oder Chlorion in das
freie Element zu verwandeln. Meist ist die Wirkung unvollständig; man kann sie aber praktisch vollsändig machen,
wenn man durch Entfernung des freigewordenen Jods in
dem Maße, wie es sich bildet, seine Massenwirkung
aufhebt. Oft geschieht dies durch Abdestillieren; doch
kann man ganz dasselbe durch Ausschütteln mit einem
andern Lösungsmittel, z. B. Schwefelkohlenstoff, erreichen.

Ein gleiches Verfahren ist für die Trennung des
Broms von Chlor anwendbar, wenn man ein passendes
Oxydationsmittel findet. Nach den Messungen von Ban-
croft über die elektromotorische Kraft verschiedener
Oxydations- und Reduktionsmittel würde unter den von
ihm untersuchten Stoffen nur Jodsäure (Kaliumjodat und
Schwefelsäure) brauchbar sein. Ein solches Verfahren
ist inzwischen (Ztschr. f. anorg. Chemie, 10, 387. 1895)
von S. Bugarszki geprüft und zu einer gut anwendbaren
Methode ausgearbeitet worden. In derselben Richtung
liegen die Arbeiten von Küster [Ztschr. f. phys. Chemie,
28, 377 (1898)], der das Oxydationspotential des Permanganations durch Konzentrationsverschiedenheiten des
anwesenden Wasserstoffions um die erforderlichen Stufen
verändert hat.

Zur quantitativen Bestimmung zweier Halogene nebeneinander kann man sich vorteilhaft der indirekten Analyse
bedienen, wenn die beiden Halogene in nicht zu verschiedenen Mengen vorhanden sind. Die einfachste Form
des Verfahrens ist die, daß man maßanalytisch die Silber-
menge bestimmt, welche zur vollständigen Fällung
erforderlich ist, und dann den Niederschlag wägt. Aus
der ersten Messung läßt sich berechnen, wieviel der
Niederschlag wiegen müßte, wenn er nur das eine oder

das andere Halogen enthielte; die Unterschiede dieser
beiden Zahlen gegen die beobachtete verhalten sich umgekehrt, wie die Mengen der beiden Halogene. Auch
kann man beide Halogene vollständig mit Silberlösung
fällen, den Niederschlag wägen, ihn durch Erhitzen in
einem Strome des stärkeren Halogens vollständig in die
entsprechende Silberverbindung verwandeln und wieder
wägen: die Rechnung ist ähnlich wie im vorigen Falle.

Wie sich die Silberverbindungen verhalten, wenn ein
Halogen nur in sehr geringer Menge vorhanden ist,
wurde schon früher auseinandergesetzt.

Von den drei besprochenen Halogenen unterscheidet
sich das Fluor in hohem Maße. Es bildet weder mit
Silber, noch mit den andern obengenannten Metallen
schwerlösliche Verbindungen, dagegen bildet es solche
mit den Erdalkalimetallen, die ihrerseits mit den Halogenen leichtlösliche bilden. Es zeigt sich hier dasselbe
abweichende Verhalten des Elements mit dem niedrigsten
Atomgewicht im Sinne der nächsten, höherwertigen Reihe,
wie es sich auch beim Lithium und Beryllium bemerklich
macht. Der Nachweis des Fluors erfolgt gewöhnlich durch
die Bildung des flüchtigen Siliziumtetrafluorids, das sich
mit Wasser zu Kieselsäure und Kieselflußsäure zersetzt.

Der Nachweis der freien Halogene ist beim Jod am
leichtesten zu führen, indem dieses sich mit Stärkekleister
blau färbt. Die Farbe gehört einem leicht zerfallenden Ad-
ditionsprodukt an, das augenblicklich aus beiden Stoffen
entsteht; in der Wärme zerfällt es in die beiden Bestandteile, und die Farbe verschwindet; beim Abkühlen kehrt
sie wieder, indem die Verbindung sich von neuem bildet.
Der Zerfall der Jodstärke ist auch bei gewöhnlicher
Temperatur offenbar ziemlich weit vorgeschritten, denn
das Jod verhält sich in dieser Verbindung fast wie freies
Jod; bei einigen langsam verlaufenden Vorgängen kann
man indessen an dem verzögernden Einflusse der Stärke

erkennen, daß die Konzentration des freien Jods durch
die Gegenwart der erstern vermindert worden ist.

Eine andere sehr empfindliche Reaktion des freien
Jods ist seine intensiv rotviolette Farbe, wenn es in
Lösungsmitteln wie Schwefelkohlenstoff oder Chloroform
gelöst ist. Da es in diesen sehr viel reichlicher löslich
ist, als in Wasser, so geht es beim Ausschütteln fast
vollständig in sie über; das Teilungsverhältnis mit
Schwefelkohlenstoff ist 1 : 410. Umgekehrt ist Jodion in
Wasser ungemein viel löslicher, als in den andern Lösungsmitteln. Je nachdem man also das Jod in den
elementaren oder in den Ionenzustand überführt, tritt es
beim Ausschütteln in das eine oder das andere Lösungsmittel über. Man kann hiervon bei der Bestimmung sehr
kleiner Jodmengen Gebrauch machen; das Jod wird
durch ein passendes Oxydationsmittel in Freiheit gesetzt,
in Chloroform aufgenommen, und kann dann nach dem
Abtrennen des letztern mit Thiosulfat titriert werden,
indem man die violette Chloroformlösung mit allmählich
zugesetztem Thiosulfat bis zur Entfärbung schüttelt. Das
Oxydationsmittel darf nicht in das Chloroform übergehen;
man benutzt salpetrige Säure dazu. Sehr hübsch läßt
sich der Übergang des Jods aus einem Lösungsmittel in
das andere je nach seinem Zustande verfolgen, wenn
man zu einer Lösung eines Jodsalzes, der man Schwefelkohlenstoff zugefügt hat, Chlorwasser setzt. Zuerst bildet
sich freies Jod, und der Schwefelkohlenstoff färbt sich
violett; fährt man aber mit dem Zusatze fort, so entfärbt
sich die Lösung wieder, indem das Jod in Jodation JO'_3
übergeht, das sich farblos im Wasser löst.

Brom bewirkt die Umwandlung des Jods in Jodsäure
nicht so scharf wie Chlor, denn seine Ionisierungstendenz
ist erheblich geringer, so daß in der Lösung Jodbromide
existieren können, ohne in Bromwasserstoff und Jodsäure,
d. h. Brom- und Jodsäureion neben Wasserstoffion, über-

zugehen. Deshalb färbt sich, namentlich in konzentrier-
teren Lösungen, der Schwefelkohlenstoff gelbbraun vom
aufgelösten Jodbromid, welches sich nicht mit Wasser
umsetzt, und erst bei sehr großer Verdünnung, wo die
Ionisierung entsprechend befördert ist, findet dieselbe
Reaktion wie bei Chlor statt.

Freies *Brom* kennzeichnet sich durch den Geruch und
die gelbrote Farbe, welche es in seinen Lösungen zeigt.
Es ist gleichfalls in Schwefelkohlenstoff und ähnlichen
Lösungsmitteln viel leichter löslich, als in Wasser, und
kann daher durch Ausschütteln darin konzentriert werden,
wodurch seine Erkennung erleichtert wird. Zur quantitativen Bestimmung ersetzt man es immer mittels Zusatzes
eines Jodsalzes durch freies Jod, welches dann mit Thiosulfat titriert wird; freies Brom darf nicht mit Thiosulfat
zusammengebracht werden, weil es dieses nicht in
Tetrathionat, sondern in Schwefelsäure, freien Schwefel
usw. überführt.

Jod und Brom, in geringerem Maße auch Chlor, sind
in den Lösungen ihrer Salze und Wasserstoffsäuren viel
leichter löslich, als in reinem Wasser. Dies ist ein Beweis dafür, daß ein Teil des Halogens nicht in seinem
gewöhnlichen Zustand in der Lösung vorhanden ist; der
Anteil, der über den Löslichkeitsbetrag in reinem Wasser
in Lösung gegangen ist, ist in einer andern Form vorhanden. Es hat sich ergeben, daß das freie Halogen sich
mit dem gleichnamigen Ion zu einem zusammengesetzten
Ion J'_3 bzw. Br'_3 verbindet, welches teilweise zerfallen
ist. Die Eigenschaften der freien Halogene, wie wir sie in
wässerigen Lösungen kennen, sind daher wesentlich die
dieser polymeren Ionen, die allerdings sehr leicht freies
Hologen abspalten.

Chlor wird im freien Zustande gleichfalls am Geruch
erkannt; seine quantitative Bestimmung erfolgt durch die
Messung der äquivalenten Jodmenge, welche es aus Jodion

bildet. Wegen seiner großen Flüchtigkeit fängt man es
häufig in verdünntem Alkali auf, wobei es sich in Hypo-
chlorit und Chlorid verwandelt; durch Zusatz von Säuren
wird wieder Chlor in gleicher Menge frei. Läßt man die
Flüssigkeit einige Zeit stehen, so verwandelt sich ein
Teil des Hypochlorits in Chlorat, welches durch Säuren
nur langsam zersetzt wird; in solchen Fällen erhält man
leicht zu kleine Resultate.

3. Zyan und Rhodan.

Den Halogenen schließen sich in manchen Reaktionen
die beiden zusammengesetzten Ionen Zyan, CN′, und
Rhodan, CNS′, an. Insbesondere bilden beide schwerlösliche Silbersalze von ganz ähnlichen Eigenschaften wie
die Halogene.

Zyan ist ausgezeichnet durch die Leichtigkeit, mit
welcher es komplexe Ionen bildet, in denen die gewöhnlichen Zyanreaktionen nicht zum Vorschein kommen.
So ist im Blutlaugensalz die spezifische Giftigkeit verschwunden, die den sämtlichen Verbindungen eigen ist,
welche Zyanion enthalten. Bei Gelegenheit der Metalle
sind die wichtigsten dieser komplexen Ionen erwähnt
worden, auch wurde dort ihre sehr verschiedene Beständigkeit erörtert. Die meisten analytischen Reaktionen
des Zyans beruhen auf der Bildung solcher Komplexe.

Einer der bequemsten und empfindlichsten Nachweise
besteht in der Bildung von Ferrozyaneisen oder Berliner-
blau. Man versetzt die Flüssigkeit mit einem Gemenge
von Ferro- und Ferrisalz, fügt Alkali dazu und erwärmt
einige Zeit; bei Gegenwart von Zyanion bildet sich
hierbei Ferrozyanion, und man erhält nach dem Ansäuern
einen blauen Niederschlag oder bei sehr wenig Zyan
nur eine blaugrüne Färbung. Das Erwärmen der alkalischen Lösung muß einige Zeit fortgesetzt werden, denn

die Bildung des Ferrozyanions ist keine reine Ionenreaktion und braucht deshalb eine meßbare Zeit.

Ein anderes Verfahren besteht darin, daß man die
Lösung mit überschüssigem gelbem Schwefelammonium
eindampft. Das Zyanion geht dabei in Rhodanion über,
welches man an seiner charakteristischen Reaktion mit
Ferrisalzen leicht erkennen kann.

Zur quantitativen Bestimmung fällt man entweder mit
Silberlösung und wägt das getrocknete Zyansilber, oder
man benutzt die S. 172 beschriebene maßanalytische
Methode.

Rhodan oder Schwefelzyan ist durch seine intensiv
rotbraune Färbung mit Ferrisalzen ausgezeichnet. Die
Farbe kommt dem nichtdissoziierten Anteil des Salzes
zu, und wird daher durch alle Ursachen, welche diesen
vermindern, geschwächt oder verhindert, und umgekehrt.
Darum geht die Rotfärbung zurück, wenn man der
Flüssigkeit ein Neutralsalz, wie Natriumsulfat, hinzufügt.
Denn durch das hinzutretende Sulfation wird ein Teil
des Ferriions in nichtdissoziiertes Salz übergeführt, da
Ferrisulfat als Salz einer zweibasischen Säure weniger
dissoziiert ist, als das Rhodanid. Umgekehrt wird die
Reaktion beim Ausschütteln mit Äther deutlicher, denn
das nichtdissoziierte farbige Ferrirhodanid geht in den
Äther über, und in der wässerigen Lösung muß sich neues
bilden. Bringt man Rhodankalium und ein Ferrisalz in
äquivalenten Mengen zusammen, so tritt keineswegs das
Maximum der Färbung ein; diese nimmt vielmehr sowohl
auf Zusatz des einen wie des andern noch bedeutend zu,
weil durch Vermehrung eines der beiden Ionen das
Gleichgewicht im Sinn einer vermehrten Bildung von
nichtdissoziiertem Ferrisalz verschoben wird. Mit Lösungen
von kolloidem Eisenoxyd entsteht gar keine rote Färbung,
weil eine solche Lösung kein Ferriion enthält. Das
gleiche gilt für rotes Blutlaugensalz.

13*

Die quantitative Bestimmung des Schwefelzyans erfolgt durch Fällen mit Silbernitrat oder, wenn andere durch Silber fällbare Stoffe zugegen sind, durch Oxydation und Bestimmung der gebildeten Schwefelsäure.

4. Die einbasischen Sauerstoffsäuren.

Die Säuren HNO_3, $HClO_3$, $HClO_4$, $HBrO_3$, HJO_3 sind einander in gleicher Weise ähnlich, wie die Halogenwasserstoffsäuren. Ihr charakteristisches Kennzeichen ist, daß sie fast nur lösliche Salze[1] bilden; die an der Grenze stehende Jodsäure macht eine Ausnahme, indem sie einige sehr schwerlösliche Salze, insbesondere ein derartiges Bariumsalz bildet. Bariumbromat ist schon löslicher, das Chlorat ist am löslichsten.

Die analytischen Reaktionen dieser Anionen beruhen nicht auf eigentlichen Ionenreaktionen, sondern auf der leichten Sauerstoffabgabe, durch welche leicht zu erkennende Produkte entstehen. Die Salze der Ionen ClO', ClO_2', ClO_3', ClO_4', BrO_3', JO_3' verwandeln sich beim Erhitzen unter Entwicklung von Sauerstoffgas in die Salze der Halogene selbst, welche dann in gewöhnlicher Weise erkannt werden können; dabei ist zu bemerken, daß die Sauerstoffverbindungen um so beständiger werden, je mehr Sauerstoff sie enthalten. Es ist dies das Gegenteil von dem, was man nach der Analogie bei den Oxyden der Metalle erwarten möchte.

Der Nachweis der Salpetersäure erfolgt am bequemsten durch Ferrosalze in konzentrierter schwefelsaurer Lösung; beim Überschichten mit der zu untersuchenden Flüssigkeit bildet sich an der Berührungsstelle eine braunviolette gefärbte Zone. Die Färbung rührt von der Entstehung eines komplexen Kations her, welches die Elemente des

---

[1] Das Nitrat des „Nitrons" (Diphenylendianilodihydrotriazol) ist praktisch unlöslich.

Stickoxyds neben dem Eisen enthält. Dies geht daraus
hervor, daß alle Ferrosalze die Reaktion geben, unabhängig von ihrer Säure. Das komplexe Stickoxyd-Fer-
roion ist nicht sehr beständig, denn es wird schon durch
Sieden zerstört. Dies geschieht, indem der kleine vorhandene Anteil Stickoxyd, welcher durch Dissoziation
abgespalten ist, durch den Wasserdampf fortgeführt wird;
es muß deshalb zur Herstellung des Gleichgewichtes
immer wieder neues Stickoxyd abgespalten werden, bis
die Verbindung völlig zerstört ist.

Auf der gleichen Reaktion beruht eine quantitative
Bestimmung der Salpetersäure, und zwar wird entweder
die Oxydation des Ferrosalzes, oder das entwickelte
Stickoxyd der Messung zugrunde gelegt. Das erstere
Verfahren ist bequemer, läßt sich aber nur verwenden,
wenn keine andern oxydierenden oder reduzierenden
Stoffe zugegen sind; das zweite, von Schlösing ausge-
bildete ist verwickelter, aber von allgemeinerer Anwendbarkeit.

Die qualitative Unterscheidung der verschiedenen
Oxydationsstufen des Chlors beruht auf ihrer verschiedenen Beständigkeit; unterchlorige Säure wird bereits
von verdünnter kalter Salzsäure unter Chlorentwicklung
angegriffen, Clorsäure erst beim Erhitzen, Überchlorsäure überhaupt nicht[1]). Die quantitative Bestimmung
erfolgt durch Messung der Oxydationswirkung, am einfachsten mit Jodwasserstoffsäure, d. h. Jodkalium und

---

[1]) Wegen dieser überaus geringen Oxydationsgeschwindig-
keit ist eine Bestimmung der Überchlorsäure neben andern
von geringerem Oxydationspotential durch ein zwischenlie-
gendes Oxydationsmittel (vgl. S. 190 das Verfahren mit
Jodsäure) nicht ausführbar. Dieser Umstand ist gelegentlich
nicht beachtet worden und hat zu falschen Deutungen der
Tatsachen geführt.

Salzsäure. Unterchlorige Säure oxydiert augenblicklich, Chlorsäure braucht dazu eine längere Zeit.

Überchlorsäure kann auf diese Weise überhaupt nicht gemessen werden; man kann sie als schwerlösliches Kaliumsalz durch Zusatz von Kaliumazetat und Alkohol fällen. Ein großer Überschuß des erstern ist hier wegen der verhältnismäßig erheblichen Löslichkeit des Kaliumperchlorats von besonderem Nutzen. Will man dieses Verfahren nicht anwenden, so führt man das Perchlorat durch vorsichtiges Glühen in Chlorid über.

Bromsäure zersetzt sich mit Jodwasserstoff nicht sehr schnell; Jodsäure fast augenblicklich, ebenso Überjodsäure. Dabei geht die Bromsäure in Bromwasserstoff über, d. h. das Brom nimmt den Ionenzustand an; die Jod- und die Überjodsäure dagegen lassen ihr Jod in den freien Zustand übergehen. Die freiwerdende Jodmenge ist für die Jodsäure die gleiche, wie für die Bromsäure, nämlich 6 Verbindungsgewichte Jod.

Sehr bemerkenswert ist, daß die niedern Sauerstoffsäuren des Chlors und Broms ungemein schwache Säuren sind; der Zutritt des Sauerstoffes zu den sehr starken Wasserstoffsäuren hat also die Dissoziationsfähigkeit ganz außerordentlich herabgedrückt. Über die Ursache dieser Erscheinung, die mit der bekannten azidifizierenden Wirkung des Sauerstoffes in auffallendem Gegensatze steht, ist nichts bekannt. Vielleicht kann man sie mit einem Wechsel der Valenz der Halogene in Zusammenhang bringen; so erhält beispielsweise der negativ wirkende Schwefel der Alkylsulfide durch den Übergang in den vierwertigen der Sulfide einen ausgeprägt basischen Charakter. Der Sprung findet in der Tat nur beim Übergange der Wasserstoffsäure in die niedrigste Sauerstoffsäure statt; in der Reihe der letztern nimmt die Stärke in regelrechter Weise mit steigerndem Sauerstoffgehalt zu.

5. *Die Säuren des Schwefels.*

Schwefel bildet eine große Zahl verschiedener Anionen mit Sauerstoff, die sämtlich zweiwertig sind. Dazu kommt das Schwefelion selbst, das gleichfalls zweiwertig ist; in wässerigen Lösungen geht es aber meist durch den Einfluß des Wasers in das einwertige Ion SII' über, obwohl allerdings auch in wässerigen Lösungen namentlich bei größerer Konzentration eine gewisse Menge des zweiwertigen Ions S'' angenommen werden muß.

Die Lösungen des Schwefelwasserstoffes sind sehr wenig dissoziiert, und zwar so gut wie ausschließlich in H' und SII'. Durch die Anwesenheit anderer stärkerer Säuren wird diese Dissoziation entsprechend der Konzentration der Wasserstoffionen weiter herabgedrückt. Hierauf beruht, wie schon früher (S. 163) dargelegt wurde, die lösende Wirkung der Säuren auf gewisse Schwefelmetalle, die um so beträchtlicher ist, je größer die Konzentration des Wasserstoffions ist. Im übrigen kommt noch, wie gleichfalls schon dargelegt wurde, die Löslichkeit des Schwefelmetalls in Wasser oder sein Löslichkeitsprodukt in Frage.

Die Erkennung des Schwefelwasserstoffes ist durch den unverkennbaren Geruch sehr leicht gemacht. Objektiv kann man den Stoff nachweisen, indem man das zu prüfende Gas mit Bleipapier (Filtrierpapier mit Bleiazetat getränkt) in Berührung bringt; eine Braunfärbung deutet auf Schwefelwasserstoff. Zur quantitativen Bestimmung benutzt man entweder die Fällung als Metallsulfid, oder die reduzierenden Wirkungen, insbesondere die auf freies Jod, welches in Jodwasserstoff übergeführt wird. Da die maßanalytische Messung durch Jodlösung ungemein leicht und scharf auszuführen ist, so ist das zweite Verfahren vorzuziehen, nur muß man stark verdünnen und sich gegen Verluste durch Abdunstung des Gases schützen.

Das Schwefelion, wie es in den Lösungen von Alkali-sulfiden existiert, gibt auf Zusatz von Nitroprussiden eine schön violette Farbe zu erkennen, die wahrscheinlich von der Bildung eines neuen Anions bedingt ist. Dieses ist schon in der alkalischen Flüssigkeit nur wenig beständig; in saurer zerfällt es augenblicklich. Ferner erzeugen alkalische Sulfide auf metallischem Silber einen braunen Fleck von Schwefelsilber, der charakteristisch ist; da alle Sauerstoffsalze des Schwefels beim Erhitzen mit Kohle und Soda in Sulfide übergehen, so kann man sich dieser Reaktion zur Erkennung der Schwefelverbindungen bedienen.

Von den sauerstoffhaltigen Ionen des Schwefels ist das Sulfation SO_4'' am wichtigsten. Seine Erkennung und Bestimmung erfolgt durch das sehr schwerlösliche Bariumsulfat. Infolge seiner sehr geringen Löslichkeit hat dieses große Neigung, sehr feinpulverig auszufallen, und es übt dann seine Adsorptionswirkung aus, die bei quantitativen Bestimmungen merkliche Fehler verursachen kann. Das Mittel, solche Fehler zu vermeiden, besteht darin, daß man auf die Bildung eines möglichst grob-körnigen Niederschlages hinarbeitet, d. h. heiß und aus einigermaßen saurer Lösung fällt. Die lösende Wirkung der freien Säure kann durch einen Überschuß des Fäl-lungsmittels kompensiert werden. Am auffälligsten ist das Mitreißen gelöster Stoffe, wenn Ferrisalze zugegen sind; in diesem Falle ist die Bildung einer „festen Lösung" angenommen worden, doch handelt es sich vielmehr um die Bildung komplexer Eisensulfationen[1]), ähnlich den entsprechenden Chromverbindungen. Man tut in einem solchen Falle gut, das Ferrisalz zu Ferrosalz zu reduzie-ren, welches letztere dem Mitgerissenwerden weniger ausgesetzt ist. Auch kann man das eisenhaltige Barium-sulfat mit Alkalikarbonat schmelzen, wodurch es in Barium-

[1]) Küster, Zeitschrift f. anorg. Chemie **22**, 424 (1900).

karbonat und Alkalisulfat übergeht, und die wässerige
Lösung der Schmelze von neuem mit Bariumsalz fällen.
Das Eisen bleibt dann im unlöslichen Rückstande.

Bei der Bestimmung der Schwefelsäure ist daher darauf
Rücksicht zu nehmen, daß sie zuweilen in komplexen
Verbindungen vorhanden sein kann; insbesondere Chrom-
verbindungen (S. 157) neigen dazu. Schmelzen mit
überschüssigem Alkalikarbonat zerstört die komplexen
Säuren und führt sie in Sulfate über.

Schweflige Säure ist eine viel schwächere Säure, als
Schwefelsäure; daher sind die schwerlöslichen Salze, die
sie mit Barium, Blei usw. bildet, in Säuren löslich. Ihre
Kennzeichen beruhen einerseits auf den reduzierenden
Wirkungen, die sie zeigt, anderseits auf dem Nachweis
der bei ihrer Oxydation entstehenden Schwefelsäure.
Ein drittes Mittel ist die Reduktion der schwefligen Säure
durch naszierenden Wasserstoff, wobei Schwefelwasserstoff
entsteht.   Die letztgenannte Eigentümlichkeit teilt die
schweflige Säure mit den andern Sauerstoffsäuren des
Schwefels mit Ausnahme der Schwefelsäure.

Die reduzierende Wirkung der schwefligen Säuren
kann durch Anwendung von Jodsäure besonders auf-
fällig gemacht werden, indem sich dann freies Jod ausscheidet.   Es entsteht zuerst Jodion, und dieses wirkt
sofort auf weitere Jodsäure und bildet Jod und Wasser.
Der Vorgang erfolgt nach der Gleichung $JO_3' + 5 J' +
6 H^{\cdot} = 3 J_2 + 4 H_2O$; er bedarf des Wasserstoffions und
findet somit nur in saurer Lösung statt.

Von den folgenden Sauerstoffsäuren des Schwefels
unterscheidet sich die schweflige Säure dadurch, daß sie
auf Zusatz von Salzsäure und Erwärmen keinen Schwefel
abscheidet, was die andern unter Entwicklung von
Schwefeldioxyd tun.   Ausgenommen hiervon ist die
Dithion- oder Unterschwefelsäure, welche unter diesen
Umständen in Schwefelsäure und Schwefeldioxyd zerfällt.

Unterschweflige oder richtiger Thioschwefelsäure ist nur in ihren Salzen bekannt. Man kann fragen, warum das Ion $S_2O''_3$ in saurer Lösung nicht ebenso beständig ist, wie in neutraler oder alkalischer, da es sich doch immer um dasselbe freie Ion handelt. Die Antwort hat dahin zu lauten, daß das fragliche Ion neben Wasserstoffion nicht bestehen kann, da es mit diesem zu den weniger, bzw. gar nicht dissoziierten Stoffen, Schwefel und schweflige Säure, zusammentreten kann. Der Vorgang ist keine Ionenreaktion und erfolgt nicht augenblicklich; die erforderliche Zeit steht mit der Konzentration des Wasserstoffions in Beziehung.

Eine wichtige Anwendung erfahren die Thiosulfate in der Jodometrie. Hierbei geht freies Jod in Jodion über; die erforderlichen zwei Ionenladungen werden dem Ion S_2O_3'' entnommen, von denen zwei Verbindungsgewichte unter Verlust der beiden Valenzen zu dem Tetrathionation S_4O_6'' zusammentreten.

Die andern Halogene wirken nicht in diesem Sinne auf Thiosulfate ein, sondern sie bilden Schwefelsäure neben freiem Schwefel. Diese Verschiedenheit ist darauf zurückzuführen, daß auch Tetrathionation durch Chlor oder Brom oxydiert wird, und zwar bildet es gleichfalls Schwefelsäure und Schwefel. Eine Oxydation des letztern scheint nicht stattzufinden, solange überschüssiges Thiosulfat zugegen ist; man kann deshalb aus der gebildeten Schwefelsäuremenge die Menge des Halogens berechnen. Doch ist es viel einfacher, das Halogen auf Jodkalium einwirken zu lassen, und das ausgeschiedene Jod mit Thiosulfat zu titrieren.

Von den beiden Wasserstoffionen der Thioschwefelsäure wird eines besonders leicht durch Schwermetalle ersetzt, die eine große Verwandtschaft zum Schwefel haben, und die entstehenden Verbindungen sind in bezug auf das Metall sehr wenig dissoziiert. Daher lösen sich

viele schwerlösliche Metallsalze in überschüssigem Thiosulfat auf, indem sie in komplexe Anionen übergehen,
in deren Lösungen nur äußerst wenig freies Metallion
vorhanden ist. Aus löslichen Metallsalzen fällen Thiosulfate meist zuerst schwerlösliches Thiosulfat des betreffenden Metalls, und dieses löst sich in überschüssigem
Thiosulfat zu dem Salz des Metall-Thiosulfations auf.
Beispiele sind die Verbindungen des Kupfers, Bleis,
Silbers, Quecksilbers usw. Diese Metallthiosulfate sind
wenig beständig; sie zersetzen sich meist schon in neutraler, alle in saurer Lösung in Metallsulfide, Schwefelsäure,
Schwefel usw. Die letztere Reaktion hat auch analytische
Verwertung gefunden, um die Abscheidung von Sulfiden
der Kupfergruppe ohne Anwendung von Schwefelwasser-
stoff zu bewerkstelligen.

Ähnliche Lösungserscheinungen treten auch bei der
schwefligen Säure auf, doch sind sie dort etwas weniger
ausgeprägt, und die Umwandlung in Schwefelmetall fehlt
ganz, weil die Säure nur ein Verbindungsgewicht Schwefel
enthält. · Doch ist beispielsweise Chlorsilber in Natrium-
sulfit fast ebenso löslich, wie in Natriumthiosulfat. Die
Bildung solcher Komplexe, in denen die Metallionen zum
großen Teil in nichtdissoziiertem Zustand enthalten sind,
läßt sich außer durch die Löslichkeit schwerlöslicher
Salze auch noch durch die Messung der elektromotorischen
Kraft der fraglichen Metalle in solchen Lösungen nachweisen, da unter diesen Umständen die elektrische Stellung der Metalle mehr oder weniger nach der Seite des
Zinks verschoben erscheint. Im Sinne der gebräuchlichsten Konstitutionsformeln kann man diese Verhältnisse
ausdrücken, indem man die beiden Säuren in der
Gestalt $O_2S{<}{}^{SH}_{HO}$ und $O_2S{<}{}^{H}_{OH}$ schreibt, und die Schwermetalle den „unmittelbar an Schwefel gebundenen" Wasser-
stoff ersetzen läßt.

6. Kohlensäure.

Zu den schwächsten Säuren, die noch den Charakter einer wirklichen Säure besitzen, gehört die Kohlensäure. Ihre wässerige Lösung reagiert allerdings sauer, doch wird Lackmustinktur nur weinrot, nicht zwiebelrot wie durch stärkere Säuren gefärbt. Es ist dies zum Teil eine Folge der ziemlich geringen Konzentration, welche die Kohlensäure infolge ihrer geringen Löslichkeit unter Atmosphärendruck nur erreichen kann; vermehrt man sie durch Anwendung stärkeren Druckes, so tritt auch die zwiebelrote Farbe ein.

Von den Salzen der Kohlensäure sind nur die der Alkalimetalle in Wasser löslich; die Erdalkalimetalle bilden lösliche Bikarbonate, d. h. Salze des Anions HCO_3', die indessen nur wenig beständig sind und schon durch Kochen zerfallen. Die Ursache davon ist, daß das eine Zersetzungsprodukt, das Kohlendioxyd, durch die Dämpfe des siedenden Wassers unausgesetzt fortgeführt wird, so daß die Zersetzung immer weiter gehen muß und schließlich vollständig wird. Die Lösungen der Alkalisalze reagieren alkalisch; das Streben der Kohlensäure, in einen weniger dissoziierten Zustand überzugehen, bewirkt eine Bildung von saurem Karbonat, d. h. des Ions HCO_3', für die der erforderliche Wasserstoff dem Wasser entzogen wird. Das übrigbleibende Hydroxylion bewirkt dann die alkalische Reaktion.

Mit der großen Schwäche der Kohlensäure hängt ihre Eigenschaft, mit schwachen Basen keine normalen Salze zu bilden, gleichfalls zusammen. Es findet Hydrolyse statt, und der Niederschlag enthält ein Gemenge von Karbonat und Hydroxyd, dessen Mengenverhältnis mit steigender Wassermenge zugunsten des Hydroxyds sich ändert. Über diesen Gegenstand sind schon vor langer Zeit von H. Rose ausgedehnte Untersuchungen angestellt worden, die alle in dem angegebenen Sinn ausgefallen sind.

Zur Erkennung der Kohlensäure dient ihr leichter Übergang in das gasförmige Kohlendioxyd, welches sich auf Zusatz fast jeder Säure zu einem löslichen oder auch unlöslichen Karbonat entwickelt. Bei der sehr geringen Stärke der Kohlensäure macht sich der Einfluß der Schwerlöslichkeit so gut wie gar nicht geltend; die Zersetzung des Bleiazetats durch Kohlensäure ist fast der einzige einigermaßen untersuchte derartige Fall. Der Nachweis des Kohlendioxyds geschieht durch Kalkwasser, das weiß gefällt wird. Zur quantitativen Bestimmung wird das Dioxyd entweder durch Natronkalk absorbiert und gewogen, oder wenn nur geringe Mengen zu bestimmen sind, so legt man eine gemessene Menge titrierten Barytwassers vor, und bestimmt nach erfolgter Absorption und Fällung den Gehalt der abgeklärten Flüssigkeit an Baryt alkalimetrisch.

Kohlensäure ist ein nie fehlender Bestandteil des gewöhnlichen destillierten Wassers, in welches er aus dem Rohmaterial, dem Gebrauchswasser, gelangt. Beim Stehen an der Luft geht ein Teil davon heraus; ein anderer Teil bleibt dagegen hartnäckig zurück. Man kann ihn ziemlich vollständig dadurch entfernen, daß man längere Zeit einen kohlensäurefreien Luftstrom durch das Wasser leitet. Man erhält dadurch jedenfalls ein reineres Wasser, als durch das übliche Auskochen, wobei meist ganz erhebliche Mengen Glassubstanz aufgelöst werden. Soll das Wasser gleichzeitig sauerstofffrei werden, so benutzt man zum Durchleiten Wasserstoff oder Stickstoff.

7. *Phosphorsäure.*

Bei der Orthophosphorsäure H_3PO_4 machen sich die früher (S. 67) erörterten Einflüsse der stufenweisen Dissoziation des Wasserstoffes mehrbasischer Säuren besonders deutlich geltend. Während der Dissoziationsgrad des ersten Wasserstoffions dem einer mittelstarken Säure

entspricht, verhält sich das zweite Wasserstoffion wie das
einer sehr schwachen Säure, und das dritte ist in wässeriger Lösung überhaupt kaum mehr vertretbar, da die
einzigen löslichen Triphosphate, die der Alkalimetalle
und des Ammoniaks, hydrolytisch nahezu vollständig in
die Biphosphate, bzw. deren Ionen, und in freies Alkali
gespalten sind. Es existiert mit andern Worten von dem
Salze Na_3PO_4 in wässeriger Lösung außer dem Natriumion nicht das dreiwertige Ion PO_4''', sondern an seiner
Stelle das zweiwertige Ion HPO_4'' und Hydroxyl OH'.
Die Ursache ist, daß die Dissoziationstendenz des dritten
Wasserstoffatoms viel geringer ist, als die des Wassers;
löst man daher das feste Salz Na_3PO_4 in Wasser auf, so
wirkt das Ion PO_4''' alsbald auf dieses ein und bildet
nach der Gleichung $PO_4''' + H_2O = PO_4H'' + OH'$ Hydroxyl
und das zweiwertige Phosphation[1]).

Bei festen und demgemäß bei schwerlöslichen Salzen
macht sich diese Schwierigkeit des Ersatzes nicht geltend.
Die hypothetische Erklärung der Erscheinungen liegt
darin, daß die Ausbildung einer negativen Ionenladung
an einem neutralen Atomkomplex viel leichter erfolgen
muß, als an einem, der bereits eine negative Ladung
besitzt, da im letztern Falle die erforderliche Arbeit
ceteris paribus viel größer sein muß. In erhöhtem Maße
gilt dies für die Ausbildung der dritten Ionenladung.
Bei festen, nicht dissoziierten Salzen fällt dieser Umstand
fort, und deshalb sind die normalen Triphosphate im
festen Zustande ganz beständige Salze, wie sie denn die
einzigen sind, die sich in der Natur vorfinden.

Sehr deutlich treten diese Verhältnisse beim Fällen
des gewöhnlichen Dinatriumphosphats, HNa_2PO_4, mit Silberlösung in die Erscheinung, wobei das schwach alkalisch
reagierende Phosphat mit dem neutralen Silbersalz unter

---

[1]) Vgl. Bray und Abbott, Journ. Amer. Chem. Soc. 31, 729.

Bildung eines gelben Niederschlages von Trisilberphosphat eine stark sauer reagierende Flüssigkeit gibt.

Der Vorgang wird durch die Ionengleichung

$$3\,Ag^{\cdot} + HPO_4'' = Ag_2PO_4 + H^{\cdot}$$

nicht ganz vollständig dargestellt, da ein Teil des Silbers gelöst bleibt; es handelt sich also um ein chemisches Gleichgewicht, und die Reaktion kann vor- wie rückwärts stattfinden.

Bemerkenswert ist, daß die Salze der Orthophosphorsäure mit dreiwertigen Kationen, wie Aluminium, Eisen und Chrom, ganz besonders schwerlöslich sind. Es scheint dieser Erscheinung ein allgemeines Gesetz zugrunde zu liegen, wonach die Verbindungen aus Ionen von gleicher Valenz besonders gern schwerlösliche Salze bilden. Die typischen Fällungsmittel der ausgeprägt einwertigen Halogene sind die einwertigen Kationen des Silbers, Quecksilbers und Kupfers; für die zweiwertigen Erdkalimetalle dienen als Fällungsmittel die zweiwertigen Ionen der Schwefel-, Oxal- und Kohlensäure, und bei den dreiwertigen Ionen des Eisens, Chroms und Aluminiums sind die Phosphate nicht in Essigsäure löslich, während die andern schwerlöslichen Salze dieser Metalle es sind. Doch läßt sich der Satz nicht umkehren; wenn auch die schwerlöslichen Verbindungen überall aus gleichwertigen Ionen gebildet sind, so gibt es doch dagegen zahlreiche Salze gleichwertiger Ionen, welche sich leicht in Wasser lösen. Es übt also noch ein anderer Umstand einen Einfluß auf die Löslichkeit aus, welcher die eben erwähnte Regelmäßigkeit in vielen Fällen verdeckt.

Die Phosphorsäure vermag mit einigen Metallsäuren, insbesondere mit Wolfram- und Molybdänsäure, komplexe Verbindungen zu bilden, in denen die Basizität der Phosphorsäure erhalten bleibt, während von den betreffenden Trioxyden sich mehrere Verbindungsgewichte anlagern. Die *Molybdänphosphorsäure*, welche das analytisch wich-

tigste Beispiel dieses Typus ist, bildet mit den Alkalimetallen und mit Ammoniak sehr schwer lösliche Salze
von gelber Farbe, die auch in freien Säuren sich nur
sehr wenig lösen, namentlich beim Überschuß eines ihrer
Ionen. Man bedient sich dieser Verbindung hauptsächlich zur Erkennung und Abscheidung der Phosphorsäure
aus sauern Lösungen, indem man die zu prüfende
Flüssigkeit mit einer salpetersauern Lösung von Molybdänsäure und Ammoniumnitrat versetzt. Man muß einige
Zeit unter gelindem Erwärmen stehen lassen, damit die
Reaktion vollständig wird. Wir haben hier wieder den
Fall, daß keine reine Ionenreaktion vorliegt, und die
Vorgänge nicht wie bei solchen augenblicklich verlaufen,
sondern eine meßbare Zeit beanspruchen. Durch die
Untersuchung der elektrischen Leitfähigkeit, des spezifi-
schen Volums, der Farbe oder sonst einer geeigneten
Eigenschaft der Lösung würde sich der Vorgang quan-
titativ verfolgen lassen.

Das komplexe Ion der Phosphormolybdänsäure ist nur
in saurer Lösung beständig; durch überschüssiges Alkali
oder Ammoniak werden die Ionen der Phosphorsäure
und Molybdänsäure zurückgebildet. Daher löst sich der
gelbe Niederschlag leicht in Ammoniak auf, und aus der
farblosen Lösung kann man das Phosphation als Ammo-
nium-Magnesiumphosphat vollständig fällen. Man benutzt
dies Verhalten sowohl in der Analyse, wie auch dazu,
phosphorsäurehaltige Molybdänrückstände von der Phosphorsäure zu befreien und wieder zugute zu machen.

Indem die Phosphorsäure die Elemente des Wassers
verliert, geht sie in zwei andere Säuren über, die Pyrophosphorsäure $H_4P_2O_7$ und die Metaphosphorsäure HPO_3.
Die letztere ist kein eigentliches Analogon der Salpetersäure, wie man nach der Beziehung zwischen Stickstoff
und Phosphor erwarten könnte, sondern ist gleichfalls,
wie die Pyrophosphorsäure, eine kondensierte Säure von

bedeutend höherem Molargewicht, als durch die Formel HPO₃ angegeben wird. Auch gibt es eine Anzahl verschiedener Metaphosphorsäuren von verschiedener Molargröße und verschiedenen Eigenschaften. Die in der geschmolzenen oder glasigen Phosphorsäure enthaltene Metaphosphorsäure hat die Eigenschaft, Eiweiß zu fällen; auch gibt sie ein weißes Silbersalz. Pyrophosphorsäure fällt Eiweiß nicht, gibt aber mit Chlorbarium einen Niederschlag, was die Orthophosphorsäure nicht tut. Beide zeigen nicht die Reaktion der letztern mit Magnesiamixtur und mit molybdänsaurem Ammon.

Analytisch wichtig ist bei diesen Abkömmlingen der Phosphorsäure, daß sie sowohl beim Schmelzen mit überschüssigem Alkalikarbonat, wie auch durch längeres Erwärmen in stark angesäuerter Lösung in Orthophosphat, bzw. Orthophosphorsäure übergehen. Die Umwandlung erfolgt auch beim Stehen der wässerigen Lösungen der Säuren allein; die festen Salze lassen sich dagegen ohne Veränderung aufbewahren. Zur quantitativen Bestimmung führt man die andern Phosphorsäuren stets in die Orthoverbindung über, die dann als Magnesium-Ammoniumphosphat abgeschieden wird.

8. Phosphorige und unterphosphorige Säure.

Wiewohl die genannten Säuren zwei-, bzw. einbasisch sind, so mögen sie doch hier im Zusammenhang mit der Phosphorsäure abgehandelt werden, da man sie zu Zwecken der quantitativen Bestimmung meist in diese überführen wird.

Das einfachste analytische Kennzeichen der niedern Säuren des Phosphors ist die Entwicklung von selbstentzündlichem Phosphorwasserstoffgas, welche sie und ihre Salze beim Erhitzen zeigen. Gleichzeitig pflegt sich roter Phosphor abzuscheiden. Ferner wirken sie reduzierend und fällen beispielsweise aus einer angesäuerten Lösung

von Quecksilberchlorid Kalomel aus. Im übrigen bilden
sie meist lösliche Salze (das Bariumsalz der phosphorigen
Säure ist in Wasser schwer, in Säuren leicht löslich),
die wenig Charakteristisches haben.

Bringt man diese Säuren mit naszierendem Wasserstoff
zusammen, so werden sie zu Phosphorwasserstoff reduziert,
was bei der Phosphorsäure nicht eintritt. Es ist ganz
das gleiche Verhalten, welches bei der Schwefelsäure
und den niedern Säuren des Schwefels erwähnt worden ist.

Liegen die Säuren in reinem Zustande vor, so kann
man sie dadurch unterscheiden, daß die unterphosphorige
Säure bei allmählichem Zusatz von Alkali einen scharfen
Neutralisationspunkt mittels eines zugesetzten Indikators
erkennen läßt, wie das einer mäßig starken einbasischen
Säure zukommt. Die zweibasische phosphorige Säure
zeigt dagegen dieselbe Eigentümlichkeit wie die drei-
basische Phosphorsäure, daß das zweite Wasserstoffion
in wässeriger Lösung viel schwerer ersetzt wird, als das
erste, daß ihre Neutralsalze zum Teil hydrolytisch gespalten sind und alkalisch reagieren. Zeigt daher eine
saure Flüssigkeit, welche die niedern Säuren des Phosphors enthält, einen scharfen Neutralisationspunkt, so
enthält sie nur unterphosphorige Säure; ist der Farbübergang unscharf, so enthält sie jedenfalls phosphorige
Säure (wenn andere Säuren mit unscharfem Neutralisationspunkt, insbesondere auch Phosphorsäure, ausgeschlossen sind), kann daneben aber auch unterphosphorige Säure enthalten.

Alle Reduktionswirkungen durch die niedrigeren
Säuren des Phosphors erfolgen auffallend langsam.

9. Borsäure.

Salze der normalen Borsäure BO_3H_3 sind kaum bekannt, denn die Borsäure teilt mit andern schwachen
Säuren die Neigung, kondensierte Säuren zu bilden,

indem die Elemente des Wassers aus mehreren Verbindungsgewichten der Säure austreten, wobei der Rest in
einen zusammengesetzteren Komplex übergeht. Die bekannteste dieser Polyborsäuren ist die Tetraborsäure
$H_2B_4O_7$, die Säure des gewöhnlichen Borax. Unterschiede
zwischen den verschiedenen Boraten sind, was die Reaktionen der Borsäure anlangt, in wässeriger Lösung nicht
bekannt; freilich fehlt es hier auch an scharfen und
charakteristischen Reaktionen.

Man erkennt die Borsäure leicht an der grünen Farbe,
die sie der Flamme des brennenden Alkohols verleiht.
Hierbei macht sich der wesentliche Unterschied gegen
die farbigen Flammen z. B. der Alkalimetalle geltend,
daß zur Flammenfärbung nicht Glühhitze des färbenden
festen Stoffes erforderlich ist. Vielmehr verflüchtigt sich
die Borsäure bereits mit den Dämpfen des siedenden
Alkohols, indem sich ein leichtflüchtiger Borsäureester
bildet. Man führt die Probe am besten so aus, daß man
die Substanz mit konzentrierter Schwefelsäure übergießt,
Alkohol zusetzt, bis zum Sieden erwärmt, und dann die
Dämpfe entzündet: eine grüne Farbe der Flamme kann
dann nur von Borsäure herrühren.

Ein zweites Mittel zur Erkennung der Borsäure ist
Curcumapapier, welches durch saure Lösungen derselben
nach dem Eintrocknen rotbraun gefärbt wird. Über die
Ursache dieser eigentümlichen Reaktion ist nichts bekannt,
möglicherweise beruht sie auf der im Nachfolgenden zu
erwähnenden Eigenschaft.

Die Borsäure besitzt die besondere Eigentümlichkeit,
daß sie mit mehrfach hydroxylierten organischen Verbindungen komplexe Säuren bildet, die eine sehr viel
saurere Reaktion zeigen, als die Borsäure selbst oder die
fragliche organische Verbindung. Es tritt hierbei wahrscheinlich das einwertige Radikal Boryl, BO, an die

14*

Stelle des Hydroxylwasserstoffes. Man kann daher Borsäure mit Phenolphthalein als einbasische Säure titrieren,
wenn man Mannit zur Lösung setzt.

10. Kieselsäure.

Die Kieselsäure ist eine außerordentlich schwache
Säure. Die einzigen löslichen Salze, die sie bildet, sind
die mit den Alkalimetallen; die wässerigen Lösungen
dieser sind in sehr hohem Maße hydrolytisch gespalten,
so daß sie stark basisch reagieren; die in solchen Lösungen enthaltene freie Kieselsäure ist nicht in gewöhnlicher Gestalt, sondern im kolloiden Zustande gelöst.
und ist, diesem Zustand entsprechend, sehr wenig reak-
tionsfähig. Die Änderungen des Gleichgewichtes, welche
mit einer Verdünnung oder Konzentrierung dieser Lösung
verknüpft sind, erfolgen daher nicht augenblicklich,
sondern brauchen eine mehr oder weniger beträchtliche
Zeit, und man kann bei ihnen die Erscheinung der
chemischen Nachwirkung in sehr ausgeprägter Weise beobachten, indem gleich zusammengesetzte Lösungen bei
gleicher Temperatur keineswegs gleiche Eigenschaften
haben, sondern je nachdem, was vorher mit der Lösung
vorgegangen war, verschiedene. Am leichtesten lassen
sich diese Verschiedenheiten mit Hilfe der elektrischen
Leitfähigkeit beobachten.

Die in Wasser nicht löslichen Silikate der übrigen
Metalle sind zum Teil durch Säuren zersetzbar, zum Teil
nicht. Im allgemeinen ist ein Silikat um so zersetzbarer,
je basischer es ist; daher ist es ein allgemeines Mittel,
die Silikate für die Analyse *aufzuschließen*, d. h. sie durch
Säuren zersetzbar zu machen, daß man sie mit einem
Gemenge von Kalium- und Natriumkarbonat zusammen-
schmilzt. Man kann auf diese Weise natürlich nur die
Bestandteile außer den Alkalimetallen bestimmen; um
letztere zu ermitteln, schließt man die Silikate mit Fluß-

säure auf. Man übergießt das fein gepulverte Mineral mit wässeriger Flußsäure im Überschuß, und dampft unter Zusatz von Schwefelsäure ein. Das Silizium geht in Gestalt von Fluorsilizium fort, während die Metalle als Sulfate zurückbleiben. Der Zusatz von Schwefelsäure ist wesentlich, denn da das Fluorsilizium durch Wasser zersetzt wird, so muß zur Vollendung der Verflüchtigung ein wasserbindender Stoff zugegen sein.

Bei der Zersetzung der Silikate mit Säuren wird die Kieselsäure im kolloiden Zustand abgeschieden. Sie bleibt daher scheinbar gelöst, wenn die Lösungen sehr verdünnt sind, bei höheren Konzentrationen scheidet sie sich in Gallert- oder Pulverform aus. Unter allen Umständen ist sie alsdann wenigstens teilweise löslich: um sie vollständig unlöslich zu machen, muß man sie zur Trockne bringen und einige Zeit auf einer Temperatur etwas oberhalb 100° erhalten. Man tut wohl, nach dem Erhitzen die Masse mit verdünnter Salzsäure statt mit Wasser allein auszuziehen, da unter diesen Umständen die Chloride des Magnesiums und Aluminiums basisch und in Wasser unvollkommen löslich werden.

Der qualitative Nachweis der Kieselsäure beruht auf ihrer Unlöslichkeit in schmelzendem Natriummetaphosphat, der „Phosphorsalzperle". Die mit der Kieselsäure zu Silikaten verbundenen Metalle lösen sich darin auf, und es hinterbleibt bei Gegenwart von Kieselsäure ein „Kieselskelett", d. h. die ungelöste Kieselsäure schwimmt in Gestalt der Probe in der geschmolzenen Perle.

Eigentliche Ionenreaktionen sind bei der Kieselsäure kaum vorhanden, und jedenfalls wird keine zu analytischen Zwecken benutzt.

Dreizehntes Kapitel.

Die Berechnung der Analysen.

DA im allgemeinen die analytisch abgeschiedenen oder sonst quantitativ bestimmten Stoffe nicht mit denen identisch sind, nach denen bei der Analyse gefragt wird, so ist jedes unmittelbar erhaltene Ergebnis zunächst auf letztere umzurechnen. Nach dem stöchiometrischen Grundgesetze sind die Mengen der Stoffe, die durch chemische Umwandlung ineinander übergehen, untereinander proportional, und die fragliche Rechnung besteht daher einfach in der Multiplikation mit einem bestimmten Faktor, der das Verhältnis der Verbindungsgewichte des verlangten und des gefundenen Stoffes darstellt. Man erhält auf diese Weise die Menge des in der zur Analyse genommenen Substanz enthaltenen Stoffes. Gewöhnlich rechnet man dies Ergebnis noch auf 100 Teile ursprünglicher Substanz um, so daß die schließlichen Zahlen Prozente der erhaltenen Stoffe darstellen[1]).

In bezug auf die Angabe der letzten Bestandteile herrscht in den verschiedenen Gebieten der Chemie keine Übereinstimmung. Am rationellsten pflegt man in der

---

[1]) Für die Ausführung analytischer Rechnungen sind die „Logarithmischen Rechentafeln" von F. W. Küster (Leipzig, Veit & Co., Preis 2.80 M), sehr zu empfehlen·

organischen Chemie zu verfahren; denn da ist es ausschließlich üblich, die Rechnung auf die Elemente selbst
zu führen, und alle Ansichten über die Konstitution der
analysierten Verbindung aus der Angabe der Ergebnisse
der Zerlegung fern zu halten. In der anorganischen
Chemie herrscht hingegen in dieser Beziehung die größte
Mannigfaltigkeit. Während bei Verbindungen von ganz
unbekannter Konstitution und bei Gemischen häufig die
Analyse auf die Prozentgehalte an den verschiedenen
Elementen berechnet wird, pflegt man bei Verbindungen,
deren Konstitution man kennt oder zu kennen glaubt,
die Elemente zu „näheren Bestandteilen" in der Verbindung zusammenzufassen. Hierbei machen sich Anschauungen und praktische Rücksichten der verschieden-
sten Art geltend, und es sind hier zum Teil noch Formen
im Gebrauch, die in den übrigen Gebieten der Wissenschaft längst verlassen sind.

Ein auffälliges Beispiel dazu bietet das Gebiet der
Mineralanalyse. Bei der Angabe der Zusammensetzung
eines komplizierten Silikats ist es noch immer üblich, die
Formeln des Berzeliusschen Dualismus zu benutzen und
die Metalle als Oxyde, die Säuren als Anhydride anzuführen. Die Ursache dieses ultrakonservativen Verfahrens
liegt offenbar darin, daß man auf diese Weise die rech-
nerische Kontrolle der Ergebnisse auf die leichteste Weise
erzielt, da die Summe der so berechneten Bestandteile
gleich der ursprünglichen Substanzmenge, oder bei pro-
zentischer Berechnung gleich 100 sein muß. Indessen
verschwindet dieser Vorteil alsbald, sowie Halogene in der
Verbindung vorkommen, da man deren Säuren, die keinen
Sauerstoff enthalten, nicht als Anhydride formulieren kann.
Man hilft sich dann oft, indem man das vorhandene
Halogen an eines der vorhandenen Metalle gebunden
denkt und berechnet, doch ist ein solches Verfahren not-
wendigerweise willkürlich.

Noch willkürlicher wird die Rechnung bei der Analyse
von gelösten Salzgemischen, wie sie in den natürlichen
Gewässern vorliegen. Hier hat die Wissenschaft lange
vergeblich nach Anhaltspunkten dafür gesucht, wie die
verschiedenen Säuren und Basen „aneinander gebunden"
seien; die schließliche Antwort, zu der die Dissoziationstheorie der Elektrolyte geführt hat, lautet dahin, daß sie
vorwiegend überhaupt nicht aneinander gebunden sind,
sondern daß die Ionen der Salze zum allergrößten Teil
eine gesonderte Existenz führen, die nur durch das eine
Gesetz beschränkt ist, daß die Gesamtmenge der positiven
Ionen der der negativen äquivalent sein muß.

Hieraus ergibt sich, daß die einfachste und beste Art,
die Ergebnisse der Analyse darzustellen, die Aufführung
der einzelnen Elemente mit den Mengen, in denen sie
vorhanden sind, sein würde, und ich stehe nicht an, ein
solches Verfahren als das prinzipiell richtigste zu empfehlen. Allerdings kann man dann nicht in der Darstellung der analytischen Ergebnisse zum Ausdruck
bringen, in welcher Form die verschiedenen Elemente in
der Verbindung enthalten sind, doch scheint es mir zweckmäßiger, die hierauf bezüglichen Angaben besonders zu
geben, um den analytischen Ergebnissen ihren hypothesen-
freien Charakter zu wahren. In manchen Fällen läßt sich
allerdings über diese „Form" noch eine rein experimentelle Angabe beibringen, z. B. wenn in einer Verbindung
Eisen sowohl als Ferro- wie als Ferrisalz vorhanden ist;
doch ist es in solchen Fällen leicht, dies durch ein
passendes Zeichen anzudeuten, wie in dem erwähnten
Falle durch Fe·· und Fe···.

Ein weiterer Fall, in dem man vorziehen wird, an
Stelle der Elemente zusammengesetzte Gruppen zu berechnen, ist der bereits erwähnte, wo man weiß, daß der
zu analysierende Stoffe ein Gemisch von neutralen Salzen
ist, wie das Meerwasser und ähnliche natürliche Lösungen.

Hier erfährt man aus der Analyse beispielsweise nicht nur, daß Schwefel in der Lösung ist, sondern auch, daß dieser in der Form des Ions SO_4'', als Sulfation, vorhanden ist. In diesem Falle gibt man am besten die *Ionen* der Menge nach an, ohne sich die Mühe zu machen, diese „aneinander zu binden"[1]).

Eine gewisse Schwierigkeit macht in diesem Falle die Kohlensäure, wenn sie im Überschuß vorhanden ist, wie bei den meisten Quell- und Brunnenwässern. Hier wird man am einfachsten aus der Menge der Metallionen nach Abzug der andern Anionen die „gebundene" Kohlensäure als CO_3'' berechnen, welches das Ion der normalen Karbonate ist; die übrige Kohlensäure ist als freies Kohlensäureanhydrid, CO_2, anzusetzen. Zwar ist dies nicht vollkommen richtig, denn in solchen Lösungen, die überschüssige Kohlensäure enthalten, ist ganz sicher nicht vorwiegend das Ion CO_3'' enthalten, sondern praktisch nur das einwertige Ion HCO_3' der sauern Karbonate. Doch da diese sich beim Abdampfen mehr oder weniger vollständig in normale Karbonate verwandeln, so erscheint es immerhin zulässig, von dieser kleinen Komplikation abzusehen und die Karbonate als normal zu berechnen.

Die gleichen Regeln würden auch für solche andere Fälle Geltung haben, wo man auf die Kenntnis der vorhandenen Ionen Gewicht zu legen Grund hat.

Außer der Menge der Elemente bzw. Ionen gibt man bei wichtigen Analysen auch die Mengen der analytisch gewogenen Stoffe an, damit man bei etwaiger genauerer Bestimmung der Verbindungsgewichte die Umrechnung ausführen kann.

---

[1]) Dieser Ausweg ist schon lange, noch vor der Aufstellung der Ionentheorie, von C. v. Than vorgeschlagen und später an einer Reihe von Beispielen praktisch durchgeführt worden.

Anhang.

DIE nachstehenden Seiten enthalten eine Zusammenstellung von anschaulichen Versuchen, durch welche
die wichtigsten Tatsachen und Verhältnisse, auf denen
die analytische Chemie beruht, erläutert werden. Eine
Sammlung solcher Versuche war zunäcßt bei Gelegenheit eigener Vorlesungen entstanden; weitere sind bei
der Ausarbeitung dieses Abschnittes für die dritte Auflage
des vorliegenden Buches erfunden und erprobt worden.
Auch hier ist nicht beabsichtigt, Vollständigkeit insofern
zu erreichen, daß jeder Stoff und jede Reaktion durch
einen Versuch belegt ist; ebenso ist die vorhandene
Literatur nicht vollständig ausgenutzt worden. Vielmehr
sollte nur an einer Anzahl von Beispielen gezeigt werden,
wie man verfahren kann, um die neuen Theorien in
ihrer Anwendung auf die allgemeinen Grundlagen der
analytischen Chemie anschaulich zu erläutern. Jedem
Lehrer werden zu den angegebenen Versuchen noch
zahlreiche andere einfallen, die den Zweck ebensogut
oder besser erreichen lassen. Da es aber bekannt ist,
in welchem Maße derartige Versuche das Verständnis
und die sichere Handhabung der vorgetragenen Sätze
durch den Schüler erleichtern, so möchte ich nicht unter-
lassen, durch die Zusammenstellung einer Anzahl derselben
die Fachgenossen anzuregen, sich dieses dankbaren und
wirksamen Hilfsmittels auch für die Erläuterung der
analytischen Grundlagen zu bedienen.

Die Reihenfolge der beschriebenen Versuche schließt
sich völlig der Einteilung dieses Werkes an, indem vor
jedem Versuche die Stelle des Textes angegeben ist, auf
welche er sich bezieht.

S. 5. *Die Trennung zweier Stoffe verschiedener Dichte*
wird an einem Gemenge von Sand (D = 2.5) und gröblich
gepulvertem Schwefel (D = 2.0) mittels einer Lösung von
Kaliumquecksilberjodid, deren Dichte auf etwas über 3
gebracht werden kann, gezeigt. Man übergießt in einem
20 cm hohen Stöpselzylinder das Gemenge mit der zu
dichten Lösung, so daß alles nach oben steigt, und setzt
vorsichtig unter jedesmaligem Durchschütteln Wasser
dazu, bis sich die beiden Pulver trennen.

Die Trennung durch *magnetische Kräfte* zeigt man an
einem Gemenge von Sand und gepulvertem Magneteisenstein. Man befestigt auf den Schenkeln eines Huf-
eisenmagnets eine weite Rinne aus glattem, steifem Papier,
die dicht auf dem Magnet aufliegt und etwas zwischen
die Schenkel eingesenkt ist. Schüttet man das Gemenge
zuerst in den Teil der Rinne, der an der Biegung des
Magnets liegt, und bringt es bei geneigter Haltung des
Magnets durch Klopfen über die Pole fort, so wird der
Magneteisenstein festgehalten, während der Sand sich
fortbewegt und frei von den schwarzen Teilchen des
Magneteisensteins in einem untergestellten Gefäß gesammelt wird. Hat man nur einen kleinen Magnet, so wird
man die Reinigung wiederholen müssen. Es ist zweckmäßig, einigermaßen grobes, von Staub freies Pulver zu
nehmen.

Zur Trennung unter Vermittlung der *Zentrifugalkraft* wird eine Handzentrifuge benutzt, wie sie zur
Milch- und Harnuntersuchung gegenwärtig vielfach hergestellt und wohlfeil in den Handel gebracht werden. Man
zeigt die Beschleunigung des Absetzens eines in der
Kälte gefällten Niederschlages von Bariumsulfat. Auch

kann man eine Emulsion aus Wasser und Anilin, die nach kräftigem Durchschütteln ziemlich lange trübe bleibt, in der Zentrifuge sehr schnell trennen. Man behält bei den Versuchen einen Teil der Flüssigkeit zum Vergleich zurück und gießt ihn in einen ähnlichen Probierzylinder, wie der zum Zentrifugieren benutzte.

Zu S. 8. *Der Einfluß der verschiedenen Umstände auf die Filtrationsgeschwindigkeit* wird gezeigt, indem man einen Trichter mit sorgfältig eingelegtem Filter mit Wasser füllt und an einer Sekundenuhr mit lautem Schlage (bzw. unter lautem Zählen der Sekunden) die Zeit bestimmt, in welcher ein 10 ccm-Kölbchen gefüllt wird. Es wird erst ein Versuch mit kaltem Wasser, dann einer mit heißem gemacht, dann einer mit kaltem Wasser ohne Verlängerung des Trichterrohres, schließlich einer unter Ansetzen eines 25 cm langen Rohres von 0.2 cm innerer Weite mittels einer Gummiverbindung. Um ein vollständiges Ausfüllen des Rohres zu erreichen, läßt man es nahe dem obern Ende ein wenig zusammenfallen oder versieht es mit einem Knick.

Auch kann hier die Bunsensche Methode des Filtrierens an der Wasserluftpumpe in der bei der Analyse üblichen Form gezeigt werden.

S. 11. *Zur Theorie des Auswaschens.* Man befeuchtet zwei gleiche Mengen Sand, etwa je 50 g mit einer stark gefärbten Lösung, etwa Indigkarmin oder Kaliumpermanganat, und wäscht die eine Portion durch Aufgießen und Dekantieren von je 100 ccm Wasser aus, bis das letzte Wasser in einem Zylinder von 2—3 cm Weite kaum noch eine Färbung erkennen läßt. Hierzu seien n Aufgüsse nötig gewesen. Dann übergießt man die andere, ebenso gefärbte Sandmenge mit n mal 100 ccm Wasser auf einmal, dekantiert und bringt 100 ccm davon in einen gleichen Zylinder. Diese Flüssigkeit erweist sich viel stärker gefärbt, als das letzte Wasser von den sukzessiven Waschungen mit der gleichen Wassermenge.

Die Wirkung der Adsorption wird deutlich gemacht, wenn man in drei Zylinder gleiche Mengen einer durch Ammoniak gebläuten Lackmuslösung von solcher Stärke bringt, daß die Flüssigkeit noch durchsichtig erscheint. Zu der Lösung in dem einen Zylinder kommt frisch gefällte Tonerde, zur zweiten Pulver von Schwerspat, die dritte bleibt ohne Zusatz. Werden die beiden ersten Zylinder gut umgeschüttelt, so wird die Flüssigkeit im ersten fast farblos, während der Niederschlag sich dunkelblau färbt, im zweiten Zylinder ist dagegen eine Schwächung der Farbe beim Vergleich mit dem dritten kaum zu erkennen.

Für diese und viele andere Versuche ist ein weißer Schirm sehr nützlich, der aus einer etwa 50 cm breiten und hohen, einerseits mit weißem Papier beklebten oder weiß gestrichenen Blechplatte besteht, und mittels eines angenieteten Armes an einem gewöhnlichen Stativ in beliebiger Lage befestigt werden kann. Man stellt ihn hinter die Zylinder, in denen sich die farbigen Lösungen befinden. Die andere Seite des Schirmes wird mit schwarzem Mattlack überzogen und dient, um Trübungen in Flüssigkeiten erkennbar zu machen.

Die Unterschiede in der Adsorption verschiedener Stoffe durch dasselbe Mittel wird anschaulich, wenn man einerseits Barytwasser, anderseits Salzsäure, beide von gleicher Stärke, sich in Filtrierpapier ausbreiten läßt. Dies kann geschehen, indem man Streifen von Filtrierpapier in die Flüssigkeiten hineinhängen läßt, bis diese sich 5—10 cm hoch gezogen haben, oder indem man auf je ein Blatt von starkem Filtrierpapier einen großen Tropfen der Flüssigkeit bringt und diesen sich ausbreiten läßt. Durch Bestreichen des nassen Fleckes mit Phenolphthalein, bzw. Methylorange oder Lackmus macht man sichtbar,

daß der Baryt bereits im ersten Drittel der durchwan-
derten Strecke festgehalten wird, während die Salzsäure
nur ganz wenig hinter dem Wasser zurückgeblieben ist.
Durch Anwendung anderer Lösungen läßt sich der Versuch ins Unbegrenzte abändern.

   S. 16. *Verschiedenheit der Korngröße desselben Stoffes.*
Man fällt gleiche Mengen verdünnter Lösungen von Chlorbarium und Schwefelsäure (etwa $^1/_{10}$ normal) einerseits in
der Kälte, anderseits nachdem man beide Lösungen bis
zum Sieden erwärmt hat. Während der erste Niederschlag durch das Filter läuft (besonders wenn das Chlorbarium in kleinem Überschusse genommen wird), läßt
sich der in der Hitze erhaltene Niederschlag klar abfiltrieren.

   Die Theorie der Vergrößerung eines großen Kornes
auf Kosten eines kleinen läßt sich durch den folgenden,
für andere Zwecke von V. Boys angegebenen Versuch anschaulich machen. Es wird ein aus ziemlich weiten Glasröhren hergestelltes doppeltes T-Rohr in der durch die
umstehende Figur dargestellten Weise mit Hähnen versehen. Man bläst an die beiden untern Öffnungen mittels
eines angesetzten Gummischlauches je eine Seifenblase.
Schließt man die beiden Seitenhähne und öffnet den mittlern,
so wächst die größere von beiden Blasen auf Kosten der
kleineren. Um den Versuch noch überzeugender zu
machen, läßt man die größere Blase durch Öffnen des
entsprechenden Hahnes kleiner werden als die andere;
schließt man dann wieder den Seitenhahn und öffnet den
mittlern, so wird die Blase, die vorher kleiner geworden
war, nun größer, da sie der andern jetzt an Größe über-
legen ist.

   Der Versuch ist keineswegs ein bloß äußerliches Bild
der Erscheinung, welche erläutert werden soll, sondern
es handelt sich in beiden Fällen um den Einfluß der
Oberflächenenergie, nur daß die Oberflächenspannung fest-

flüssig durch die leichter zu beobachtende Oberflächenspannung flüssig-gasförmig ersetzt ist.

Die erforderliche Seifenlösung gewinnt man, indem
man 10 g Ölsäure durch die eben erforderliche Menge
Natronlauge in Lösung bringt (man setzt dann tropfen-
weise verdünnte Salzsäure zu, bis eine beim Umschütteln
nicht mehr verschwindende schwache Trübung entsteht),

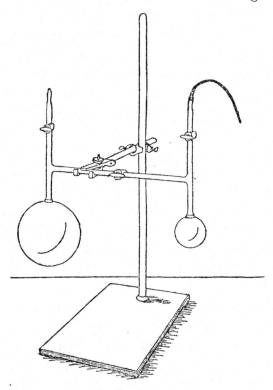

25 g Glyzerin zufügt und das Ganze mit Wasser auf
100 ccm bringt. Färbt man diese Lösung mit Eosin, so
sind die Blasen weithin sichtbar.

S. 18. Zur Darstellung der *Eigenschaften kolloider
Lösungen* ist kolloides Arsentrisulfid geeignet. Man stellt
durch Erwärmen von arseniger Säure mit Wasser eine
Lösung dieser her und setzt zu der abgekühlten Flüssigkeit in kleinen Mengen Schwefelwasserstoffwasser so lange,

als der Geruch nach Schwefelwasserstoff und die andern
Reaktionen darauf verschwinden. Man erhält eine gelbe
Flüssigkeit, die durch alle Filter geht, einen darauffallenden
Lichtkegel zerstreut, Polarisation des reflektierten Lichtes
zeigt und durch Zusatz von Elektrolyten zum Gerinnen
gebracht wird. Letzteres zeigt sich in der Flockenbildung
und darin, daß die z. B. mit Salzsäure versetzte Flüssigkeit
ein farbloses Filtrat gibt, während das Schwefelarsen auf
dem Filter bleibt.

Die Erscheinung des „Durchgehens" läßt sich an
Thallojodid zeigen. Man stellt es durch Fällen verdünnter
Thallonitrat- oder -sulfatlösung mit Jodkalium her und
bringt es auf ein Faltenfilter. Solange Mutterlauge vorhanden ist, filtriert die Flüssigkeit klar; wäscht man mit
reinem Wasser nach, so tritt sehr bald das Durchgehen
ein. Nimmt man nun Jodkaliumlösung statt des Wassers,
so wird das Filtrat wieder klar; beim Nachwaschen mit
reinem Wasser wird es wieder trübe.

Zum Vergleich dient ein Thalliumjodürniederschlag, den
man einige Tage vorher dargestellt und unter der Lösung
hat stehen lassen; dies gestattet ein Auswaschen ohne
Durchgehen, da bei ihm die Rekristallisation statt-
gefunden hat.

S. 23. *Die Diffusion der Gase* und die daher rührenden
Trennungen werden folgendermaßen anschaulich gemacht.
Es wird Knallgas aus einem Voltameter entwickelt, welches
aus einem weitmündigen Glase besteht, das mit ziemlich
starker Natronlauge gefüllt und mit zwei ineinander ge-
stellten zylindrischen Elektroden aus Eisen- oder besser
Nickelblech versehen ist. Die starken Drähte, welche
die Elektroden tragen, gehen durch einen Gummistopfen,
der außerdem ein Gasentwicklungsrohr enthält. Das Gas
wird mit Chlorkalzium getrocknet und tritt dann in eine
verzweigte Leitung ein. Der eine Arm desselben besteht
aus Glasrohr, der andere aus unglasiertem Ton. In jeden

Zweig ist ein Hahn eingeschaltet, so daß man das Gas
nach Belieben durch den einen oder andern fließen lassen
kann. Weiterhin vereinigen sich beide Zweige wieder
und führen in eine pneumatische Wanne. Der Aufbau
(ohne Trockenrohr) ist in der nachstehenden Figur dargestellt.

Man läßt die Gasentwicklung angehen (zwei Akku-
mulatoren genügen) und leitet das Knallgas zunächst
durch den aus Glas bestehenden Weg. Fängt man es
über Wasser in einem starkwandigen kurzen Probierrohr
auf, so kann man es gefahrlos mittels eines brennenden
Holzes entzünden und durch seinen pfeifenden Knall
kennzeichnen. Jetzt werden die Hähne umgeschaltet und
das Gas durch das Tonrohr geleitet. Wenn die richtigen
Verhältnisse getroffen sind, so erhält man ein Gas, das

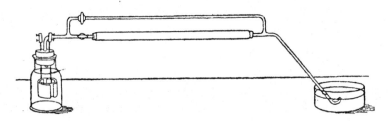

nicht mehr knallt, wohl aber den Holzspan zu lebhafterem
Brennen bringt. Der Wasserstoff ist fast vollständig fort-
diffundiert, während der Sauerstoff entsprechend seiner
größeren Dichte zurückgeblieben ist.

Die Diffusion des *Kohlendioxyds* durch Kautschuk wird
ersichtlich, wenn man dieses Gas durch einen ziemlich
weiten, aber nicht dickwandigen Schlauch aus schwarzem
Gummi leitet und diesen an beiden Enden mittels zweier
Schraubenquetschhähne verschließt. Nach einigen Stunden
ist der Schlauch zu einem Bande plattgedrückt, da das
Kohlendioxyd durch die Kautschukwand entwichen ist,
während keine bzw. nur sehr wenig Luft dafür eingetreten ist.

Ostwald, Analyt. Chemie. 7. Aufl.   15

Wird ein beiderseits offenes Rohr von 1—2 cm Weite
an einem Ende mit Kautschukblatt überbunden und über
Quecksilber mit Kohlendioxyd gefüllt, so steigt das Quecksilber in der Röhre im Lauf einiger Stunden merklich
auf. Der Versuch ist besonders lehrreich, weil er den
Ausgleich der Gaskonzentrationen auch gegen den Gesamtdruck eindringlich vor Augen führt.

S. 30. *Verschiedenheiten des flüssigen Zustandes.* Man
füllt in Röhren von 1,5—2 cm Weite und 15—20 cm
Länge, die einerseits zugeschmolzen, anderseits ausgezogen
sind, bis zur Hälfte die Flüssigkeiten Äther, Wasser,
konzentrierte Schwefelsäure, Glyzerin und farblosen
Zuckersirup, schmilzt sie zu und läßt sie unbezeichnet
bei den Hörern umgehen. Es ist nicht schwer, diese
fünf Stufen der Beweglichkeit, bzw. der innern Reibung
beim bloßen Bewegen der Gläser zu unterscheiden.

S. 32. *Abhängigkeit der Farbe von der Korngröße und
vom Brechungskoeffizienten des umgebenden Mittels.* Es
werden nebeneinander gezeigt: ein möglichst großer
Kristall von Kupfervitriol (dunkelblau), *Kristallmehl,* am
leichtesten durch Fällen der gesättigten Lösung mit
Alkohol zu erlangen, (mittelblau) und *feines Pulver* desselben Salzes (blaßblau). Wird das feine Pulver mit
Benzol oder Bromnaphthalin übergossen, so erscheint
alsbald wieder die dunkelblaue Farbe, da die Menge des
Oberflächenlichtes wegen Annäherung der Brechungskoeffizienten vermindert wird.

S. 38. *Bei der Destillation eines Gemenges aus zwei
unvollkommen mischbaren Flüssigkeiten* erhält man stets
dasselbe Verhältnis der Flüssigkeiten im Dampfe, unabhängig vom Verhältnis im Destillierkolben. Man benutzt
ein Gemenge von Isobutylalkohol und Wasser, das man
aus einem Destillierkolben mit Liebigschem Kühler
destilliert. Das Destillat wird in einer Reihe nebeneinander stehender Probiergläser so aufgefangen, daß diese

immer zu gleicher Höhe gefüllt werden. Nach der bald
erfolgenden Scheidung der Flüssigkeiten ergibt es sich,
daß in allen Gläsern die Trennungsfläche der beiden
Flüssigkeiten in gleicher Höhe steht. Durch den Zusatz
einiger Tropfen Indigkarmin, welcher in der wässerigen
Phase bleibt, kann man das weithin sichtbar machen.

Gleichzeitig kann man an einem eingesenkten Ther-
mometer zeigen, daß die Siedetemperatur des Gemenges
weit unter der der Bestandteile liegt.

S. 45. *Die Vorgänge beim Ausschütteln mit einem zweiten
Lösungsmittel* macht man mittels einer 1/50-normalen
Lösung von Jod in Jodkalium, wie sie zu analytischen
Zwecken gebraucht wird, anschaulich. Man bringt 40 ccm
davon in einen Scheidetrichter, und setzt 10 ccm Chlor-
roform dazu, die man nach kräftigem Durchschütteln
ablaufen läßt und durch eine gleiche Menge von frischem
Chloroform ersetzt, usw. Die abgelassenen Lösungen
werden in Probierröhren nebeneinander aufgestellt und
lassen die in geometrischer Reihe zunehmende Verdünnung an der Abnahme der purpurvioletten Farbe gut
erkennen. Ist nach der vierten oder fünften Ausschüttelung der wässerige Rückstand nur noch schwach gefärbt,
so bringt man ihn in einen besonderen Zylinder und
wiederholt den Versuch mit der gleichen Menge Jodlösung, indem man 40, bzw. 50 ccm Chloroform auf
einmal zusetzt. Der wässerige Rückstand, den man nach
dem Ablassen des Chloroforms in einen gleichen Zylinder
gießt, erweist sich neben dem ersten als unverhältnismäßig viel stärker gefärbt.

S. 58. *Leiter und Nichtleiter.* Zwei rechteckige Platin-
bleche von einigen cm Seite werden mit angeschweißten
Stielen aus starkem Platindraht versehen und mit diesen
in Glasröhren eingeschmolzen (oder eingekittet). Beide
Röhren werden durch einen Deckel von Hartgummi
geführt und so festgekittet, daß die Bleche einander mit

15*

einer Entfernung von etwa einem cm parallel stehen.
Man verbindet diese Elektroden mit einem Akkumulator
und einem Vorlesungsgalvanometer oder Milliampèremeter.
Das Meßinstrument erhält einen regulierbaren Widerstand
als Nebenschluß, den man so abgleicht, daß beim Ein-
senken der Elektroden in normale Salzsäure der Zeiger
des Galvanometers fast über die ganze Skala geht.

Eine Reihe von deutlich bezeichneten Standgläsern
enthält folgende Flüssigkeiten: destilliertes Wasser, Lösung
von Rohrzucker, Methylazetat, Essigsäure, Schwefelsäure,
Salzsäure, Ammoniak, Kali, Chlorkalium, Kaliumazetat,
Clorammonium, Ammoniumazetat, wohl auch noch einige
andere Salze und Säuren, alle in normaler Lösung.

Man zeigt, daß beim Eintauchen der Elektroden in
reines Wasser und in die Lösungen der Nichtelektrolyte
kein Ausschlag entsteht, während die Säuren, Basen und
Salze alle Leitung bewirken. Ferner macht man aufmerk-
sam, daß die verschiedenen Säuren auch in äquivalenter
Lösung verschieden leiten, ebenso die verschiedenen
Basen, während sich die Salze ziemlich übereinstimmend
verhalten. Besonders lehrreich ist der Nachweis, daß
aus den wenig leitenden Elektrolyten Ammoniak und
Essigsäure ein Salz erhalten wird, welches ebensogut
leitet, wie die aus starken Säuren und Basen entstehenden Salze.

Um den Parallelismus zwischen Leitfähigkeit und
chemischer Reaktionsfähigkeit zu zeigen, kann man die
Lösung des Kaliumazetats und die des Methylazetats mit
einer Ferrisalzlösung versetzen; erstere zeigt keine Änderung, in der zweiten tritt die rote Färbung des
(nichtdissoziierten) Ferriazetats auf.

Daß die molare Leitfähigkeit mit steigender Verdünnung zunimmt, wenn der Elektrolyt wenig dissoziiert
ist, wird folgendermaßen gezeigt. Man stellt in ein recht-
eckiges, parallelwandiges Gefäß aus mit Email zusammen-

gesetzten Spiegelglasplatten, wie man sie im Handel
bekommt (nötigenfalls kann man sich eines aus Glas-
platten mit einem Kitt aus Wachs und Kolophonium
zusammensetzen), zwei große Elektroden aus Eisen- oder
Nickelblech, welche die beiden großen Seiten des Gefäßes
bedecken und einander parallel gegenüberstehen. Das
Gefäß mag ein oder einige cm weit sein. Dasselbe
wird zu etwa einem Zehntel mit einer etwa doppelt-
normalen Lösung von Ammoniak gefüllt, mit einem Akkumulator und Galvanometer nebst Nebenschluß, wie im
vorigen Versuche, verbunden, und der Nebenschluß so
gestellt, daß der Ausschlag bei der angegebenen Füllung
gut sichtbar ist. Wird nun reines Wasser in das Gefäß
gegossen, so nimmt die Leitfähigkeit und damit der
Ausschlag deutlich zu und steigt bei gefülltem Gefäße
fast auf das Dreifache des Anfangswertes.

Wird der gleiche Versuch mit Kalilösung wiederholt,
so nimmt die Leitfähigkeit durch die Verdünnung kaum
merklich zu.

Zur weiteren Erläuterung des Parallelismus zwischen
Leitfähigkeit und Reaktionsfähigkeit, insbesondere zur
Charakteristik der starken schwachen Säuren, bedient
man sich der Einwirkung derselben auf metallisches Zink.
Annähernd gleich große Stücke werden in kleine Erlen-
meyerkolben gebracht, welche die fraglichen Säuren
(Salzsäure, Schwefelsäure, Essigsäure) in äquivalenten
Lösungen enthalten, und es wird die Geschwindigkeit
der Wasserstoffentwicklung gemessen, indem man das
Gas über Wasser in Meßröhren gleichen Durchmessers
(etwa umgekehrte Büretten) auffängt. Die Unterschiede
der in gleichen Zeiten entwickelten Gasmengen sind
sehr deutlich.

Damit die Wasserstoffentwicklung leicht und gleichförmig stattfindet, setzt man den Säuren gleiche Mengen
(einige Tropfen) einer Kupfersulfatlösung zu und läßt

die Gasentwicklung einige Zeit andauern, bevor man
die Beobachtung beginnt.

S. 67. *Stufenweise Dissoziation.* Eine einfach bis zwei-
fach molare [1]) Lösung von Phosphorsäure reagiert sauer
gegen Methylorange und Phenolphthalein. Setzt man
stufenweise Ätzkali dazu, so verschwindet die saure
Reaktion gegen Methylorange, während die gegen Phenolphthalein noch bleibt.

Da das Verständnis dieses Versuches die Kenntnis der
Theorie der Indikatoren voraussetzt, so wird er vielleicht
besser angestellt, nachdem diese vorgetragen worden ist
(S. 129), und man kommt dabei auf die stufenweise Dissoziation zurück.

S. 70. *Gleichionige Säuren und Salze.* Und den Einfluß
des Zusatzes eines Salzes zu einer Säure mit gleichem
Anion zu zeigen, kann man verschiedene Versuche
anstellen, welche diese analytisch so wichtigen Verhältnisse von verschiedenen Seiten beleuchten.

Im Anschluß an den S. 229 erwähnten Versuch mißt
man die Geschwindigkeit der Einwirkung von Essigsäure
auf Zink, indem man das entwickelte Gas in eine schwach
geneigte, mit Wasser oder verdünntem Glyzerin gefüllte
Röhre leitet und den Abstand der hintereinander laufen-
den Blasen beobachtet. Wird nun zu der Säure eine
konzentrierte Lösung von Natriumazetat gesetzt, so nimmt
der Abstand der Blasen sehr bedeutend zu. Will man
dies noch anschaulicher machen, so beginnt man den
Versuch mit zwei gleichen Apparaten und beobachtet die
Gleichheit der Blasenabstände. Dann wird zu der Säure
eines Apparates Natriumazetat gefügt und der Unterschied

---

[1]) Eine einfache molare Lösung ist eine solche, welche
ein Mol des fraglichen Stoffes im Liter enthält. Unter einer
normalen Lösung versteht man dagegen bekanntlich eine,
welche ein Grammäquivalent des Stoffes im Liter enthält.

gegen den andern gezeigt. Da schwerlich die Blasenabstände bei dem Parallelversuch völlig gleich ausfallen
werden, so setzt man das Natriumazetat dort zu, wo der
kleinere Blasenabstand, also die schnellere Entwicklung
beobachtet wird; die Wirkung ist dann um so auffallender.

Der Versuch ist auch gut zur Projektion geeignet.

Während dieser Versuch sich an das Verfahren zur
Demonstration der Dissoziation der Säuren anschließt, und
hierin seinen Unterrichtswert hat, ist der nachfolgende
(von Crum Brown angegebene) lehrreich durch seine
Beziehung zur analytischen Praxis. Man sättigt eine
verdünnte und mit Essigsäure angesäuerte Lösung von
Eisenvitriol oder besser Mohrschem Salz (letzteres gibt
sicherer eine klare Lösung) mit Schwefelwasserstoff, wobei
kein Niederschlag von Schwefeleisen entsteht. Werden
in diese Flüssigkeit Körnchen von festem Natriumazetat
geworfen, so zieht ein jedes davon einen langen schwarzen
Schwanz hinter sich, indem es niedersinkt, sich auflöst
und die Bildung des Schwefeleisens an den entsprechenden Stellen ermöglicht. Auch dieser Versuch eignet sich
zur Projektion.

Endlich kann man auch verdünnte Essigsäure mit
Methylorange versetzen, wobei die karminrote Säure-
reaktion dieses Indikators eintritt. Fügt man zu der
Flüssigkeit etwas Natriumazetat, so wird die Lösung
wieder gelb, d. h. sie zeigt eine fast neutrale Reaktion.
Auch dieser Versuch setzt indessen die Kenntnis von
dem Verhalten der Indikatoren (S. 129) voraus.

S. 72. *Hydrolyse.* Eine konzentrierte Lösung von
Ammoniumchlorid wird mit Phenolphthalein und so viel
Ammoniak versetzt, daß die Flüssigkeit deutlich rot gefärbt erscheint. Wird diese Lösung mit viel Wasser
verdünnt, so verschwindet die rote Färbung, d. h. die
alkalische Reaktion wird durch die Hydrolyse des Chlor-
ammoniums in Salzsäure neben Ammoniak (eine starke

Säure neben einer schwachen Base) in die saure verwandelt.

Setzt man umgekehrt zu einer mäßig konzentrierten
Lösung von Natriumphosphat Phenolphthalein und vorsichtig so viel verdünnte Phosphorsäure, daß die Flüssigkeit farblos wird, so tritt beim Verdünnen die rote Farbe
zum Zeichen der alkalischen Reaktion wieder ein.

S. 76. *Reaktionsgeschwindigkeit.* Um zu zeigen, daß
chemische Vorgänge im allgemeinen Zeit brauchen, bedient
man sich einer wässerigen Lösung von Methyl- oder
Äthylazetat, der man etwas Phenolphthalein zusetzt, und
die man in einen Kolben mit aufgesetztem Natronkalkrohr bringt. Wird etwas Barytwasser zugefügt, so färbt
sich die Flüssigkeit stark rot; bei einigem Stehen verschwindet aber die Färbung, auch wenn man den Zutritt
der Kohlensäure aus der Luft durch das Natronkalkrohr
abhält, und man kann so die langsam verlaufende Ver-
seifung beobachten.

Im Gegensatz dazu steht der in unmeßbar kurzer Zeit
verlaufende Vorgang der Neutralisation auch schwacher
Säuren, wie Essigsäure, durch Basen, wie Baryt. Nach
der Neutralisation der mit Phenolphthalein geröteten Barytlösung mit Essigsäure tritt keine Nachwirkung ein, auch
wenn man die Neutralisation mittels einer Bürette ohne
Säureüberschuß zu Ende geführt hat.

Der Einfluß der Temperatur auf die Reaktionsgeschwindigkeit läßt sich an demselben Versuch zeigen, wenn
man das Gemenge von Essigester und Barytlösung in
zwei gleiche Gläser verteilt und das eine in heißes Wasser
stellt, während das andere bei Zimmertemperatur verbleibt.
Auch kann man ein drittes Glas mit derselben Mischung
in Eiswasser stellen. In allen Fällen sind die auftretenden
Zeitunterschiede recht bedeutend.

Ein lehrreicher Versuch über die Geschwindigkeit
analytischer Reaktionen, durch den die Langsamkeit der

Vorgänge anschaulich gemacht wird, die keine reinen
Ionenreaktionen sind, ist die Bildung des komplexen
Kaliumkobaltnitrits. Man bringt Kobaltchlorid oder -nitrat
mit Kaliumnitrit und Essigsäure zusammen, so daß die
Lösung in bezug auf das Nitrit etwa normal ist; dann
ist die Bildung des komplexen Salzes so schnell, daß
man den Vorgang bequem in der Vorlesung beobachten
kann. Wird die Lösung verdünnter genommen, so nimmt
die Reaktionsgeschwindigkeit sehr erheblich ab. Sehr
übersichtlich werden die Verhältnisse, wenn man in zwei
gleiche Stehzylinder je 1 ccm einer molaren Kobaltlösung
bringt, Essigsäure zusetzt, und die eine Flüssigkeit mit
Wasser, die zweite mit normaler Kaliumnitritlösung auf
100 ccm auffüllt. Während die erste Lösung ihre rosen-
rote Farbe unverändert beibehält, wird die andere bereits
nach einigen Minuten merklich gelber und beginnt nach
einer Viertelstunde einen Niederschlag abzusetzen. Stellt
man noch einen dritten Versuch an, bei welchem die
Lösung des zweiten durch Wasser auf die Hälfte verdünnt ist, so beginnt die Fällung viel langsamer und ist
auch nach Wochen noch nicht vollständig.

S. 77. *Katalyse.* Von den zahllosen katalytischen
Erscheinungen lassen sich viele ohne weiteres in der
Vorlesung zeigen. Am deutlichsten sind die Oxydations-
katalysen, z. B. mit Wasserstoffperoxyd. Man versetzt
eine verdünnte Lösung dieses Stoffes mit Jodkalium,
Stärkelösung und etwas Essigsäure und stellt zwei Proben
des Gemenges nebeneinander. Zu der einen wird eine
Spur Eisenvitriollösung an einem Glasstabe gebracht; sie
färbt sich beim Umrühren fast augenblicklich blau,
während die ursprüngliche Lösung dazu eine ziemlich
lange Zeit braucht. Ähnlich wie Ferrosalz wirken verdünntes Blut und Kaliumbichromat.

Eine andere, auch analytisch wichtige katalytische
Reaktion ist die Beschleunigung der Wirkung des Kalium-

permanganats auf Oxalsäure durch die Anwesenheit von
Manganosalzen. Man stellt zwei gleiche Lösungen von
Oxalsäure, Schwefelsäure und Kaliumpermanganat her
und versetzt die zweite Probe mit einigen ccm einer
Manganosulfatlösung. Während die erste Flüssigkeit sich
nur sehr langsam entfärbt, geschieht dies bei der zweiten
in wenigen Augenblicken.

S. 79. *Übersättigte Lösungen* lassen sich von sehr
vielen Stoffen herstellen. Um die Versuche mit einem
analytisch benutzten Stoffe durchzuführen, kann man sich
des sauern Kaliumtartrats zur Veranschaulichung der
Tatsache bedienen, daß einer Fällung immer eine Übersättigung vorangeht. Lösungen, die ein Mol saures
Natriumtartrat und ebensoviel eines beliebigen Kalium-
salzes in 10 Litern enthalten, bleiben beim Vermischen
klar, scheiden aber nach längerer Zeit das Kaliumsalz
aus. Bringt man in die übersättigte Lösung „Keime" in
der Art, daß man etwas Weinstein mit dem hundertfachen
Gewicht eines neutralen Salzes, z. B. Natriumnitrat, sehr
fein verreibt, und dann eine ganz geringe Spur dieses
Gemisches in die Flüssigkeit wirft, so scheidet sich beim
Umschütteln alsbald ein reichlicher Niederschlag von
sauerm Kaliumtartrat ab.

S. 80. *Das Löslichkeitsprodukt.* Die Verminderung
der Löslichkeit der Salze durch Anwesenheit des gleichen
Ions wird am besten an analytisch wichtigen Niederschlägen demonstriert. Man stellt Lösungen von Chlorbarium und Schwefelsäure her, welche ein Mol auf 1000 l
enthalten, und zeigt zunächst, daß beim Vermischen
gleicher Volume derselben kein Niederschlag entsteht.
Dann wird die klare Flüssigkeit in drei gleiche Anteile
geteilt. Der eine bleibt unverändert, dem zweiten wird
etwas von einer Chlorbariumlösung gewöhnlicher Konzentration aus der Reagenzienflasche zugefügt, der dritte
erhält einen entsprechenden Zusatz von Ammoniumsulfat-

lösung. Während der erste Anteil lange Zeit klar bleibt[1]), trüben sich die beiden andern alsbald sehr stark.

Ähnliche Versuche lassen sich mit andern analytisch wichtigen Niederschlägen anstellen.

Die S. 85 ff. angegebenen Reaktionen werden je nach der Größe des Hörsaals in Probierröhren oder Kelchgläsern ausgeführt und bedürfen keiner besonderen Beschreibung.

S. 93. *Übersättigungserscheinungen an Gaslösungen* beobachtet man, indem man Selterwasser in ein parallelwandiges Gefäß gießt und das erste Aufbrausen vorübergehen läßt. Am besten zeigt man die Erscheinung im Projektionsapparat. Wird ein Platindraht im gewöhnlichen Zustand in die Flüssigkeit gebracht, so bekleidet er sich mit einer dicken Hülle von Blasen. Wird er ausgeglüht und unmittelbar darauf in die Lösung gebracht, bleibt er blasenfrei. Zieht man ihn nach dem Ausglühen zwischen den Fingern durch, so wird er wieder aktiv. Berührt man den frisch geglühten Draht nur an einer Stelle mit den Fingern, so bekleidet sich auch nur diese Stelle mit Blasen.

Ein an einem Glasstiel befindliches Becherchen, das man luftgefüllt mit der Öffnung nach unten in die Gaslösung senkt, vermehrt seinen Luftinhalt und läßt langsam große Blasen entweichen, zum Zeichen, daß das Kohlendioxyd aus der Lösung in die Luft im Becher diffundiert.

Diese Versuche lassen sich sehr vermannigfaltigen, doch kommen die maßgebenden Verhältnisse bei analytischen Arbeiten nicht so sehr in Betracht, daß eine ausführlichere Behandlung gerechtfertigt wäre.

S. 96. *Der Einfluß des Ionenzustandes beim Ausschütteln* wird sichtbar gemacht, wenn man eine Lösung von Jod in Chloroform oder Schwefelkohlenstoff mit Wasser schüttelt, wobei fast gar kein Jod in die wässerige Lösung

---

[1]) Nach etwa 20 Minuten beginnt auch diese Lösung sich zu trüben.

übergeht. Sowie aber das Jod die Möglichkeit erhält, Ionen zu bilden, verläßt es den Schwefelkohlenstoff. Dies geschieht z. B. beim Zusatz von Kalilösung, wobei das freie Jod in Jodion und Jodation übergeht, und der Schwefelkohlenstoff sich entfärbt. Auf Zusatz einer Säure wird wieder Jod zurückgebildet, und das Jod geht aus dem Wasser in das andere Lösungsmittel über.

Gleichfalls lehrreich ist der Übergang des Jods in die wässerige Lösung auf Zusatz einer konzentrierten Lösung von Jodkalium, wobei sich Trijodion J'_3 bildet. Da dieses in der wässerigen Lösung zum Teil zerfallen ist, so erfolgt die Entfärbung des Schwefelkohlenstoffes nicht vollständig, wird aber um so deutlicher, je mehr Jodkalium man zufügt.

S. 97. *Das Prinzip der Elektrolyse* kann man anschaulich machen, wenn man irgendein Gemenge organischer Stoffe, etwa einen Speisebrei aus Erbswurst oder Kartoffeln, mit etwas Quecksilberchlorid versetzt und mit einem Golddraht als Kathode der Elektrolyse unterwirft. Als Anode dient am bequemsten, wenn vorhanden, eine große Platinschale. Die Ausscheidung des weißen Quecksilberüberzuges auf dem Golddraht läßt sich bereits nach kurzer Zeit beobachten, und man schickt den abgewaschenen Draht in einem Probierröhrchen als Beleg durch das Auditorium.

Um die verschiedenen Produkte der Elektrolyse zu zeigen, nimmt man die Zersetzung am anschaulichsten in U-Röhren (für einen kleinen Kreis) oder in parallelwandigen Gefäßen am Projektionsapparat vor. Silbernitrat zwischen Silberelektroden zeigt an der Kathode die Abscheidung von Silberkristallen, an der Anode sieht man auf dem Schirm die Schlieren der dort entstehenden konzentrierten Lösung niedersinken. Andere geeignete Stoffe für die Elektrolyse sind Jodkalium, Zinnchlorür, Chromsäure, Eisenchlorid, die alle zu entsprechenden Erörterungen Anlaß geben.

Der Einfluß der Komplexbildung auf die Stellung in der Spannungsreihe wird an einer Kette aus Silber in Silbernitrat und Kupfer in Kupfernitrat gezeigt; die Silberelektrode kommt in eine unten mit Pergamentpapier geschlossene Röhre, welche man in ein Glas hängt, das die Kupferelektrode in ihrer Lösung enthält. Man leitet den Strom durch ein weithin sichtbares Galvanoskop und bemerkt den Sinn des Ausschlages. Wird zu der Silberlösung eine konzentrierte Lösung von Zyankalium gegossen, bis der Niederschlag sie wieder aufgelöst hat, so kehrt sich die Richtung des Stromes um, und das Silber ist nicht mehr Kathode, sondern Anode und schlägt das Kupfer aus seinem Salze nieder.

S. 105. *Das Gesetz der Reaktionsstufen* kann außer an den im Text genannten Beispielen noch durch folgende Versuche anschaulich gemacht werden. Man fällt zwei gleiche Anteile einer Lösung von Chlorkalzium durch Natriumkarbonat in der Kälte und erhitzt den einen Niederschlag in seiner Mutterlauge, bis er dicht geworden ist. Wird dann ein Überschuß von Chlorammonium zu den beiden Niederschlägen gesetzt, so löst sich das kalt gefällte amorphe Kalziumkarbonat leicht auf, während das kristallinisch gewordene sich der Auflösung widersetzt.

Eine noch lehrreichere Form dieses Versuches erhält man, wenn man die Lösung eines Chromisalzes (z. B. Chromalaun) mit überschüssiger Kalilösung versetzt, bis der anfangs entstandene Niederschlag sich wieder gelöst hat. Die klare grüne Flüssigkeit scheidet, wenn die Kalilösung etwa doppeltnormal war, bereits bis zum andern Tage den größten Teil des Chromoxyds wieder aus, indem eine beständigere, in Kalilauge nicht merklich lösliche Form des Hydroxyds gebildet wird. Hier ist also durch den Zusatz zuerst die unbeständigere, lösliche Form des Chromhydroxyds entstanden, und der Unterschied in der Beständigkeit beider Formen ist so groß,

daß sogar aus der Lösung die zweite, beständigere
sich bildet.

Durch Erhitzen kann, wie bekannt, die Fällung sehr
schnell bewirkt werden; die Änderung der Temperatur
ist aber hier nicht das Entscheidende, da die Ausfällung
auch bei Zimmertemperatur, wenn auch langsamer, erfolgt.

Daß gegebenenfalls zuerst übersättigte Lösung und
erst später die mögliche feste Form entsteht, zeigt man
durch Zusatz von Weingeist zu einer Lösung von
Magnesiumsulfat oder Mangansulfat. Es scheidet sich
eine übersättigte Lösung des Salzes unter einer vorwiegend aus wässerigem Weingeist bestehenden Schicht aus,
die auf Zusatz von etwas festem Sulfat erstarrt.

S. 127 ff. Die in dem zweiten Teile des Werkes erwähnten Versuche sind zum allergrößten Teil „Probier-
röhrchenversuche", deren Technik keiner besonderen
Beschreibung bedarf. Ich habe daher darauf verzichtet,
sie noch einzeln von neuem anzuführen, und glaube es
dem Lehrer überlassen zu dürfen, so viele oder wenige
von den angegebenen Reaktionen seinen Schülern praktisch
vorzuführen, als der Unterrichtszweck und die verfügbare
Zeit gestatten. Nur möchte ich auch hier die Bemerkung
nicht unterdrücken, daß man gerade in solchen Versuchen
kaum zu viel tun kann, bei denen der äußerliche Apparat
so einfach wie möglich und daher die ganze Auf-
merksamkeit des Schülers auf die Erscheinung selbst
gerichtet ist.

Printed in the United States
by Baker & Taylor Publisher Services